挥发性有机物污染控制系列丛书

石化化工企业挥发性有机物污染源排查及估算方法研究与实践

周学双　崔书红　童　莉　崔积山　等 著

中国环境出版社·北京

图书在版编目（CIP）数据

石化化工企业挥发性有机物污染源排查及估算方法
研究与实践/周学双等著. —北京：中国环境出版社，
2015.6

（挥发性有机物污染控制系列丛书）

ISBN 978-7-5111-2368-8

Ⅰ．①石… Ⅱ．①周… Ⅲ．①石油化工企业—挥发
性有机物—污染源调查—估算方法—研究 Ⅳ．①X740.8

中国版本图书馆 CIP 数据核字（2015）第 080708 号

出 版 人　王新程
责任编辑　李兰兰
责任校对　尹　芳
封面设计　宋　瑞

出版发行　**中国环境出版社**
　　　　　（100062　北京市东城区广渠门内大街 16 号）
　　　　　网　　　址：http://www.cesp.com.cn
　　　　　电子邮箱：bjgl@cesp.com.cn
　　　　　联系电话：010-67112765（编辑管理部）
　　　　　　　　　　010-67112735（环评与监察图书分社）
　　　　　发行热线：010-67125803，010-67113405（传真）
印　　刷　北京市联华印刷厂
经　　销　各地新华书店
版　　次　2015 年 6 月第 1 版
印　　次　2015 年 6 月第 1 次印刷
开　　本　787×960　1/16
印　　张　20.5
字　　数　354 千字
定　　价　89.00 元

序

2012 年以来，我国华北、华中、长三角、珠三角等地区持续出现的大范围灰霾天气引起了全国人民的普遍关注。2012 年《环境空气质量标准》（GB 3095—2012）的发布使得细颗粒物（PM$_{2.5}$）和臭氧（O$_3$）进入公众关注的视野，与之密切相关的挥发性有机物（VOCs）等污染物也随之纳入环境管理重点内容。《大气污染防治行动计划》《重点区域大气污染防治"十二五"规划》等文件相继出台，明确提出强化 VOCs 环境管理。其中，石化化工等行业作为 VOCs 人为排放源的重点率先进入 VOCs 污染控制的管理试点范畴。2014 年年底，环境保护部发布《石化行业挥发性有机物综合整治方案》，对石化化工企业提出明确的污染源排查和排放量估算的具体要求。

VOCs 是一类化合物的统称，通过光化学反应导致空气中臭氧和二次 PM$_{2.5}$ 升高，也是大气中 O$_3$、PM$_{2.5}$ 的主要前体物之一，它与 SO$_2$、NO$_x$ 等常规大气污染物不同，涉及的物质种类、排放行业众多，且以无组织排放为主，常规大气污染物管理控制手段已难以适用于 VOCs 的管控。

从行业的角度来看，石化化工企业数量多，行业划分复杂，生产工序多样，目前可生产的化工产品种类就有四万多种，2011 年我国主要化学品总量达 4.18 亿吨。现代石化企业大都朝着多产品、门类全、产业链延伸、大型化多元化等方向发展，且大多有着根据市场需求变换生产方案和产品品种的能力。长期以来，我国主要针对污染物排放的环境要素来实施工业企业环境监管，这使得环境管理始终只能围绕末端治理来进行。近年来,开始逐渐向不同行业、不同产品品种监管的思路转移,但这难以覆盖石化化工行业划分、产品品种、生产工艺的多样性、交联性,使得污染源监管始终是环境管理的难点之一。因此,应该在借鉴国外大气污染防治的管理经验基础上,顺应我国新的大气环境质量标准要求,创新和完善大气污染物环境管理思路与方法。

美国是最早开展 VOCs 污染治理的国家。由于第二次世界大战后期大面积光化学污染的爆发,美国 1970 年发布了《清洁空气法》(CAA),拉开了大规模开展 VOCs 污染治理的序幕。经过近 50 年的污染治理,目前美国大气污染问题得到了有效控制。美国各项环保法规经历了从探索到逐步走向规范的过程,在 VOCs 定义与表征、监测方法、排放量估算方法以及污染控制标准体系方面开展了较为全面和深入的研究。之后,欧盟、日本、中国台湾等发达国家和地区都相继借鉴了美国的经验,开展 VOCs 污染治理。VOCs 的管控,涉及大量污染物种类、不同的行业、数量众多的企业以及从源头到过程到末端治理等多流程,这使得 VOCs 的管控需要海量的数据来表征,这与我国现有的监管人员和能力是不匹配的。这首先是要建立一个开放型环境监管模式,通过构建公开统一的污染物申报和管理平台,按照新修订的《环境保护法》的要求,明确企业的排污主体责任,引导企业自主申报污染物排放情况,并鼓励第三方参与和社会监督,逐步建立国家污染物排放清单,创新"政府引导和服务、企业施治和申报、社会参与和监督"多方参与的环境监管新模式。其次是强化工业源的全过程精细化管理,根据行业和污染源特点对排放源进行分类,避免被众多行业和产品纠缠,分别制订排放量核算方法、控制标准与技术指南等。以企业为监管单元,将环境管理重点从末端治理转移到源头控制、过程监管上,引导企业优化生产工艺、强化设备选型选材、提高设计标准和施工质量、强化运行管理、规范治理设施,全面减少 VOCs 排放。

环境保护部环境工程评估中心 VOCs 污染控制工作团队（以下简称评估中心 VOCs 污染控制工作组）在研究中建立了一套"化工企业大气污染源归类解析体系"，将纷繁复杂的化工过程以及五花八门的企业统一归类为 13 种源项，建立比较科学的分类统计方法学。丛书著译者在翻译和借鉴美国《石油炼化企业最大可达控制技术（MACT）标准指南》和《美国炼油厂排放估算协议》的基础上，结合评估中心 VOCs 污染控制工作组的研究工作，陆续对石化化工、煤化工、医药化工等行业的废气污染源进行研究，在大气污染源归类解析体系基础上，结合行业的特点，充分考虑管理需求，明确了工业污染源大气污染物管控的顶层设计与污染防治主体思路，即以环境质量为中心目标，国家发布大气污染物优先控制清单，清单可以包括有毒有害物质、臭氧层消耗物质、温室气体物质等国际通用的管控物质，还可以包括 VOCs 等我国根据实际需要管控的物质。企业作为污染源控制的法律责任主体，必须弄清楚所有管控污染物的产生与排放情况，包括有组织排放和无组织排放，通过排污申报系统报告政府和告知社会，政府监管部门根据环境容量进行排污额度的许可分配，把大气环境容量作为公共资源进行合理分配，确保环境质量达标的底线，实现污染物的全面管控。丛书作者将这些研究思路引入石化化工等行业的污染源排查及估算方法研究当中去，结合我国石化企业的实践经验，分不同源项，分别提出污染源排查的方法、程序以及推荐估算方法，这可以对其他相关行业大气污染控制思路和工业源大气污染全过程精细化管控体系起到借鉴作用。

2015 年 5 月 25 日

前　言

为贯彻落实《大气污染防治行动计划》，2014年12月，环境保护部发布了《石化行业挥发性有机物综合整治方案》（环发〔2014〕177号），对石化行业挥发性有机物（VOCs）的污染控制提出了明确要求，其首要任务就是要对石化行业开展污染源排查。但由于目前我国VOCs污染控制起步较晚，缺乏科学、系统的VOCs污染源排查方法，给石化企业开展VOCs污染源排查工作造成了困难。为此，环境保护部环境工程评估中心组织编写了本书，在建立VOCs排放源归类解析方法的基础上，参考美国VOCs污染源管理方法，结合我国石化化工企业实际情况，研究提出了一套石化行业VOCs污染源排查方法及推荐的估算方法，同时提供了涉及的污染源的图示、照片及估算实例。本书可指导石化企业开展污染源排查及排放量估算的实践活动，为环境管理部门进行污染源核算和管理提供依据和参考，为落实《石化行业挥发性有机物综合整治方案》《挥发性有机物排污收费试点办法》等提供技术支持，本书同时可为石化化工行业建设项目环境影响评价工作及LDAR（泄漏检测与修复程序）工作提供技术参考，本书相关研究成果也为国家《石化行业VOCs污染源排查工作指南》和《石化企业泄漏检测与修复工作指南》的编制提供了技术基础。

本书共分为14章，第1章为概述，主要介绍本书对石化化工企业VOCs污染源排查和估算方法的研究思路、理论基础、主要特征及整体构架；第2章至第13章为对12类污染源强的分类研究，包括污染源排查的工作流程、工作方法、源项分析、推荐估算方法、排查报告方法、管理要求及建议，并针对每一类污染源强的不同排放量估算方法提供参考案例；第 14 章为主要参考性附件。由于 LADR 程序的规范性与设备动静密封点污染源排查及估算结果密切相关，第 2 章还包含了建立 LDAR 程序的规范性要求的研究内容。

本书由周学双、崔书红、童莉、崔积山主持撰写，主要参加人员及其负责的章节如下：第 1 章：周学双、崔书红、童莉；第 2 章：童莉、高少华、朱胜杰；第 3 章：王奉天、庄思源；第 4 章：沙莎、孙慧；第 5 章：何少林、王赫婧；第 6 章：贾萍、冉丽君；第 7 章：王赫婧、崔积山；第 8 章：孙慧、梁睿；第 9 章：贾萍、罗霖；第 10 章：杨一鸣、贾萍；第 11 章：崔积山、冉丽君；第 12 章：高少华、朱胜杰、祝晓燕；第 13 章：郭森、崔积山。本书统稿工作主要由童莉、郭森完成。本书审校由崔书红、周学双、梁鹏完成。

在研究和编著过程中，得到了多方面的支持与关心。包括环境保护部污染防治司、环境影响评价司和环境监察局，以及财政部税政司、中国石化能源管理与环境保护部、中石油集团安全环保部、中海油质量健康安全环保部、神华集团环保部等的支持。本书还得到王文兴院士、柴发合研究员、韩建华教授级高工、于景琦高工、戴伟平高级咨询师等专家的指导和帮助。

本书涉及内容较为广泛，研究思路和方法在国内尚无更多借鉴，由于时间仓促，书中不当之处，敬请读者批评指正，以便进一步探讨和完善。

著　者

2015 年 5 月 14 日

目　录

1 概　述

1.1　挥发性有机物污染控制的意义

当前我国大气环境形势十分严峻，以臭氧（O_3）、细颗粒物（$PM_{2.5}$）和酸雨为特征的区域性复合型污染日益突出，区域内空气重污染现象大范围同时出现的频次日益增多，成为社会经济可持续发展中的突出问题。除了常见的 SO_2、NO_x 等常规大气污染物外，作为促进臭氧和 $PM_{2.5}$ 形成主要前体物的挥发性有机物（Volatile Organic Compounds，VOCs）也日益受到社会的关注。大量研究表明，VOCs 对环境的影响主要有两方面：一方面它具有光化学特性，在太阳光和热的作用下，与氮氧化物反应，通过自由基中间体形成臭氧，同时生成氧化性较强的二次有机物，进一步形成二次有机气溶胶，成为 $PM_{2.5}$ 的主要贡献之一；另一方面，大部分 VOCs 及其光化学产物属于有毒有害物质，对人体健康有直接影响。因此，控制 VOCs 的排放是控制大气中 $PM_{2.5}$ 的重要手段之一。

从字面上来看，VOCs 是一类具有挥发性的有机化合物，它与一些常规的污染物如 SO_2、NO_x 不同，并不是只代表一种或者是少数的几种物质，实际上是一大类物质的综合体，与水环境中的化学需氧量（COD）类似，是评价一类物质的综合性指标。

VOCs 的来源可以分为自然源和人为源，我们通常闻到的花香、植物自身排放的一些信息素类的物质都属于自然源排放，而人为源主要是人类生产生活中的排放，大部分物质是我们日常生活所接触到的一些有机物，包括烃类、醇类、脂肪酸、酯类等。在合理的控制下，大多数常见的有机物通常能被人们利用，但这些物质在生产、储存、销售、使用等环节由于管理不当或者不可避免的原因排入环境中，便成为污染物。这类污染物进入环境后，绝大部分具有光化学活性，一部分对人类或生态环境产生有毒有害作用，另一部分具有易燃易爆的危害特性，还有一小部分具有破坏臭氧层或产生温室效应的作用。

随着近年来经济的迅速发展，由于工业、居民生活等排放的 VOCs 人为源总量正逐年增加，导致光化学烟雾、城市灰霾等复合型大气污染问题日益严重，有效控制 VOCs 已成为现阶段我国大气环境治理领域中的热点问题。为此，国家相继出台了一系列的法规政策，强化对 VOCs 的防治。

2010 年 5 月，国务院办公厅转发《关于推进大气污染联防联控工作改善区域空气质量指导意见》，从国家层面正式提出了加强 VOCs 污染防治工作的要求，将 VOCs 作为与二氧化硫、氮氧化物、颗粒物并列的重点大气污染物，把开展 VOCs 防治工作作为大气污染联防联控工作的重要部分。

2012 年 10 月，环境保护部发布《重点区域大气污染防治"十二五"规划》，发布了我国包括京津冀、长三角和珠三角地区在内涉及 19 个省、直辖市、自治区的 13 个重点发展区域的 VOCs 排放量，提出到 2015 年重点行业现役 VOCs 排放削减比例控制到 10%～18%。

2013 年 9 月，国务院正式发布了《大气污染防治行动计划》，简称"大气十条"，要求到 2017 年年底重点行业主要污染物排污强度下降 30%以上，并适时将挥发性有机物纳入排污费征收范围，将挥发性有机物排放是否符合总量控制要求作为建设项目环境影响评价审批的前置条件，同时提出在石化、有机化工、表面涂装、包装印刷等行业实施挥发性有机物综合整治。

2014 年 12 月，环境保护部发布了《石化行业挥发性有机物综合整治方案》，对石化行业 VOCs 的污染控制提出了明确要求。

1.2　美国挥发性有机物污染控制简述

1.2.1　美国挥发性有机物管理体系简介

美国是最早开展 VOCs 污染控制的国家，在总结数十年污染治理经验的基础上，目前已经建立起一套行之有效的 VOCs 大气污染物控制管理模式。很多国家和地区的 VOCs 污染控制均借鉴美国的管理思路。

1943 年洛杉矶烟雾事件和 1948 年多诺拉事件发生后，由空气污染引起的环境公害引起了人们的广泛关注，美国政府决定制定有关的清洁空气法案。

美国空气质量控制法律先后经历了 1955 年的《空气污染控制法》、1963 年的《清洁空气法》、1967 年的《空气质量控制法》、1970 年的《清洁空气法》（CAA）以及后来的 1977 年修正案、1990 年修正案等，建立并逐步完善其法律体系。

美国空气污染控制的目标是达到环境空气质量标准，主要手段是根据《清洁空气法》的规定，对污染源实行排放限制，包括排放标准以及为减少污染排放而对污染源所作的相关规定。排放标准是排放限制的核心，按照立法程序制定、发布、实施。

美国环保局（EPA）对各种排放源实行分类控制和减排策略，排放源分为固定源、移动源和室内源三类。EPA 定义 VOCs 为除 CO、CO_2、H_2CO_3、金属碳化物、金属碳酸盐、碳酸铵之外，任何参加大气光化学反应的碳化合物。同时，EPA 认为部分 VOCs 的光化学活性较弱，对光化学活性导致的空气质量因子升高的影响不显著，因此设定了豁免物质界定标准，并颁布了动态豁免清单，将 VOCs 中不具备活性或活性很小的物质予以排除。

当前，美国还没有针对室内源的 VOCs 制定具体标准，只是一些组织机构对个别 VOCs 物质进行了规定；美国移动源大气污染物排放标准体系以控制机动车污染为核心，重点控制一氧化碳、碳氢化合物、氮氧化物、颗粒物等污染物；VOCs 的相关标准基本都集中在固定污染源大气污染物排放标准体系中。

对于大气污染物排放量的估算方法，EPA 采用的是通用工艺过程和行业分类相结合的方式，分别建立估算方法，企业根据自身工艺特点和产污环节，选取方法进行估算和检测，建立其大气污染物排放清单。大气污染物源强估算手册（AP-42）是 EPA 根据长期监测数据建立起来的估算方法，其中包括常规污染物 SO_2、NO_x 等，也包括特征污染物如苯等单物质，同时还包括 VOCs。

1.2.2 美国环保局的污染控制标准

对于常规污染物中的新源，EPA 统一制定"新建污染源实施标准"（New Source Performance Standard，NSPS）进行控制，列入联邦法规 40 CFR 60 部分。美国污染物排放标准是基于污染控制技术制定的，其中 NSPS 基于最佳示范技术（Best Demonstrated Technology，BDT）。美国针对大气污染物固定源的排放标准体系中涉及 VOCs 的标准有 20 多项，包括：subpart EE（金属家具表面涂层）、subpart MM（汽车和轻型卡车表面涂层）、subpart RR（磁带和标签表面涂层）、subpart SS（工业表面涂层：大型电器设备）、subpart TT（金属盘表面涂层）、subpart VV（合成有机化工厂设备 VOCs 泄漏)、subpart WW(饮料罐表面涂层)、subpart XX(散装汽油中转)、subpart BBB(橡胶轮胎生产)、subpart DDD(聚合体生产 VOCs 排放)、subpart FFF(弹性乙烯基和聚氨酯涂层和印刷)、subpart GGG(石油炼制厂设备 VOCs 泄漏)、subpart III(合成有机化合物化工厂空气氧化单元操作 VOCs 排放)、subpart JJJ(石油干洗)、subpart KKK(陆上天然气加工厂设备 VOCs 泄漏)、subpart NNN(合成有机化合物加工厂蒸馏工艺 VOCs 排放)、subpart QQQ(石油精炼厂污水处理 VOCs 排放)、subpart RRR(合成有机化工反应工艺 VOCs 排放)、subpart SSS(磁道涂层)、subpart TTT(表面涂层:商业设备塑料部件表面涂层)、subpart VVV(支撑材料的聚合化涂层)等。NSPS 分别规定排放限值、处理效率、工艺设备、运行维护等要求。

作为 1977 年清洁空气法的调整,美国国会建立了新源审查批准程序。"新源审查"程序(NSR)作为如下两个重要目的的预审程序。

第一,它需要确保新建或改建工厂、工业锅炉和电厂后大气环境不得降级。在空气质量不达标的地区,NSR 要确保新的排放不会减缓改善空气质量的进展。在空气洁净的地区,NSR 要确保新的排放不会产生严重影响。

第二,NSR 要确保新的或改造的大型工业污染源不会对周围社区造成较大影响。

NSR 是企业主或操作者必须遵守的法律文件,它详细说明了何种浓度是允许的,何种排放值必须达到,还规定了污染源的排放频率。

根据 NSR,如果一个公司计划建立一个新工厂或改建现有的工厂,将会增加大量空气污染排放,那么公司必须获得一个 NSR 许可证。NSR 许可证是施工许可证,要求公司通过改变过程或安装空气污染控制设备,减少空气污染。"RACT""BACT"和"LAER"便是 NSR 下不同的项目需求计划。

合理可用的控制技术(RACT),主要针对不达标区域现有项目。现有最佳可用控制技术(BACT),主要针对达标区域的新建或改建项目。最低可达排放速率(LAER),主要针对不达标区域的新建或改建项目。BACT、LAER 或 RACT 通常由州或地方管理机构针对项目的不同情况而实施。EPA 建立了 RACT/BACT/LAER 动态数据库(RBLC),提供空气污染技术的信息(以往 NSR 许可中包含的 RACT、BACT 和 LAER 信息),促进信息的共享。RBLC 的数据并不仅限于 RACT、BACT、LAER 的要求。即使不是以往 RACT、BACT 和 LAER 所要求的预防和控制技术也会体现在数据库中。

1.2.3　美国环保局的大气污染物源强估算手册

美国环保局 VOCs 控制管理体系采用通用工艺过程和行业分类相结合的方式进行 VOCs 的排放控制，明确了通用工艺过程和行业特殊过程中 VOCs 的主要排放环节及相应的估算方法。主要内容均在大气污染物源强估算手册（AP-42）中涉及，源强手册具体分为：石油炼制，木质产品业，有机化工，无机化工，食品和农业，冶金，液体储罐，固体废物处理，燃烧源和蒸发损失源。各类排放源的 VOCs 排放量与企业类型、工艺过程以及管理水平均有密切关系，因此，各行业或过程基本利用排放因子法对 VOCs 排放量进行估算，并根据原料、工艺过程、设备类型、产品分类以及污染控制措施的不同提供相应的排放因子。由于美国工业产业结构和能源结构与我国存在较大差距，部分我国典型的工业源在 EPA 的 AP-42 中未能考虑，部分方法也存在不适应性。

（1）炼油厂排放估算

对于炼油厂，EPA 在 AP-42 的基础上，制定了《美国炼油厂排放估算协议》（*Emission Estimation Protocol for Petroleum Refineries*），将石油炼制厂的废气污染源进行分类归纳，分为设备泄漏、储罐、固定燃烧源、工艺排放口、火炬、污水收集和处理系统、冷却塔、装卸操作、扬尘源、开车和停车、故障/意外事故等 11 大类，根据每一类污染源的排放特点，研究了实测法、公式法、排放系数法等不同污染源源强计算方法，特别是对无组织排放废气，也明确给出了一些源强估算方法，在此基础上，根据可靠程度将各类估算方法进行分级，用于指导石化企业废气污染源源强的估算。笔者所在的环境保护部环境工程评估中心 VOCs 污染控制工作团队曾将《美国炼油厂排放估算协议》一书翻译出版，详细内容可查阅该书。

（2）其他行业及工序排放估算

① 木质产品业

AP-42 将木质产品业分为：化学制浆、夹板工业、再生性木质产品、木炭、木材保存、工程木质产品等。VOCs 的排放计算分别提供不同的排放因子或统计方法。化学制浆行业主要考虑的 VOCs 排放源是甲硫醇、二甲基硫醚和二甲基二硫醚，按照未被控制的设备类型或单元操作分为沼气池和吹扫储罐、不同形式的蒸发器、焚烧炉、洗涤器、冷凝器等给出单位制浆排放因子。夹板工业会产生分子量较大的 VOCs 污染物，EPA 建议 VOCs 的排放因子按摩尔质量给出，一般按碳氢含量转换成对丙烷的比例，并根据木质或非木质、硬质木或软质木、加热或冷却区等分别给出了相关 VOCs 排放因子。压块与干燥过程也可能成为 VOCs 排放的一个源头,主要取决于黏合剂和添加剂的使用情况。工程木质产品在其干燥过程中会产生 VOCs,部分 VOCs 在以气态的形式从干燥器中排出后,在标准状态的大气环境中可凝结成液体或形成烟雾,可以用再生性热氧化炉控制 VOCs 的排放,计算方法和排放因子的分类类似夹板工业。

②有机化工业和无机化工业

在 AP-42 中有机化工行业有 VOCs 排放的生产过程包括炭黑、爆炸品、涂料和油漆、邻苯二甲酸酐、聚乙烯、聚苯乙烯、印刷油墨、肥皂和清洁剂、合成纤维、合成橡胶、对苯二甲酸和顺丁烯二酸酐,无机化工行业只有硫酸铵制造会产生 VOCs 排放。VOCs 的排放因子计算方法分类可归结为三种:

A. 按工艺过程分类。大部分有机化工产业的 VOCs 排放因子是按照工艺过程或者工艺阶段分别计算。比如炭黑生产过程中分为油炉过程和热过程,而后一阶段产生的 VOCs 居多;爆炸品 VOCs 的排放主要集中在溶剂回收操作过程;邻苯二甲酸酐 VOCs 的排放主要在蒸馏阶段;聚乙烯生产业主要采用 DMT 和 TPA 工艺,二者排放特征差异明显;聚苯乙烯生产工艺有三种,即分批工艺、原位工艺、连续工艺,三者排放特征差异也很明显;清洁剂在生产过程中表面活性剂会释放大量 VOCs;合成纤维制造业工艺主要是干法纺丝、湿法纺丝,在喷射阶段和细丝形成阶段采用有机溶剂的产品虽然只占此行业产品总量的 20%,但排放的 VOCs 却占到 94% 以上;合成橡胶制造业在乳化液聚合生产苯乙烯和丁二烯的过程中会产生 VOCs;对苯二甲酸制造业在二甲苯氧化、结晶和分离阶段都有 VOCs 产生;顺丁烯二酸酐制造业在吸收剂回收阶段排放的 VOCs 主要是顺丁烯二酸酐和二甲苯,在储存、运行阶段排放的主要是顺丁烯二酸酐。

B. 按设备类型分类。大部分有机化工产业在进行生产工艺划分后,对各设备单元分别确定 VOCs 排放因子,比如炭黑油炉过程会对 CO 锅炉及焚化炉分别计算相应的 VOCs 排放因子;邻苯二甲酸酐蒸馏过程中对洗涤器、热焚烧炉分别计算相应的 VOCs 排放因子;聚乙烯生产业在确定工艺流程后分别在混合罐、甲醇回收系统、回收后甲醇储存、前聚和真空系统、真空聚合反应系统、冷却塔、乙烯乙二醇反应罐、乙烯乙二醇回收浓缩系统、乙烯乙二醇真空回收系统、污泥储存和装卸等单元给出 VOCs 排放因子;聚苯乙烯生产业在确定工艺流程后,分别在原料储存及溶解罐、反应器排气鼓通风、抑制挥发冷凝管道、抑制挥发冷凝箱、挤压机淬火管道等设备给出 VOCs 排放因子。

C. 按产品类型分类。部分有机化工产业的 VOCs 排放因子根据产品类型来计算，包括油漆和涂料生产业、印刷油墨生产业及合成纤维生产业，不同工艺流程下不同产品的 VOCs 排放因子差异较大。

③ 固体废物处理

AP-42 将固体废物处置分为垃圾焚烧、污泥焚烧、医疗废物焚烧、城市垃圾填埋、露天焚烧、汽车车身焚烧等。根据处置物、处置技术及尾气污染控制装置的不同，分别提供不同的排放系数或计算方法。

固体废物处理的废气可分为焚烧烟气和填埋气两类。其中，焚烧物主要有医疗废物、污泥、汽车车身等，焚烧技术主要有多段水冷壁焚烧炉、混烧旋转水冷壁焚烧炉、混烧耐火墙焚烧炉等，尾气污染控制装置有静电除尘器、喷雾干燥器、管道喷射、袋式除尘器等。填埋气按照未控制和有控制分别提供非甲烷总烃等污染物的排放量计算公式，并详细提供典型填埋气各成分的分子量和默认浓度值，其中主要为有机物。

④ 外燃烧源

AP-42 将外燃烧源分为热电厂锅炉、工业锅炉以及商业和家庭燃烧炉。煤、燃料油和天然气是用于这些源的主要矿物燃料，其他使用量相对较小的燃料还有液化石油气、木材、焦炭、炼油气、高炉气以及其他废物燃料或副产燃料。根据燃料、燃烧装置及尾气污染控制装置的不同，分别提供相应的排放系数数据。

燃料分为烟煤和次烟煤、无烟煤、燃料油、天然气、液化石油气、木材废料、褐煤、榨糖厂的蔗渣、木柴和废油 11 类。燃烧装置主要分为旋风炉、煤粉炉、抛煤机炉排炉、上饲炉排炉、下饲炉排炉等，尾气控制装置分为静电除尘器、喷雾干燥器、管道喷射、袋式除尘器等。

⑤ 内燃机源

AP-42 将内燃机分为固定式燃气涡轮机、燃气往复式发动机、汽油和柴油工业发动机、大型固定式柴油机和所有固定的双燃料发动机 4 类。根据发动机类型、燃料及尾气控制装置的不同，提供相应的排放系数。燃料主要分为填埋气、消化气、馏出油、天然气等，尾气控制装置有水雾喷射装置、干法技术装置、选择催化还原技术装置等。

⑥ 蒸发损失源

AP-42 中将蒸发损失源分为干洗、表面涂装、废水收集、处理和存储、聚酯树脂塑料产品制造、溶剂脱脂、废溶剂回收、罐和桶的清洗、纺织织物印刷和橡胶制品业等。利用排放因子法对 VOCs 排放量进行估算，EPA 根据原料、工艺过程、设备类型及产品分类的不同提供排放因子。

1.2.4 州实施计划

《清洁空气法》需要根据各州的情况制定一个总体规划以确保所有地区达到国家环境空气质量标准并对未达标的地区制定具体的方案，使其达到标准。这些方案即称为州实施计划（SIP），是由空气质量管理部门编写，提交 EPA 审核。SIP 有两个主要目标：一是核实各个州有基础空气质量管控方案进而实施新的或者修订的国家环境空气质量标准；二是确定各个州使用的排放控制要求达到或者保持美国《国家环境空气质量标准》（NAQQS）一级和二级要求。

州实施计划的宗旨是防止地区空气质量恶化，达到《国家环境空气质量标准》的要求，而且要降低不达标地区污染物的排放水平，从而使其达标。

在各州的大气污染源排放清单编制中，一些石化企业密集的州（如得克萨斯州），其认为在实际操作过程中 EPA 给出的排放因子普遍过于保守，则会要求各企业按照自身工艺过程和控制措施开展实际检测，逐步实现一企业一清单。

1.2.5 美国挥发性有机物污染控制效果

美国 VOCs 历年排放总量见表 1-1 和图 1-1。可以看出，美国 VOCs 排放总量呈下降趋势，从 1970 年的 3 466 万 t 下降为 2012 年的 1 762 万 t，下降了约 50%。

表 1-1　美国 VOCs 排放量历年数据对比分析　　　　单位：万 t

年份	化工及相关产品制造	石油及相关工业	溶剂使用	储存和运输	废物处置与循环利用	总量
1970	134	119	717	195	198	3 466
1975	135	134	565	218	98	3 077
1980	160	144	658	198	76	3 110
1985	88	70	570	175	98	2 740
1990	63	61	575	149	99	2 411
1991	71	64	578	153	100	2 358
1992	72	63	590	158	101	2 307
1993	70	65	602	160	105	2 273
1994	69	65	616	163	105	2 257

年份	化工及相关产品制造	石油及相关工业	溶剂使用	储存和运输	废物处置与循环利用	总量
1995	66	64	618	165	107	2 204
1996	39	48	548	129	51	2 087
1997	39	49	562	133	52	1 953
1998	39	49	515	133	54	1 878
1999	25	46	504	124	49	1 827
2000	25	43	483	118	42	1 751
2001	26	44	501	119	42	1 711
2002	25	60	429	148	40	2 022
2003	25	59	427	147	39	1 960
2004	24	58	426	146	39	1 899
2005	24	56	425	143	39	1 767
2006	19	96	393	135	32	1 782
2007	14	135	361	127	25	1 797
2008	9	174	330	119	19	1 773
2009	9	199	313	120	17	1 758
2010	8	224	296	121	15	1 781
2011	8	249	279	122	13	1 805
2012	8	249	279	122	13	1 784
2013	8	249	279	122	13	1 762

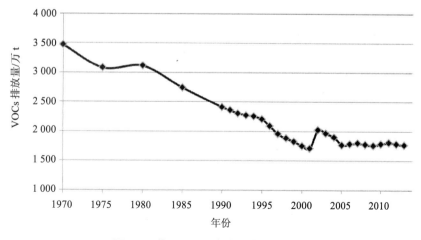

图 1-1　美国 VOCs 排放总量变化趋势

图 1-2 为美国 1980—2012 年 230 个观测点根据 8 h 臭氧标准获得的浓度数据，进而得到地表臭氧环境空气质量变化趋势。由图可知，美国大气中的平均臭氧含量在 20 世纪 80 年代逐渐下降，90 年代趋于平缓，2002 年以后明显下降，总体来说，2012 年比 1980 年全美平均臭氧含量下降了 25%，环境质量得到了明显改善。

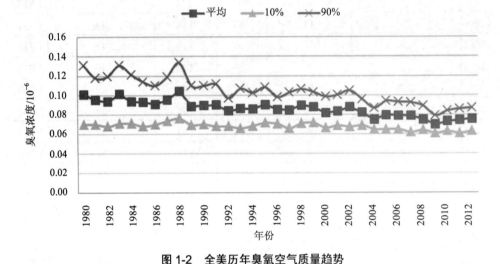

图 1-2　全美历年臭氧空气质量趋势

注：图中"90%"表示 90%的观测点得到的浓度低于该线；"10%"表示 10%的观测点得到的浓度低于该线；"平均"表示所有观测点得到浓度的平均值。

从美国 VOCs 历年排放量和其最主要的二次污染物臭氧的环境空气浓度历年数据可以清晰地看出，美国的 VOCs 管理体系有效控制了 VOCs 的排放并取得了较好的环境效益。因此，借鉴美国的 VOCs 污染管理思路对探索我国大气污染源管理模式具有重要的指导意义。

1.3　我国石化行业挥发性有机物污染控制的难点

本书所述的石化行业，主要指石化行业生产性企业，包括以石油、石油气（包括天然气和炼厂气）等为原料，从事炼油、化工及延伸加工为主的生产性企业。我国石化企业的特点导致其 VOCs 污染控制存在较大难度。

（1）石化化工企业数量多。仅石油炼制企业，据环保部初步统计，截至 2014

年年底约有 204 家（含在建），一次加工能力 76 931.15 万 t/a。其中，中石化拥有企业 38 家，中石油拥有 30 家、中海油拥有 17 家，三大集团拥有企业数量占企业总数的 41.6%，其一次加工能力之和占全国总能力的 67%（图 1-3 和图 1-4）。山东、辽宁、河北、江苏、广东五省分别拥有企业 55 家、31 家、17 家、14 家、13 家，五省拥有企业数量占企业总数的 63.7%，其一次加工能力之和占全国总能力的 54.9%（图 1-5 和图 1-6）。通过上述数据可以看出，目前我国石化企业数量众多，主要分布在东部地区，平均规模较小，仅 300 万 t/a 左右，分散布局给污染源的统一管理造成了一定难度。

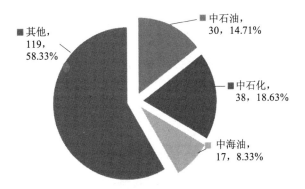

图 1-3　三大集团炼油企业数量分布情况（单位：家）

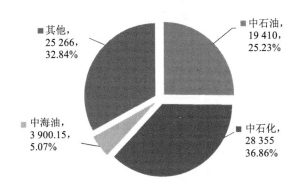

图 1-4　三大集团炼油加工能力分布情况（单位：万 t/a）

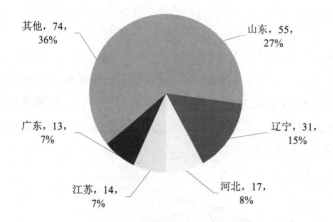

图 1-5 五省炼油企业数量分布情况（单位：家）

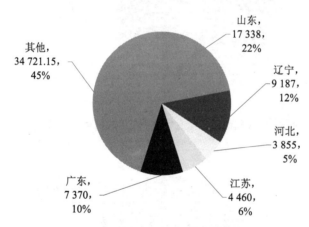

图 1-6 五省炼油加工能力分布情况（单位：万 t/a）

（2）石化化工行业划分复杂，生产工序多样。据统计，石化化工行业生产的化工产品种类达 4 万多种，2011 年全国主要化学品总量达 4.18 亿 t。而现代企业大都朝着多产品、多门类、产业链延伸、自我配套等方向发展，且石化化工企业大多具有根据市场需求变换生产方案和产品品种的能力，每年还存在新增的大量有机化合物。长期以来，我国主要针对工业污染排放的环境要素实施监管，这使得环境管理始终只能围绕末端治理来进行。近年来，环境管理思路开始逐渐向不同行业、不同产品品种监管转移，而这难以覆盖石化化工行业各种产品品种和各种生产工艺类型，使得污染源监管始终是环境管理的难点。

（3）由于 VOCs 涉及的物质种类、排放环节众多，且以无组织排放为主，长期以来我国一直未将其纳入常规污染物管理，目前国家缺乏 VOCs 排放量核算的权威方法，因此也缺少 VOCs 排放量的权威统计数据。中国科学院、中国环境科学研究院、清华大学、北京大学等科研单位和高校对我国 VOCs 排放量开展大量研究，但由于主要采用基于活动强度的排放因子法，对于石化化工这类 VOCs 排放与设备选型、技术进步、污染治理、自然条件、管理水平等诸多因素均有关联的企业，估算结果和企业实际排放情况存在较大差异。总体来说，目前国家开展 VOCs 污染源管理仍然面临排放底数和控制技术基础不清的困难。

因此，尽快出台一套完整、规范的 VOCs 污染源排查方法，指导石化企业科学开展污染源排查，摸清 VOCs 污染源排放情况和目前我国 VOCs 污染控制水平，为制定 VOCs 环境管理政策提供依据，变得迫在眉睫。

1.4　挥发性有机物污染源排查的理论基础

1.4.1　挥发性有机物的定义

目前我国尚未出台正式文件明确 VOCs 统一的定义。国内外较为流行的挥发性有机物（VOCs）定义主要可以分为两大类，分别是从光化学性质和物理性质两个角度进行定义，其中从物理性质角度的定义又可分为两种。

以美国 EPA 为代表的定义（以下简称定义 1），从光化学性质角度将 VOCs 定义为除 CO、CO_2、H_2CO_3、金属碳化物、金属碳酸盐、碳酸铵外，任何参加大气光化学反应的碳化合物，并将光化学活性较小的碳化合物列入豁免清单。欧盟国家排放总量指令等也参照美国 VOCs 定义，但只豁免甲烷。

以 WHO 为代表的定义（以下简称定义 2）则是从物理性质角度，根据蒸汽压或沸点对 VOCs 进行定义；以欧盟有机溶剂使用指令为代表的定义（以下简称定义 3）更将其扩展到特定条件下具有相应挥发性的有机化合物。目前我国国家标准仅对非甲烷总烃的监测标准使用了物理定义，但非甲烷总烃的控制要求与 VOCs 并不是完全匹配的。

从定义上可以看出，定义 1 涵盖的物质为具有光化学活性的碳化合物（包括部分有机物和 CS_2 等非有机物）；定义 2 涵盖了大部分有机物，但能在高于常温条件下挥发并排入大气的高沸点有机物则被排除在外，对于石化化工等行业显然并不适用；而定义 3 "特定条件下"的含糊概念则基本可以涵盖所有的有机物，虽基本可以管控住石化化工工业中挥发到气相中的有机物，但仍主要是从排放源强控制的角度来实现质量改善，而不是从环境质量的目标来直接实现管控。

可以看出，定义 1 体现了控制 VOCs 的原因是为了减少大气环境中的光化学反应，从而达到控制环境空气中臭氧形成的目的，进而控制 $PM_{2.5}$ 的产生。定义 2 和定义 3 则更注重有机物大气污染源（包括人群健康危害污染源）的控制，关心的是有机物挥发进入大气环境途径和污染源强，与实际的环境空气质量标准因子之间的联系难以界定，还容易与人群健康、职业卫生的管控领域相重叠，导致管控的目标不明确。

因此，定义 1 这一类从 VOCs 的光化学活性来考虑，更能体现污染物控制的针对性，有利于开展污染源的精细化管理，更能体现出环保部提出的将我国环境管理由"以环境污染控制为目标导向"向"以环境质量改善为目标导向"转变的思想。

本书同时考虑到便于实际操作，建议将 VOCs 定义为参与大气光化学反应的有机化合物，在开展具体的石化企业污染源排查和估算工作时，可按规定的方法测量或核算确定的有机化合物进行管理，在条件允许时，应逐步管控到 VOCs 的真实物质组成。这一定义为本书开展 VOCs 污染源排查确定了明确的范围。

1.4.2　石化行业废气排放源归类解析

传统的工业污染源分类方式有很多种，从污染物类型分可分为废气、废水、固体废物等，从生产工况可分为正常工况排放、非正常工况排放、事故排放，从污染物排放形式可分为有组织排放、无组织排放，从污染源类型可分为点源、面源、体源、线源，从排放的连续性角度可分为连续性排放和间歇性排放。

本书在总结多年石化、化工、煤化工等建设项目环境保护管理工作和相关行业污染管理成熟经验的基础上，根据建立全过程精细化污染管控和开放式环境管理理念的原则，通过对企业、生产过程和废气排放形式等的剖析，将石化、化工、煤化工等工业企业的废气污染源归类为三种生产工况、两种排放形式共 13 种污染排放源项。13 种污染排放源项基本可以覆盖不同类型的企业、不同的生产工艺的各种污染排放过程，不同类型的企业和工艺可能存在差异性，但一般不会超出这 13 种污染排放源项，石化、化工、煤化工等企业通过对 13 种污染排放源项的解析可以实现全过程精细化的污染源排查、源项核算和污染控制。有关污染企业均可以从这13种污染排放源项着手自我排查、治理与污染管控，监管部门同样可以从这13种污染排放源项进行相关的核查与监督。

具体分类情况如表1-2和图1-7所示。

表1-2　化工企业废气污染源归类解析

序号	源项解析	排放形式	排放工况
1	设备动静密封点泄漏	无（有）组织	正常
2	有机液体储存与调和挥发损失	无（有）组织	正常
3	固体物料堆存和装卸释放	无（有）组织	正常
4	有机液体装卸挥发损失	无（有）组织	正常
5	废水集输、储存、处理处置过程逸散	无（有）组织	正常
6	工艺有组织排放	有组织	正常
7	循环冷却水系统释放	无（有）组织	正常
8	非正常工况（含开停工及维修）排放	无（有）组织	非正常
9	火炬排放	有组织	非正常、正常
10	燃烧烟气排放	有组织	正常
11	工艺无组织排放	无组织	正常
12	采样过程排放	无组织	正常
13	事故排放	无组织	事故

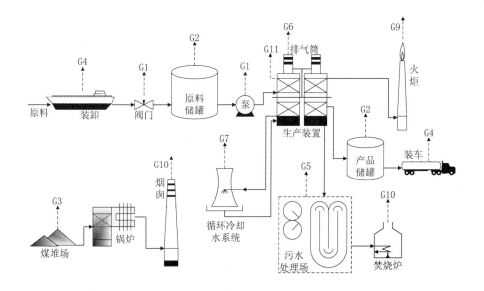

图1-7　化工企业废气污染源归类解析

本书基于这 13 种污染排放源项，分别分析各源项的 VOCs 排放情况：

（1）设备动静密封点泄漏

设备内的物料可通过设备动静密封点泄漏到环境中，这是一种工业企业遍布存在的小型无组织排放源，属于正常工况下的无组织或有组织排放，以无组织排放为主。个别设备密封点可将废气收集将其转化为有组织排放，如安全阀、压缩机。设备动静密封点类型主要包括泵、压缩机、搅拌器、阀、泄压设备、取样连接系统、开口管线、法兰、连接件等 9 大类，既存在于生产装置中，也存在于储存、装卸、供热供冷等公辅设施中。以一个千万吨级炼油企业为例，其动静密封点有几十万乃至几百万个，VOCs 排放量在几千吨至几万吨都有可能，排放量的差距与工艺配置、规划设计、投资建设、运营管理和末端治理的系统控制水平的差异都有关系。因此，可以采用减少密封点、密封级别提升、实施设备泄漏检测与修复（LDAR）等手段控制 VOCs 排放。其排放量估算可采用实测法、相关方程法、筛选范围法和平均排放系数法等方法实现。目前设备动静密封点泄漏源项是我国工业企业 VOCs 四个主要源项之一。

（2）有机液体储存与调和挥发损失

几乎所有的工业企业都会涉及有机液体原料、中间品、产品的调和与储存。在调和与储存过程中，随着物料的进出，大小呼吸会产生大量的物料损失，排放大量的挥发性物质，属于正常工况下的排放，通常为间歇性排放；在静置过程中，罐体和浮盘之间等处也存在物料的挥发损失。当采取废气收集处理措施后，大部分无组织排放可转化为有组织排放。目前化工企业的储罐主要有固定顶罐、浮顶罐（内浮顶罐、外浮顶罐）、压力储罐等类型。同一物料在相同条件下采用固定顶罐和浮顶罐储存，前者物料损失量可能比后者大 20 倍以上。有机液体储存与调和挥发损失的 VOCs 排放主要受物料理化性质、储罐类型、附件选型、物料周转量、物料温度、环境条件、表面涂层等因素影响，因此，可以通过优化罐型、优化罐体设计、采取末端收集回收或者处理措施等手段有效控制。其 VOCs 排放量可采用实测法、公式法等方法估算。有机液体储存与调和挥发损失也是工业企业 VOCs 四个主要源项之一。

（3）固体物料堆存和装卸释放

大部分工业企业都会涉及有机固体的原料、产品、中间产品、废弃物等，如煤炭、橡胶、树脂颗粒、炭黑、轮胎、磷肥、焦炭、沥青、污泥、废催化剂、废活性炭（焦）、废树脂、废白土、废瓷球、废脱氯剂、废分子筛等。这些固体物料在开放式的环境下堆存和装卸，不仅会有扬尘污染；固体物料附着或者内含挥发性物质的，在阳光或者高温条件下，还可能释放 VOCs，属于正常工况下的无组织排放。当采取废气收集处理措施后，可将其转化为有组织排放。固体物料堆存和装卸的释放主要受物料性质、堆存方式、装卸方式、气象条件等因素影响，因此，可以通过避免露天堆存和装卸、改进包装、采取末端收集回收或者处理措施等手段进行控制。目前企业往往关注这一源项产生的扬尘污染，但还未重视过程当中 VOCs 的排放，因此，相关研究较少，VOCs 排放量的核算方法也未形成。

（4）有机液体装卸挥发损失

汽油、柴油、石脑油、苯等有机液体在车、船装卸作业过程中，由于置换了车厢或船舱中的物料蒸气以及物料本身的挥发，从而产生 VOCs 排放，也属于正常工况下的排放，通常为间歇性排放。当采取废气收集处理措施后，可将其转化为有组织排放。目前装载形式有汽车装载、火车装载、船舶装载，装载方式有喷溅式装载、液下装载和底部装载等。不同装载方式物料挥发量会有很大差别，如喷溅式装载的挥发量可能达到液下装载的近 3 倍。有机液体装卸过程挥发损失的VOCs 排放量受物料性质、环境温度、物料周转量、装载系统、装载形式、转载方式、罐车情况等因素影响，因此，可以通过优化装载方式、提高装载系统密闭性、采取末端收集回收或者处理措施等手段有效控制。其 VOCs 排放量可采用实测法、公式法和排放系数法等方法估算。有机液体装卸挥发损失也是工业企业VOCs 四个主要源项之一。

（5）废水集输、储存、处理处置过程逸散

大部分工业企业都会产生废水、废液，其中含有的有机成分随着温度变化，可能释放到大气中，有时不同类型的废水在收集系统中发生化学反应还可能释放出新污染物进入大气。这也属于正常工况下的无组织排放。当采取废气收集处理措施后，可将其转化为有组织排放。需要注意的是，目前国内很多化工企业废水处理采用生化法，虽然处理成本低、适应性强，但在曝气和生化过程的大量污染物被带到大气中，实质上造成了一定的污染转移，因此，很多污水处理设施周边的异味很严重，虽然现在很多企业通过加盖收集废气，由于废气量太大，难以将废气中的污染物彻底处理。废水集输、储存、处理处置过程逸散的 VOCs 排放量主要受废水性质、废水温度、气候条件、废水处理方式等因素影响，因此，可以通过改进废水收集处理系统，清污分流、密闭收集处理等手段有效控制。同时本书建议工业企业更新废水处理理念，重新评判生化法的效果与成本，在综合考虑设计运行成本和避免二次污染的基础上，进行包括高浓度废水焚烧等多种处理方法的多方案比选。废水集输、储存、处理处置过程逸散的 VOCs 排放量可采用实测法、物料衡算法、模型计算法、排放系数法等方法估算。废水集输、储存、处理处置过程逸散也是工业企业 VOCs 四个主要源项之一。

（6）工艺有组织排放

有组织工艺废气是指除热源供给设施燃烧烟气和火炬外，所有 15 m 以上排气筒的排放，包括工艺装置排气筒，如催化裂化尾气、连续重整尾气、硫磺回收尾气等，也包括面源经收集后的集中排放，如橡胶厂硫化车间、曝气池加盖收集等。这是正常工况下的有组织排放，可能是连续性的，也可能是间歇性的。工艺有组织排放是容易监测和控制的排放源，污染物大多为 VOCs、烟粉尘、二氧化硫、氮氧化物等。工艺有组织排放的 VOCs 排放量主要受物料性质、生产工艺、末端处理技术等因素影响，因此，可以通过工艺设备、强化末端处理工艺等手段有效控制。其 VOCs 排放量可采用实测法、物料衡算法、排放系数法等方法估算。

（7）循环冷却水系统释放

是指由于回用水处理不彻底、添加水质稳定剂和工艺物料泄漏将污染物带入循环冷却水中，污染物通过循环水冷却塔的闪蒸、汽提和风吹等作用释放到大气中，该源项通过高 15 m 以上冷却塔顶排放的视为有组织排放源，通过其他方式等逸散的视为无组织排放源，这是一种正常工况下连续不稳定的排放。循环水 VOCs 泄漏排查和修复已经成为循环水场重要的管控部分，VOCs 排放量主要受循环冷却水中（泄漏的）物料量、水质稳定剂的挥发性、回用水水质、环境温度、循环水量等因素影响，因此，可以通过控制回用水指标、优选水质稳定剂、定期检测循环水水质等手段有效控制。本书建议企业应严格控制浊循环，避免污染物转移。循环水冷却系统VOCs逸散推荐估算方法包括汽提废气监测法、物料衡算法和排放系数法。

（8）非正常工况（含开停工及维修）排放

是指装置或设施处在开工、停工、抢修、小修、大检修及工艺参数超出设计阈值和工艺、设备等运行不稳定的生产状态时，物料泄放、喷溅和设备吹扫、清洗等过程产生和排放的污染物，以及"三废"处理设施运转不正常时排放的污染物，有无组织排放也有有组织排放，是一种无规律性排放源。非正常工况的污染物排放主要受非正常工况类型与持续的时间、物料性质、工艺设施等的备用情况、废气收集处理方式、工艺控制水平及员工操作熟练程度和管理水平等综合因素影响，也与无计划的抢修和有计划的小修和大检修有关，可以采用改进工艺技术、完善操作程序、增设末端控制措施、完善预案和演练等手段有效控制。非正常工况中有组织排放可纳入工艺有组织排放中进行估算，无组织排放可采用公式法估算。非正常工况（含开停工及维修）排放源项的控制效果集中体现企业的综合管理水平，是工业企业无法消除但可以预防和减少的 VOCs 源项之一。

（9）火炬排放

火炬是通过燃烧方式处理排放无法回收和再加工的可燃有毒气体及蒸汽的特殊燃烧设施，分高架火炬和地面火炬，由分液设施、可燃气体回收设施、阻火设施、火炬燃烧器、点火系统、火炬筒及其他部件等组成。气体来自企业正常生产以及非正常生产（包括开停工、检维修、设备故障超压等）过程中工艺装置无法回收的工艺可燃废气、过量燃料气以及吹扫废气中的可燃有毒气体及蒸汽等。火炬排放属于有组织排放，正常工况和非正常工况均可能排放，排放方式有时连续、有时间歇。火炬排放的污染物主要受火炬系统处理能力、异常工况类型与延续的时长、物料性质等因素影响，可以采用装置排放控制、设置可燃气回收设施、加强消烟设施、提高火炬无烟处理等手段有效控制。火炬排放的 VOCs 排放量可采用物料平衡法、热值系数法、工程估算法等方法估算。

（10）燃烧烟气排放

燃烧烟气是工业企业为了给物料直接或者间接提供热源，燃烧燃料造成的排放，属于正常工况下的有组织排放。燃料有煤炭、石油、天然气、干气等，主要设备有锅炉、加热炉、窑炉、热媒炉等。燃烧烟气也是容易监测和控制的排放源，污染物大多为烟粉尘、二氧化硫、氮氧化物、VOCs 等。燃烧烟气的污染物排放量主要受燃料性质、末端处理技术等因素影响，因此，可以通过选择清洁燃料、强化烟气处理技术等手段有效控制。其 VOCs 排放量可采用实测法、F 系数法、排放系数法等方法估算。这里需要提醒的是，一些工业的供热或供冷设施中的热媒或冷媒物质还可能存在跑冒滴漏现象，形成污染物的排放，这些排放可纳入设备动静密封点的源项中进行管理。

（11）工艺无组织排放

是指非密闭式工艺过程中的无组织、间歇式的排放，在生产材料准备、工艺反应、产品精馏、萃取、结晶、卸料等工艺过程中，污染物通过生产加注、反应、分离、净化等单元操作过程，通过蒸发、闪蒸、吹扫、置换、喷溅、涂布等方式逸散到大气中，属于正常工况下的无组织排放。工艺无组织排放的 VOCs 排放量主要受物料性质、生产工艺、末端处理技术等因素影响，可以采用工艺改进、溶剂优选、排放方式改进、增设末端处理设施等手段有效控制。工艺无组织排放的 VOCs 排放量估算可采用物料平衡、公式、系数等方法实现。焦化、医药、农药和橡胶硫化与涂布等间歇生产过程，工艺无组织排放是该类工业企业 VOCs 主要来源。企业的实验化验区在分析化验过程中，也会有样品、反应废气等逸散，也可以纳入工艺无组织排放这一源项管理。

（12）采样过程排放

化工生产过程中为保证生产出合格产品，需要对各工艺阶段的物料、中间产品以及成品进行取样分析，样品通过一个采样管线/井上的阀门开启并收集一定体积的液体或气体，将样品采入特定的取样容器中，这一过程也会排放 VOCs，属于正常工况下的无组织排放。由于化工企业采样分析的频次、点位较多，因此这部分的污染排放不可忽视。采样过程排放 VOCs 主要受置换物料性质、置换量及收集和处理方式等因素影响，因此，可以通过密闭采样方式，避免这一环节的 VOCs 排放。

（13）事故排放

生产装置一旦发生泄漏、火灾、爆炸等事故，企业的首要任务是应急与撤离人员，各种物料均可能直接排空，造成污染是无法避免的，同时泄漏的物料可能发生化学反应形成次生污染。这是属于事故工况下的排放，可能是有组织的，也可能是无组织的。事故排放 VOCs 主要受事故类型、规模、持续时间、应急措施、物料性质、次生污染和气象条件等因素影响，因此，采取正确的应急处理处置，不仅可以高效快速地控制事故后果，还可以有效地控制污染排放。

化工行业，在不同的发展时期从很多角度进行过分类，从传统的三酸两碱（硫酸、硝酸、盐酸、烧碱、纯碱）到现在的煤化工、石油化工、盐化工等，无机化工和有机化工，细分还可以包括化肥（氮肥、磷肥、钾肥）、农药、染料、医药、合成材料、精细化工、橡胶、烧碱聚氯乙烯、有机氟、无机盐、氰化物等。从环保角度来说，不论采用上述哪种分类方式，均难以找到通用性好、可操作性强、简单易懂的方法，既适合管理者监管，又能够让企业方便对号入座。上述污染源归类解析体系，起初是为了控制石化行业的 VOCs，经过几年的完善，从最初的 9 大类发展到现在的 13 大类，基本可以包含各种石化和化工企业的大气污染排放源，也包含了 VOCs 在内的各种污染物排放。管理者在此基础上制定相关标准和监管要求，可大大减少标准数量；监管者在执法过程中容易对号入座，不会被石化化工企业有如迷宫般的门类所困惑；企业应用此方法，可以核查自身的薄弱环节，对症下药。针对这 13 种源项各自特点，分别制订和采取污染控制措施，包括了设备、管件等硬件和管理、应急等软件，也是环境污染控制向精细化迈进的基础。因此，"大气污染源归类解析体系"实际上是分类方法学，是石化化工企业污染控制的手段与措施。

1.5　石化行业挥发性有机物污染源排查程序

本书中的石化行业包括以原油、重油等为原料生产汽油馏分、柴油馏分、燃料油、石油蜡、石油沥青、润滑油和石油化工原料等的石油炼制工业生产性企业，以及以石油馏分、天然气为原料生产有机化学品、合成树脂原料、合成纤维原料、合成橡胶原料等的石油化学工业生产性企业。油品储运、油品码头、煤化工、其他化工等相关企业可参照有关要求开展工作。

根据污染源归类解析，将石化行业 VOCs 污染源的排查范围确定为 13 类源项，由于目前固体物料堆存和装卸源项的相关研究较少，本书不单独设置章节内容，见表 1-3，其中设备动静密封点泄漏、有机液体储存与调和挥发损失、有机液体装卸挥发损失、废水集输、储存、处理处置过程逸散等 4 项是目前石化企业主要管控的 VOCs 排放源。

表 1-3　石化行业 VOCs 污染源排查范围

序号	源项解析	描述
1	设备动静密封点泄漏	石化生产装置中输送物料的动静密封点泄漏的 VOCs
2	有机液体储存与调和挥发损失	VOCs 排放来自于挥发性有机液体固定顶罐（立式和卧式）、浮顶罐（内浮顶和外浮顶）的静止呼吸损耗和工作损耗
3	有机液体装卸挥发损失	挥发性有机液体在装卸过程中逸散进入大气的 VOCs
4	废水集输、储存、处理处置过程逸散	废水在收集、储存及处理过程中从水中挥发的 VOCs
5	工艺有组织排放	主要指生产过程中装置有组织排放的工艺废气，其 VOCs 的排放受生产工艺过程的操作形式（间歇、连续）、工艺条件、物料性质限制
6	冷却塔、循环水冷却系统释放	冷却水中的污染物在冷却过程由于凉水塔的汽提作用和风吹逸散，从冷却水中排入大气的 VOCs
7	非正常工况（含开停工及维修）排放	开停工及检维修等非正常工况过程中由于泄压和吹扫等工序而排放的废气

序号	源项解析	描述
8	火炬排放	用于热氧化处理、处置区域内生产设备所排放的各类具有一定热值气体的焚烧净化装置，火炬气通过焚烧可去除大部分烃类，但其排放废气中仍包括未燃烧的 VOCs
9	燃烧烟气排放	主要是指锅炉、加热炉、内燃机和燃气轮机等设施燃烧燃料过程排放的烟气
10	工艺无组织排放	石油炼制行业主要指延迟焦化装置在切焦过程中排放的工艺废气
11	采样过程排放	采样管线内物料置换和置换出物料的收集储存过程中，逸散的部分 VOCs
12	事故排放	由于泄漏、火灾、爆炸等事故情况导致的 VOCs 污染事故
13	固体物料堆存和装卸释放	煤炭、固废等固体物料堆存和装卸过程中释放的 VOCs

　　主要按照资料收集、源项解析、合规性检查、统计核算、格式上报的原则对 VOCs 的排放量进行排查，工作流程见图 1-8。

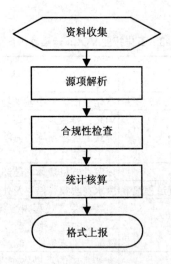

图 1-8　VOCs 排放量排查基本工作流程

资料收集是要收集包括企业的基本信息和各 VOCs 排放源项的相关设备信息、物料信息、管理信息、气候信息等主要信息。源项解析是要对各 VOCs 排放源项根据设备特点和管理情况进行细化分类，分别确定排查方法。合规性检查要检查企业的污染源管控与国家、地方环保法规和标准是否一致，对存在的问题进行梳理。统计核算是按照各类源项特点确定的排查方法核算 VOCs 排放情况。格式上报是最终要按照各源项分别列出的申报格式，将排查结果记录，以便于上报环境保护主管部门。

1.6 挥发性有机物污染控制及排查方案的特点

1.6.1 开放型

首先，本书确定的 VOCs 定义是一种开放式的定义。将 VOCs 定义为参与大气光化学反应的有机化合物，石化行业也可用规定的方法测量或核算确定的有机化合物来表征。这样的定义可以根据不同阶段光化学污染的程度和对科学认识的提高，采取修订豁免清单的方式来调整管理要求。对于管理部门而言，豁免反应活性较低的有机化合物，可以集中精力加强对活性较高有机化合物的监管，同时可以激励相关企业使用豁免物质替代活性较高的 VOCs 物质，并最终体现对环境质量的负责。

其次，通过石化行业 VOCs 污染源排查，可以摸清石化企业目前的 VOCs 排放情况和 VOCs 控制技术使用情况。环境管理部门可在此基础上，建立一套 VOCs 申报和管理平台，将石化企业 VOCs 排放情况和 VOCs 控制技术使用情况通过平台向社会公开。社会公众通过平台可查看居住地附近工业企业的排放量并与其他企业对比，发挥公众参与对企业污染控制工作的监督促进作用；企业通过平台可查看同类企业的污染物数据，增强企业实施污染治理的力度，并向公众证明企业自身的环境责任；政府管理人员可以通过平台管理企业，并通过平台积累的数据制定合乎实际情况的标准和出台相关管理文件。

1.6.2 全过程精细化

本书通过对 VOCs 污染源归类解析，将污染源分为 13 大类源项，其中既包括有组织排放、无组织排放，也考虑了正常排放（包括稳定排放和间歇性排放）、非正常排放以及事故排放。进而根据各类污染源的特点，建立不同污染源的排查和管理方法。在提供 VOCs 污染源排放量的核算方法时，针对各类 VOCs 排放源分别给出了实测法、物料衡算法、公式法、排放系数法等多种估算方法。本书建议企业在可得到数据情况下尽量使用实测法，当得不到监测数据时，通过物料平衡、模型或公式进行计算；若以上数据确实无法得到，才可使用排放系数法。实测法是最准确的排放量核算方法，物料衡算法、公式法次之，排放系数法准确性最差，但排放系数法估算结果也最为保守，估算结果可能是最大的。如果企业没有能力提供准确详细的资料，可暂时按排放系数法估算 VOCs 排放量，但在总量核算和排污收费时就会吃亏，这样也有利于调动企业推动技术进步和污染源排放量精细化核算的积极性。

VOCs 排放贯穿了石化企业生产的全过程，根据污染源归类解析可以看出，VOCs 的排放与物料特性、管理水平、污染控制技术等多因素有关，因此有效控制 VOCs 排放也应从源头、过程、末端全方面考虑。本书在 VOCs 排放量核算时，考虑了物料、装置类型、加工/周转/处理量、生产工艺、气候条件、废气处理效率、企业管理情况等多方面因素，体现了污染源管理的全过程精细化理念。

2 设备动静密封点泄漏

2.1 概述

设备密封点泄漏是一种遍布在石化企业整个生产区域的小型排放源，是指各种设备组件和连接处工艺介质泄漏进入大气的过程。在石油化工生产中，从原料到产品，包括工艺过程中的半成品、中间体、各种助剂等，绝大多数属于VOCs，很多物质有毒甚至有剧毒。设备密封是控制VOCs泄漏排放的关键环节。

设备泄漏是石化企业VOCs无组织排放源的重要组成部分，据EPA估算，美国2000年石化设备泄漏产生的VOCs排放量大约为70 367 t/a，占石化企业无组织VOCs总排放量的20%以上。因此，《石化行业挥发性有机物综合整治方案》（以下简称《整治方案》）已将其纳入VOCs主要排放源之一进行管控。为了确定设备泄漏的治理效果，建立排放管控指标体系，亟须摸清我国石化企业现阶段来自设备泄漏的VOCs排放。

然而，由于国内LDAR工作尚处于起步阶段，加上相关法规标准建设不完善，各地区、各企业在项目建立、现场检测和统计核算均存在不同的做法。因此，亟须统一设备泄漏VOCs污染源排查的具体做法，以便采取统一的设备密封点分类、检测和排放量核算方法，国内石化企业设备泄漏的实际状况，为推动《整治方案》全面落实奠定基础。

密封可分为静密封和动密封两大类。根据密封结构的类型、密封机理、密封件形状和材料等，密封的分类情况见图2-1和图2-2。

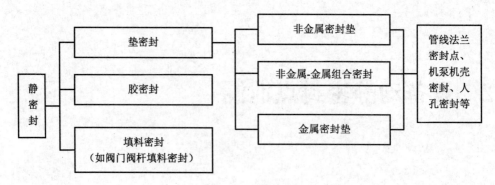

图 2-1　静密封分类

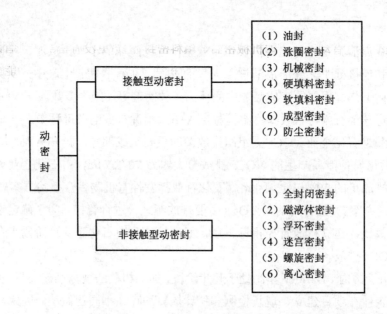

图 2-2　动密封分类

根据《石油炼制工业污染物排放标准》（GB 31570—2005）和《石油化学工业污染物排放标准》（GB 31571—2005），应对挥发性有机物流经的设备与管线组进行泄漏检测与控制。值得注意的是，这与美国 EPA 相关标准存在明显不同。美国《有机合成工业设备 VOCs 泄漏标准》《石油炼制工业设备 VOCs 泄漏标准》均提出了涉 VOC（in VOC service）概念，仅对涉 VOC（VOC 重量百分比≥10%）的设备和管阀件实施 LDAR 管控。仅从 LDAR 管控范围看，新标准比美国 EPA

相关标准更广，例如，依据上述国家标准，炼油和化工企业的燃料气管线多数要纳入 LDAR 管理。国外标准通常将物料具体分为气体、轻液体和重液体三类。其中，气体（gas）是指在工艺条件下，呈气态的含 VOCs 物料；轻液体（light liquid）是指在工艺条件下呈液态，且蒸汽压大于 0.3 kPa（20℃时）的 VOCs 组分质量分数之和不低于 20%的物料；重液体（heavy liquid）包括除气体和轻液体以外的含 VOCs 物料。需要注意的是，轻液体与挥发性有机液体并不完全等同，轻液体只是挥发性有机液体一种。

排查的设备密封点类型主要包括泵、压缩机、搅拌器、阀、泄压设备、取样连接系统、开口管线、法兰、连接件等 9 大类。前 3 种特指设备动密封，不包括无动密封泵。目前，石化企业无动密封泵主要有以下几种：屏蔽泵、磁力驱动泵和隔膜泵，其共同特点是泵内介质与环境大气通过静密封隔开。从外观上来看，这三种泵型都没有动密封（如机械密封、填料密封等），更没有密封冲洗管路。阀门包括但不限于闸阀、截止阀、球阀、蝶阀和调节阀等。单向阀虽然功能上可以起到阻断向某一个方向介质流动，与阀门类似，但没有填料与转动阀杆之间的密封，因此，本书中阀门不含单向阀。开口管线包括排凝、放空阀和管线。法兰包括管线连接法兰、塔器人孔、机泵外壳连接、换热器封头等。连接件特指螺纹连接如仪表管线、空冷丝堵等。

2.2 排查工作流程

设备泄漏环节的排查流程主要包括资料收集、源项解析、合规性检查、统计核算、格式上报五个环节。

2.3 资料收集

设备泄漏排查收集的技术资料主要包括工艺流程图（PFD）、管道仪表图（PID）、物料平衡表、操作规程等信息。对于已开展泄漏检测与修复的装置，收集工作介绍、管理文件和记录文件等相关信息。其中工作介绍主要包括 LDAR 相关技术报告、工作总结、会议纪要等；相关管理文件主要包括执行标准、质量手册、程序文件和作业指导书等；记录文件主要包括密封点基础台账、检测仪器检定证书、校准记录、漂移检查记录、校准气体使用记录、修复作业记录、延迟修复记录、豁免登记等。

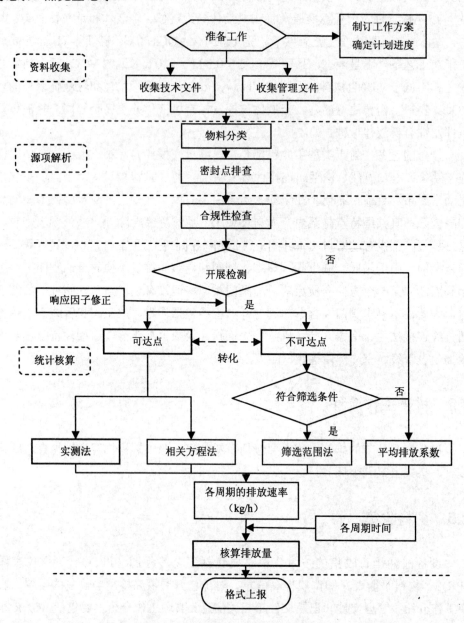

图 2-3 设备密封点排查工作流程

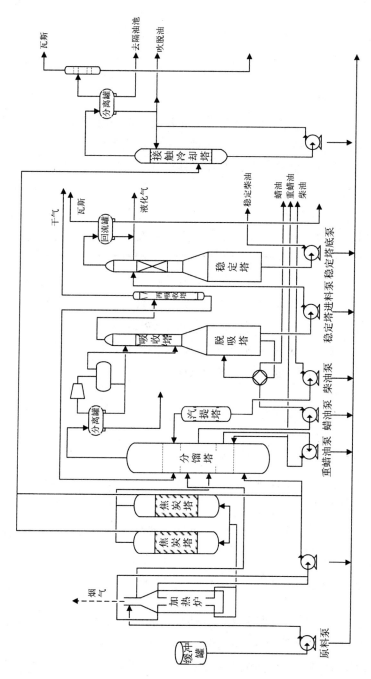

图 2-4 某公司延迟焦化装置 PFD

2.4 源项解析

2.4.1 装置适合性分析

分析装置涉及的原料、中间产品、最终产品和各类助剂的组分和含量，识别其中的 VOCs 组分并核算各物料的 VOCs 总含量，将装置分为受控装置和非受控装置，受控装置应实施泄漏检测与修复，非受控装置可以豁免。

2.4.2 设备适合性分析

依据收集的 PFD、PID 和操作手册等资料，对于受控装置内的各条管线和各台设备进行逐一分析，核算其接触物料的 VOCs 含量。任何涉 VOCs（此处表示"含 VOCs 的状态"，下同）物料的设备，即为受控设备，应纳入 LDAR 范围。否则，可以豁免。另外，符合以下条件的设备或管线也可以豁免：

（1）正常工作处于负压状态（绝对压力低于 96.3 kPa）；

（2）仅在开停工、故障或应急响应期间涉 VOCs 的设备，仅在临时投用期间才涉 VOCs 的备用设备，且涉 VOCs 不超过 15 日；

（3）屏蔽泵、磁力泵；

（4）泄放口介入装置管网的泄压阀。

2.4.3 物料状态辨识

为了便于核算设备泄漏 VOCs 排放量，需要根据工艺参数对受控设备内的物料进行分类，并在 PID 图上进行标注。气体、轻液体、重液体应分别标注，气体和液体两相混合的应按气体标注。通过物料平衡表或操作手册查找计算设备、管线内 TOC、VOCs 和甲烷含量。

2.4.4 边界和物料状态边界划分

不同状态的物料由阀门或其他设备隔离，边界处的阀门按如下原则划分：

（1）气体和轻液体或重液体交界，按接触气体计；

（2）轻液体与重液体交界，按接触轻液体计；

（3）涉 VOCs 物料与其他介质（如氢气、氮气、蒸汽、水等）交界，按涉 VOCs 物料计。

2.4.5　受控密封点分类

受控密封点可分为以下类别：

（1）泵（轴封），简写为 P；

（2）压缩机（轴封），简写为 CP；

（3）搅拌器（轴封），简写为 A；

（4）阀门，简写为 V；

（5）泄压设备（安全阀），简写为 R；

（6）采样连接系统，简写为 S；

（7）开口管线，简写为 O；

（8）法兰，简写为 F；

（9）连接件，简写为 C。

2.4.6　受控密封点计数

（1）泵、压缩机和搅拌器

泵、压缩机和搅拌器轴封的密封点"泵""压缩机"和"搅拌器"数量取决于这三种动设备的轴封数量，设备的机壳密封、冲洗管路等附件按照实际的密封方式计数（多数为"法兰""连接件"两种密封方式）。

（2）阀门

阀门阀杆填料密封和阀体大盖密封计数一个"阀门"，上下游法兰单独计数"法兰"。

（3）泄压设备（安全阀）

泄压设备（安全阀）分两种情况，泄放口接入装置管网（如瓦斯管网），则按2.4.2 节豁免。但安全阀阀体上放空丝堵"连接件"、阀体连接"法兰"需要单独计数。如果泄放口敞开对大气，则按"泄压设备"计数，同时取消阀座到泄放口之间的阀体连接"法兰"计数。

（4）采样连接系统

采样连接系统可分为密闭采样和开口采样两种。

① 密闭采样。采样瓶长期与采样口连接，按"连接件"计数。采样口除采样操作外不与采样瓶连接，按系统开口数量以"开口管线"计数。

② 开口采样。采样口没有丝堵系统，按"采样连接系统"和"开口管线"分别计数。采样口带有丝堵的系统，按"采样连接系统"和"连接件"分别计数。

（5）开口管线

开口管线包括机泵进出管线排凝、调节阀组排凝、采样连接系统、压力容器放空等，开口管线的末端安装盲板或丝堵，则按"法兰"或"连接件"计数，不再按"开口管线"计数。

（6）法兰、连接件

管线法兰、过滤器、止回阀、换热器封头、塔器人孔、机泵壳体等按"法兰"计。如果一对法兰之间插入一盲板，盲板两侧均为受控设备（管线），按两个"法兰"计数。如果只有一侧为受控设备（管线），另一侧为非受控设备，则按一个"法兰"计数；所有螺纹连接按连接件"连接件"计数，如空冷器丝堵，压力表接头、仪表箱内连接件、加热炉燃料气连接软管接头等，活结接头按一个"连接件"计数，弯头螺纹管件按两个"连接件"计数，三通螺纹连接按三个"连接件"计数，依此类推。

2.4.7 密封点排查

每个涉 VOCs 物料的密封点需设计唯一的编号，用于关联其基础信息、检测和修复信息等，通常特殊的设备（如不可达密封点或难、险检测密封点）需要有字段描述，并说明理由。不可达密封点指由于物理或化学因素导致无法定量检测的密封点。物理因素主要包括空间因素导致仪器无法检测，如超出操作人员触及范围 2 m 以上，保温或保冷等物理隔离、高温或辐射等；化学因素主要是密封点存在可能导致检测人员暴露于危险的有毒有害介质（如高浓度 H_2S 等）。

编号一般以工艺单元或区域作划分模块，以期在执行检测过程中提高效率，并标识暂停或关停的工艺单元和设备。首次设计编号应根据工艺图纸，并在电子版本（如 PID 图纸）上标识，然后将设备编号在现场比对确认，发生替换或增加的设备应单独编号并及时在图纸上更新。

（1）群组标识

按照空间位置和工艺流程可将受控设备划分为多个群组。如将分液罐划分为罐顶安全阀群组、压力表群组、放空及人孔群组、液位计群组等，除空冷器外，每一群组包含的受控密封点应控制在 1～30 个，且在同一操作平台可以实施检测。赋予每个群组唯一性编码，通常可采用装置名称拼音简称加四位数字，如常减压蒸馏的某一群组可表示为：ZL-0227。可通过现场挂牌、拍照或 PID 标识等方式实现群组准确定位。

（2）现场信息采集

① 群组信息采集

现场群组采集的信息包括但不限于：

A. 装置；

B. 群组编码；

C. 区域或单元，如分馏、炉区等；

D. 平台层数，地面按 1 计；

E. PID 图号；

F. 设备位号/管线号；

G. 位置描述，如 P301 南 5 m；

H. 工艺描述，如 E301 入口管线；

I. 密封点分类统计，如 5V/8F/3C，表示群组内有 5 个阀门、8 个法兰和 3 个连接件。

② 密封点信息采集

密封点现场信息采集包括但不限于：

A. 扩展号（本节密封点标识）；

B. 密封点类别（泵、压缩机、搅拌器、阀门、泄压装置、取样连接系统、开口管线、法兰、连接件等）；

C. 公称直径（mm）；

D. 可达性辨识（记录不可达的理由，可配合照片说明）；

E. 工艺条件（温度、压力）。

③ 密封点标识

密封点标识通过其唯一性编码实现。其编码由所在的群组编码加密封点扩展号构成，如 ZL-0227-11。其中扩展号编辑顺序一般按照工艺流程从上游到下游，从入口到出口，先主管线后支线、副线，先主设备后附件的规律编排。空间排序一般从上到下，从南到北，从东到西。基本在同一水平面的密封点可选择一个较为宽敞位置密封点为起点，顺时针编码。

（3）密封点检测台账

根据现场采集的数据建立密封点检测台账（Excel 格式），至少包括以下内容：

作业部（厂）、装置、区域或单元、平台、PID 图号、设备位号/管线号、位置/工艺描述、密封群组编码、扩展号、密封点类别、公称直径（mm）、物料主要组分、物料状态、可达性、不可达理由、操作温度、操作压力、未检测原因、净检测值、检测日期、检测人、复测值、复测时间等。

2.5   现场检测

2.5.1   常规检测

设备现场检测是 LDAR 工作的关键步骤之一，是指导企业 VOCs 排放量核算的基础，是企业维修维护设备的重要依据。早在 20 世纪 80 年代初，美国便开展相关研究工作，起草《设备泄漏排放估算协议》（*Protocol for Equipment Leak Emission Estimates*）等文件用于规范石化等工业企业 LDAR 检测工作。欧洲国家也参照美国制定了相关规范要求，而我国目前仍处于 LDAR 工作的起步阶段，对于 LDAR 的实践工作仍缺少技术规范支撑，本节从规范现场操作的角度出发，结合美国、欧盟经验和中国实际，为配套下面的估算方法提出了对检测仪器、准备工作和检测步骤一系列相关要求。

（1）检测仪器要求

①检测仪器配置

开展 LDAR 的企业或第三方机构，应配备 VOCs 定量检测仪器。以氢火焰离子化（FID）工作原理的检测仪器为主，可根据 2.5.2 节的要求，配备 PID 或其他工作原理的检测仪器。

②仪器基本性能

仪器的基本性能应符合以下要求：

A. 仪器量程及分辨率应达到 1.0 μmol/mol；

B. 采样流量应配置能提供持续流量的电动采样泵，在玻璃棉塞或过滤器采样探头的顶端测得的采样流量应在 0.10～3.0 L/min；

C. 配置采样探头，采样探头前端的外径应保证能进入各类设备狭小缝隙进行检测，外径一般不超过 7 mm；

D. 仪器在 1～10 000 μmol/mol 的示值误差不超过±25%；

E. 仪器响应时间不超过 10 s；

F. 仪器恢复时间不超过 30 s；

G. 仪器连续运行时间不短于 8 h；

H. 仪器应通过防爆认证，防爆等级符合使用场所的要求。

（2）器材准备

① 检测用气体

准备的气体包括但不限于以下种类：

A. 校准气体，有效期内的有证气体标准物质 CH$_4$/Air，浓度在泄漏定义浓度（LDC）附近，相对扩展不确定度≤2%，包含因子 k=2；

B. 零气即 VOCs 含量低于 10 μmol/mol（以甲烷计）纯净空气；

C. 燃料气（高纯氢气），供气压力不低于 10 MPa。

② 辅助材料

检测用辅助材料包括但不限于：

A. 根据气体种类和浓度，配备充足的低吸附、密封好气袋；

B. 与仪器采样口适配的聚四氟乙烯管；

C. 防爆工具包括斜口钳、尖嘴钳、10 英寸扳手和仪器自配工具；

D. 流量计，测量范围 0～5.0 L/min；

E. 防爆对讲机；

F. 可测风速和风向的气象仪；

G. 防爆相机；

H. 计时器。

③ 个体防护器材

检测用个体防护用品包括但不限于：

A. 根据企业规章制度或现场作业风险分析报告，选配合适的呼吸防护器材；

B. 根据作业场所可能泄漏的有害物质，选配便携式气体检测报警器；

C. 防滑手套和鞋，防护目镜、耳塞；

D. 政府和企业要求进入装置需要佩戴的其他个体防护用品。

（3）仪器准备

① 仪器开机预热

仪器预热期间应保持 FID 点燃，管路、探杆连接完好。预热时间按说明书要求，说明书无明确要求的，仪器预热时间不少于 30 min。仪器预热后，将仪器设置为自动读取最大值，报警阈值设置不高于泄漏预警浓度（25%LDC）。

② 流量检查

按照说明书给出的方法，检查仪器采样管路。

A. 气密性检查：应按说明书要求进行或用手指堵住采样探头，泵应发出明显的憋泵异常声音，甚至熄火；

B. 通畅性检查：通入的校准气体，测试仪器响应时间，响应时间应符合说明书给出的技术参数或 2.5.1 节的要求。响应时间不符合本要求，应测试仪器流量，检查疏通管路，直至流量、响应时间符合要求。

③ 仪器零点与示值检查

预热完成后，反复通入零气和最低泄漏定义浓度附近浓度的校准气体 3 次（每次通气时间为仪器响应时间的 2 倍以上），零点读数平均值不应超过 ±10 μmol/mol；示值误差按公式（2-1）计算，不应超过 ±25%。否则，应按照说明书给出的步骤实施零点和示值校准，符合 2.5.1 节的要求方可投用。

$$\Delta A = \frac{\overline{A_i} - A_s}{A} \times 100\% \tag{2-1}$$

式中： ΔA——仪器示值误差，%；

A_s——校准气体浓度，μmol/mol；

$\overline{A_i}$——与校准气体浓度对应的平均仪器示值，μmol/mol。

（4）检测步骤

① 检测环境条件

现场检测应在仪器使用说明书规定的能正常工作的环境条件下实施。超出使用环境条件，应获得仪器制造商对使用条件的书面认可。雨雪或大风天气（地面风速超过 10 m/s）应禁止作业。

② 环境本底值检测

每套装置或单元至少每天进行一次环境本底值测试。每次测试至少取 5 点。对于边界为正方形或长方形的装置，可按图 2-5 所示点位测试，测试点距受控密封点最近不小于 25 cm。将 5 个测试值取平均值作为当日装置环境本底值。如果边界为复杂图形或为离散图形，则可将装置划分为几个长方形单元，按上述方法取点测试。最后取平均作为当日装置环境本底值。

在检测过程中发现受控密封点或群组附近的仪器读数与装置环境本底值无明显变化（仪器读数低于 3 倍装置环境本底值），以装置环境本底值作为该受控密封点或群组的环境本底值。

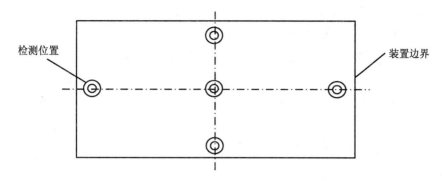

图 2-5 环境本底值检测位置示意

在检测过程中发现受控密封点或群组附近的仪器读数与装置环境本底值有明显变化，应按照 HJ 733 中 4.2.3.1 测试该受控密封点或群组的环境本底值。

③ 检测与读数

将仪器采样探头在密封点表面移动，采样探头与密封点边线保持垂直，采样探头移动速度不超过 10 cm/s（表 2-1）。如果发现指示值上升或仪器报警，放慢采样探头移动速度直至测得最大读数，并将采样探头保持在出现最大读数的位置，在该位置的检测时间不少于 2 倍仪器响应时间。

表 2-1 检测探杆在待测部件的最小滞留时间

阀门尺寸范围/cm	围绕阀门一周路径检测的最小滞留时间/s
5~40	25
10~65	40
15~75	50
20~90	60
30~100	80
40~130	100

④ 检测位置

检测静密封时，应在确保人员、仪器安全和不吸入油污、液体的前提下，使采样探头尽可能靠近被测密封点；检测动密封（泵轴等）时，采样探头距轴封不超过 1 cm。对于采取保温措施的组件，可通过密封点与保温材料接缝或密封暴露在保温材料之外的部位进行检测。

A. 阀门

检测阀门位置主要有三类：

a. 阀杆与填料压盖接合处。将仪器采样探头置于阀杆出填料压盖处，沿其界面周围移动进行采样测试；

b. 填料压盖与阀盖连接之间密封。将采样探头置于其外围移动进行采样测试；

c. 可能发生泄漏的其他连接处界面（这些位置很少发生泄漏，检测时间可以适当缩短）。

图 2-6、图 2-7 详细介绍了几类阀的检测点位。

B. 泵、压缩机、搅拌器

沿着泵、压缩机或搅拌器的轴杆与壳体之间密封圆周采样测试。如果轴杆静止，经过安全确认后，采样探头放置在密封界面处进行测试；如果轴杆正在旋转或往复运行，在确保检测人员和仪器安全的前提下，将采样探头放置在离轴杆密封界面 1 cm 距离内进行测试。

如果由于其构造、外壳或周围设备设施阻碍而无法完整地对轴封周围进行采样测试，则应对所有可以进行采样的轴封部位进行测试。另外，还要测试泵、压缩机或搅拌器可能发生泄漏的所有连接处表面。图 2-8 为离心泵的轴杆检测位置。

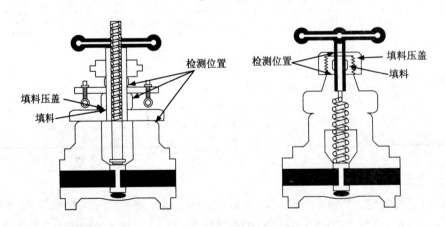

图 2-6　闸阀检测位置

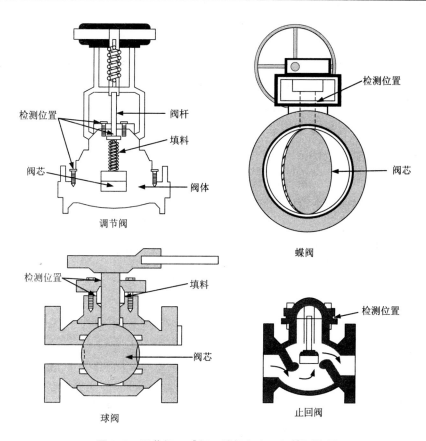

图2-7 调节阀、球阀、蝶阀和止回阀检测位置

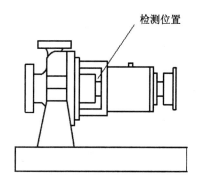

图2-8 离心泵轴密封检测位置

C. 泄压装置

炼油生产的常见泄压装置为安全阀，如果安全阀直接泄放到大气，将采样探头置于泄放管开口的中央位置进行检测。如果泄放口高度超过 2 m，可选择泄放管线的排凝口检测，图 2-9 为弹簧安全阀的检测点位。

如果安全阀泄放口接入系统（如瓦斯管网），可以免予检测。

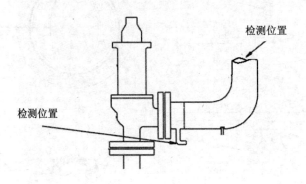

图 2-9　安全阀检测位置

D. 法兰和螺纹接头

法兰连接：采样探头应尽可能插入两法兰之间的缝隙进行检测。如果采样探头直径超过缝隙宽度，则应将采样探头紧贴两法兰，缝隙应始终在采样探头中间（图 2-10）。

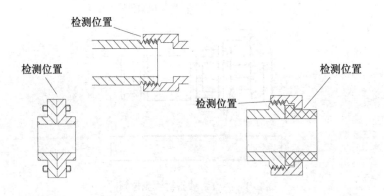

图 2-10　法兰和螺纹接头检测位置

　　螺纹接头：采样探头与密封边线垂直，并与管线走向呈 30°～60°，紧贴密封边线。对于活接头，应检测接头两侧。

　　E. 开口管线

　　开口管线检测时，采样探头应与开口面垂直。依据管线的公称直径分为三种情况（图 2-11）：

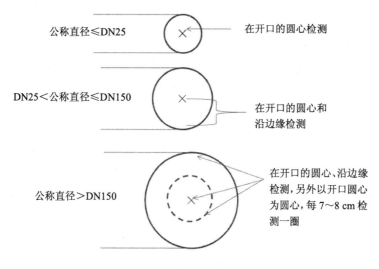

图 2-11　开口管线检测位置

　　a. 公称直径≤DN25，检测开口中心位置；

　　b. DN25＜公称直径≤DN150，检测开口中心，并检测开口边缘，取最大值；

　　c. 公称直径＞DN150，除检测开口中心和开口边缘外，还应在径向每 7～8 cm 检测一圈，取最大值。

　　⑤ 记录与标识

　　检测过程应记录每一密封点的净检测值。记录与标识方法如下：

　　A. 净检测值未达到泄漏预警浓度，只记录净检测值；

　　B. 达到或超过泄漏预警浓度，但未达到泄漏定义浓度，除记录外，可在密封点悬挂警示牌（橙色）；

　　C. 达到或超过泄漏定义浓度，除记录外，可悬挂报警牌（红色）并标注密封点编码、净检测值、泄漏位置、检测日期、检测人等。

（5）常规检测使用条件

物料状态为气态或轻液体的受控密封点或群组，应采用常规检测方式进行检测。

2.5.2 非常规检查

（1）非常规检查方式

① 光学检查

通过选择不同波段的光学仪器（红外热成像仪、傅里叶红外成像光谱仪），分析受控设备、群组或密封点接触涉 VOCs 物料组分和含量，可以探测部分物质（表2-2）。根据相应工艺温度设置仪器。发现泄漏后，做相应记录。可用常规检测方法确认。

表 2-2 气体检测专用红外热像仪探测部分物质

中波		长波	
甲烷	甲基异丁基甲酮	乙酰氯	丁烯酮
乙烷	苯	乙烯	丙烯醛
丙烷	乙苯	醋酸	丙烯
丁烷	二甲苯	烯丙基溴	四氢呋喃
戊烷	甲苯	烯丙基氯	三氯乙烯
乙烯	1-戊烯	烯丙基氟	氟化铀酰
丙烯	异戊二烯	溴甲烷	氯乙烯
		二氧化氯	丙烯氰
		甲乙酮	乙烯醚

② 超声检查

将超声仪器调节到 30～50 kHz 或根据其他条件确认的频率范围进行检查，在各个密封点之间来回移动，信号强度明显上升的部位即为疑似泄漏部位，可用常规检测方法确认。

③ 皂液检查

皂液检测只适用于以下情况：受控密封点为静密封点且设备表面温度在皂液凝固点和沸点之间。向密封点喷洒皂液后，皂膜膨胀，表明存在泄漏，可用常规检测方法确认。

④ 目视检查

检测人员观察轻液体和重液体密封点，发现有液体滴落，应借助计时器记录液滴滴落频次。

（2）非常规检查适用条件

非常规检查可作为常规检测的辅助检查方式。物料为重液体的受控密封点或群组可选取目视检查作为检测方式，按照表2-4记录等效检测值。

2.5.3　泄漏确认与标识

（1）泄漏确认

出现以下任一情况，可认定为泄漏：

① 按照2.5节规定的方法，测定密封点表面的净检测值2.9.2规定（以甲烷计）；

② 发现密封点表面的皂膜逐渐扩大；

③ 使用红外热成像仪、傅里叶红外成像光谱仪发现密封点有明显泄漏影像；

④ 根据仪器说明，超声探测仪探测到密封点发出达到泄漏辨识阈值的超声信号，或者探测到高于背景5 dB以上的信号；

⑤ 目视发现有滴液。

（2）泄漏标识

检测或检查过程中发现泄漏点或预警点，应至少记录净检测值或非常规检查方法及等效检测值，检查结果描述（如液滴速度2滴/min），检测或检查时间。对于结构复杂，或难以准确定位的泄漏点，可采取在泄漏处标记、利用防爆相机拍照或其他方式记录。

2.5.4　检测检查频次

（1）连续生产装置检测检查频次要求

① 泵、压缩机、搅拌器、气体/蒸气泄压设备（直排大气）、采样连接系统、开口管线、阀门每3个月检测一次（相邻两次检测间隔不小于1个月）。

② 法兰、连接件每6个月检测一次（相邻两次不小于2个月）。

③ 对于挥发性有机液体流经的受控设备初次运转设备，开工后30日内应进行首次检测。

每周目视检查的密封点类别包括但不限于：

A. 流经或接触轻液体的泵、采样连接系统、开口管线、调节阀；

B. 流经或接触重液体的泵、开口管线、调节阀；

C. 其他可能滴漏的密封点。

（2）间歇式生产装置检测频次要求

对于 1 年生产时间不足 365 天的间歇式生产装置，相邻两次运行的间歇期间设备不接触涉 VOCs 物料，则可按表 2-3 调整检测频次。

表 2-3　间歇式生产装置检测频次

设备接触涉 VOCs 物料时间 t/d	连续生产装置检测频次	
	每 3 个月 1 次	每 6 个月 1 次
$t \leqslant 15$ [a]	—	—
$16 < t \leqslant 90$	每 12 个月 1 次	每 12 个月 1 次
$90 < t \leqslant 180$	每 6 个月 1 次	每 12 个月 1 次
$180 < t \leqslant 270$	每 4 个月 1 次	每 6 个月 1 次
$270 < t \leqslant 365$	每 3 个月 1 次	每 6 个月 1 次

注：a 根据 2.4.2 节规定豁免。

2.5.5　数据处理

（1）常规检测数据处理

① 检测范围内数据处理

每一密封点的净检测值单位采用 μmol/mol，记录到个位数字。

② 仪器检测范围外数据处理

计算的净检测值为负值，则取零。净检测值超出仪器检测范围，可通过稀释等方法测定，或按以下方法进行数据处理：

如果仪器最高测量浓度≥50 000 μmol/mol，则按超过 100 000 μmol/mol 记录；由于高浓度致使仪器熄火，按超过 100 000 μmol/mol 记录。

（2）非常规检查结果处理

对于皂液、光学、超声检查如泄漏，可用常规检测测定，或按超过 100 000 μmol/mol 记录。目视检查各类密封点发现滴漏，可按照表 2-4 记录泄漏，或按超过 100 000 μmol/mol 记录。

表 2-4 目视液滴等效检测值

密封点分类	记录/（μmol/mol）							
	泄漏液滴 [a]							
	0.5（滴/min）	1（滴/min）	2（滴/min）	3（滴/min）	4（滴/min）	5（滴/min）	10（滴/min）	15（滴/min）
阀门	5 940	15 037	38 067	65 540	—[b]	—	—	—
泵/压缩机/搅拌器	262	816	2 545	4 947	7 930	11 435	35 638	69 294
连接件	11 703	30 040	77 109	—	—	—	—	—
法兰	3 695	9 887	26 456	47 051	70 792	97 184	—	—
开口管线	10 564	28 267	75 637	—	—	—	—	—
其他 [c]	2 967	9 640	31 321	62 401	—	—	—	—

注：a 根据美国石油学会给出油品平均有关系：1 ml=16 滴，物料密度按 0.8 g/ml 计算。

　　b 检测值超过 100 000 μmol/mol 计算。

　　c 其他指除阀门、泵/压缩机/搅拌器、连接件、法兰、开口管线以外的密封点，如泄压设备（安全阀）、鹤管、密封盒等。

2.5.6 泄漏修复

（1）泄漏修复时限

泄漏点应及时维修。首次维修不得迟于自发现泄漏之日起 5 日内，除非符合延迟修复条件，修复不得迟于自发现泄漏之日起 15 日内完成。企业应根据本规范要求制定内部维修管理方法和流程。

（2）延迟修复条件

泄漏之日起 15 日内仍未完全修复的密封点，且符合以下条件之一才能纳入延迟修复范围：

① 仅在装置停车条件下才能修复；

② 立即维修存在安全风险；

③ 泄漏密封点立即维修产生 VOCs 排放量大于延迟修复的排放量。

（3）常见泄漏点维修

泄漏点维修应在保证安全的条件下方可实施。维修工具和相关设备须符合危险场所作业要求。常见泄漏点维修方法见 14.2 节。

（4）多次泄漏密封点治理

密封点泄漏修复后 12 个月内再次泄漏，企业应剖析反复泄漏原因，制订如更换或提升密封等级甚至整台设备、调整工艺条件或操作程序等改进方案，并最迟不晚于下次停车检修结束前完成。

2.6 推荐估算方法

为比较同类企业间设备密封点管理状况及开展 VOCs 排污收费等工作，企业需根据排放量核算方法对企业设备密封点的排放量进行核算，并将结果通过管理平台软件上报相应的管理部门。

2.6.1 排放速率计算方法

密封点排放速率计算方法主要包括实测法、相关方程法、筛选范围法和平均排放系数法。上述 4 种方法中，实测法最准确，国内曾有石化公司尝试采用实测法对部分密封点进行测试，实践表明（3～4 人一组，平均一天仅能完成 5～10 点），该方法需要投入大量的人力、物力和时间，不适合大量密封点泄漏排查。相关方程法是目前使用最为广泛的计算方法，该方法需要运用仪器定量检测每一受控密封点泄漏浓度，将净检测值代入相应关系方程得出排放速率。筛选范围法是一种早期基于密封点"漏"与"不漏"的计算方法，美国早期设备泄漏控制标准以10 000 μmol/mol 来判别密封点泄漏与否，因此该方法同样也需要每一密封点的净检测值。平均排放系数法是一种基于密封类别和接触物料状态的排放速率计算方法，该方法需要统计各种密封点类型（泵、阀、连接件等）的数量以及相应的物料状态，还需要 TOC、VOCs 或其他有害物质的质量百分数，EPA 基于 20 世纪70 年代至 90 年代石油炼制（包括油气开采、油品销售和炼油）和化工企业的大量检测数据，按照保守的原则给出每类密封的平均排放系数，因此该方法计算的排放速率通常大于前 3 种方法。

（1）实测法

对于已采用包袋法和大体积采样法进行实测的密封点，可根据实测情况确定该密封点的排放速率。

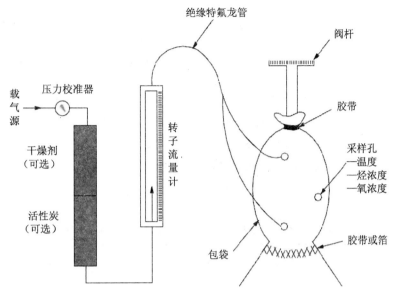

图 2-12　包袋法示意

包袋法是将排放密封点或排放口用袋子包起来，让已知流量的惰性载气通入包袋，待载气达到平衡后，从包袋中收集气体样品测量 TOC 浓度，也可以针对气样中的单个化合物浓度进行分析，然后用测得的样品浓度和载气流量计算排放速率。大体积采样器采用真空设置，通过捕集密封点排放的所有物质来精确定量排放速率。它需要通过真空采样软管将密封点周围包括空气和排放物质的大体积样品吸入仪器，然后通过双烃类检测器，测量采集样品中烃类气体浓度和环境中烃类气体浓度，用测量样品的流量乘以测量样品气体浓度和环境气体浓度之差（即用环境中烃类浓度来校正测量样品中的烃类浓度）来计算排放速率。

（2）相关方程法

相关方程法规定了默认零值排放速率、限定排放速率和相关方程。当密封点的净检测值小于 1 时，用默认零值排放速率作为该密封点排放速率；当净检测值大于 50 000 μmol/mol，用限定排放速率作为该密封点排放速率。净检测值在两者之间，采用相关方程计算该密封点的排放速率（见表 2-5）。若企业未记录低于泄漏定义浓度限值的密封点的净检测值，可将泄漏定义浓度限值作为检测值代入计算。

$$e_{TOC} = \begin{cases} e_0 & (0 \leqslant SV < 1) \\ e_p & (SV \geqslant 50\,000) \\ e_f & (1 \leqslant SV < 50\,000) \end{cases} \tag{2-2}$$

式中：e_{TOC} —— 密封点的 TOC 排放速率，kg/h；

$\quad$ SV —— 修正后净检测值，μmol/mol；

$\quad$ e_0 —— 密封点 i 的默认零值排放速率，kg/h；

$\quad$ e_p —— 密封点 i 的限定排放速率，kg/h；

$\quad$ e_f —— 密封点 i 的相关方程核算排放速率，kg/h。

表 2-5　石油炼制和石油化工设备组件的设备排放速率 [a]

设备类型 （所有物质类型）	默认零值排放速率/ （kg/h·排放源）	限定排放速率/ （kg/h·排放源） ＞50 000 μmol/mol	相关方程 [b]/ （kg/h·排放源）
石油炼制的排放速率（炼油、营销终端和油气生产）			
阀	$7.8×10^{-6}$	0.14	$2.29×10^{-6}×SV^{0.746}$
泵	$2.4×10^{-5}$	0.16	$5.03×10^{-5}×SV^{0.610}$
其他	$4.0×10^{-6}$	0.11	$1.36×10^{-5}×SV^{0.589}$
连接件	$7.5×10^{-6}$	0.030	$1.53×10^{-6}×SV^{0.735}$
法兰	$3.1×10^{-7}$	0.084	$4.61×10^{-6}×SV^{0.703}$
开口管线	$2.0×10^{-6}$	0.079	$2.20×10^{-6}×SV^{0.704}$
石油化工的排放速率			
气体阀门	$6.6×10^{-7}$	0.11	$1.87×10^{-6}×SV^{0.873}$
轻液体阀门	$4.9×10^{-7}$	0.15	$6.41×10^{-6}×SV^{0.797}$
轻液体泵 [c]	$7.5×10^{-6}$	0.62	$1.90×10^{-5}×SV^{0.824}$
连接件	$6.1×10^{-7}$	0.22	$3.05×10^{-6}×SV^{0.885}$

注：表中的 kg/h·排放源表示每个排放源每小时的 TOC 排放量（kg）。

a 摘自 EPA，1995b。

b SV 是检测设备测得的测量值（μmol/mol）。

c 轻液体泵系数也可用于压缩机、泄压设备和重液体泵。

（3）筛选范围法

筛选范围法规定了测量值≥10 000 μmol/mol 排放系数和＜10 000 μmol/mol 排放系数。采用筛选范围法核算某套装置不可达法兰或连接件排放速率时，检测至少 50%该装置的法兰或连接件，并且至少包含 1 个净检测值≥10 000 μmol/mol 的点，以检测值 10 000 μmol/mol 为界，分析已检测法兰或连接件测量值可能≥ 10 000 μmol/mol 的数量比例，将该比例应用到同一装置的不可达法兰或连接件，且按比例计算的≥10 000 μmol/mol 的不可达点个数向上取整，利用公式（2-3）和公式（2-4）计算排放速率，具体见表 2-6。该方法仅适用于当轮检测。

由于在建立排放系数时，石油炼制的排放系数中不包括甲烷；而石油化工排放系数包括甲烷。因此：

石油炼制工业排放速率计算公式：

$$e_{TOC} = F_A \times \frac{WF_{TOC}}{WF_{TOC} - WF_{甲烷}} \times WF_{TOC} \times N \tag{2-3}$$

石油化学工业排放速率计算公式：

$$e_{TOC} = F_A \times WF_{TOC} \times N \tag{2-4}$$

式中：e_{TOC} —— 密封点的 TOC 排放速率，kg/h；

$F_{A,i}$ —— 密封点 i 排放系数；

WF_{TOC} —— 流经密封点 i 的物料中 TOC 的平均质量分数；

$WF_{甲烷}$ —— 流经密封点 i 的物料中甲烷的平均质量分数，最大取 10%；

N_i —— 密封点的个数。

表 2-6 筛选范围排放系数 [a]

设备类型	介质	石油炼制系数 [b]		石油化工系数 [c]	
		≥10 000 μmol/mol 排放系数/（kg/h·排放源）	<10 000 μmol/mol 排放系数/（kg/h·排放源）	≥10 000 μmol/mol 排放系数/（kg/h·排放源）	<10 000 μmol/mol 排放系数/（kg/h·排放源）
连接件	所有	0.037 5	0.000 06	0.113	0.000 081

注：a 摘自 EPA，1995b。

　　b 系数是针对非甲烷有机化合物排放。

　　c 系数是针对总有机化合物排放。

（4）平均排放系数法

平均排放系数法规定了各类密封点的排放系数。对于未开展 LDAR 的企业，或不可达点（如果法兰和连接件检测符合"（3）筛选范围"，则可按筛选范围法计算），可根据密封点的类型，采用公式（2-3）和公式（2-4）计算排放速率，具体排放系数见表 2-7。

表 2-7 石油炼制和石油化工平均组件排放系数 [a]

设备类型	介质	石油炼制排放系数/ （kg/h·排放源）[b]	石油化工排放系数/ （kg/h·排放源）[c]
阀	气体	0.026 8	0.005 97
	轻液体	0.010 9	0.004 03
	重液体	0.000 23	0.000 23
泵 [d]	轻液体	0.114	0.019 9
	重液体	0.021	0.008 62
压缩机	气体	0.636	0.228
泄压设备	气体	0.16	0.104
法兰、连接件	所有	0.000 25	0.001 83
开口管线	所有	0.002 3	0.001 7
取样连接系统	所有	0.015 0	0.015 0

注：表中的 kg/h·排放源表示每个排放源每小时的 TOC 排放量（kg）。

a 摘自 EPA，1995b。

b 石油炼制排放系数用于非甲烷有机化合物排放速率。

c 石油化工排放系数用于 TOC（包括甲烷）排放速率。

d 轻液体泵密封的系数可用于估算搅拌器密封的排放速率。

计算 VOCs 的排放速率，需明确 VOCs 在物料流中的质量百分数（即要扣除其他化合物，如甲烷、氮气、水蒸气等），采用公式（2-5）计算排放速率。若未提供 TOC 中 VOCs 的质量分数，则取 1 进行核算。

$$e_{\text{VOCs}} = e_{\text{TOC}} \times \frac{\text{WF}_{\text{VOCs}}}{\text{WF}_{\text{TOC}}} \qquad (2\text{-}5)$$

式中：e_{VOCs} —— 物料流中 VOCs 排放速率，kg/h；

e_{TOC} —— 物料流中 TOC 排放速率，kg/h；

WF_{VOCs} —— 物料流中 VOCs 的平均质量分数；

WF_{TOC} —— 物料流中 TOC 的平均质量分数。

如需分别计算单个 VOC 物质的排放速率，可根据上述计算结果，乘以该物质占 VOCs 的质量分数，如公式（2-6）。如未提供物料中 VOCs 的平均质量分数，则 $\frac{\text{WF}_{\text{VOCs}}}{\text{WF}_{\text{TOC}}}$ 按 1 计。

当需要核算某种 VOCs 物质排放时，可根据公式（2-6）进行核算。

$$e_i = e_{\text{VOC}} \times \frac{\text{WF}_i}{\text{WF}_{\text{TOC}}} \qquad (2\text{-}6)$$

式中：e_i—— 某种 VOCs 物质 i 的排放速率，kg/h；

　　　e_{VOCs}—— 物料流中 VOCs 排放速率，kg/h；

　　　WF_i—— 物料流中含 i 的平均质量分数；

　　　WF_{VOCs}—— 物料流中 VOC 的平均质量分数。

2.6.2　密封点排放时间的确定

各个密封点的检测时间和检测周期不同，对于检测未发生泄漏的密封点，在计算各个密封点排放量时，可采用中点法确定该密封点的排放时间（见图 2-13）。

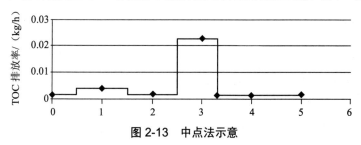

图 2-13　中点法示意

第 n 次检测值代表时间段的起始点为第 $n-1$ 次至第 n 次检测时间段的中点，终止点为第 n 次至第 $n+1$ 次检测时间段的中点。

发生泄漏修复的情况下，修复复测的时间点为泄漏时间段的终止点。

如果设备停用，密封点所属组件的管道中无工艺介质（即停工退料），相关密封点的设备停用期可不计入排放时间。如果工艺单元停止操作而介质仍存留在设备组件内（即停工不退料），则该段时间仍计入排放时间。

2.6.3　排放量核算

根据密封点排放速率和排放时间，相乘即可计算该密封点在该排放时间段的排放量。如需计算单个 VOC 物质的排放量，可根据该物质的排放速率和排放时间计算。

$$E_{设备} = \sum_{i=1}^{n} \left(e_{VOCs,i} \times t_i \right) \tag{2-7}$$

式中：$E_{设备}$—— 密封点的 VOCs 年排放量，kg/a；

　　　t_i—— 密封点的运行时间段，h/a；

　　　$e_{VOCs,i}$—— 密封点的 VOCs 排放速率，kg/h。

　　计算年度排放量，则计算一个自然年内，各排放时间段的排放量，相加即可。但由于检测时间通常与自然年不同，采用中点法计算一个检测周期的排放量，需要了解前半个周期的排放速率和后半个周期的排放速率，因此，对于一个检测周期为 6 个月的密封点而言，如果下半年的检测在 10 月 1 日以后，那么从检测时间到 12 月 31 日的排放速率可用本轮检测值计算；如果下半年的检测在 10 月 1 日之前，那么前半段检测周期的排放速率可用本轮检测值计算，后半段检测周期的排放速率则需要第二年上半年的检测数据计算，由此计算第一年到年底的泄漏量。

　　LDAR 实施前的年度泄漏量可按年操作时间计算年度泄漏量。

2.6.4　响应因子校正

（1）响应因子获取

石油炼制工业生产装置可不考虑响应因子对检测值的影响。石油化学工业生产装置应根据物料平衡表（图）确定响应因子。

　　根据装置物料平衡表等资料，确定各受控设备的物料组分及含量。

　　① 物料为单一组分，则可查阅检测仪器说明书或通过 HJ 733 中 3.2.1 规定的方法，测试获得响应因子；

　　② 物料为多组分，采用方法① 获得各组分的响应因子，最后按公式（2-8）计算该物料的响应因子。

$$RF_m = \frac{1}{\sum\limits_{i=1}^{n} \dfrac{X_i}{RF_i}} \tag{2-8}$$

式中：RF_m —— 物料合成响应因子；

　　　　RF_i —— 组分 i 的响应因子；

　　　　X_i —— 组分 i 占物料中 TOC 的摩尔百分数。

　　（2）响应因子应用

仪器的响应因子通常与 VOCs 浓度相关，可通过查阅说明书或实验确定 2～3 个点浓度的响应因子（如 500 μmol/mol，10 000 μmol/mol）。采用最大响应因子并按以下条件进行应用：

　　① 各组分的响应因子在泄漏定义浓度到仪器最大测量值范围内均≤3，则不需要修正检测值；

　　② 有一种或多种组分的响应系数＞3，则需要按照公式（2-8）计算检测仪器

对物料的合成响应因子。

A. $RF_m < 3$，不需要修正检测值；

B. $3 \leqslant RF_m < 10$，需要修正检测值；

C. 如果 $RF_m \geqslant 10$，则需要更换仪器或选择物料中 $RF_m > 10$ 的气体或响应特性相近的气体作为校准气体，校准仪器，并测定新响应因子，直到物料响应因子 $RF_m < 10$。

$$SV = SV_0 \times RF_m \qquad (2\text{-}9)$$

式中：SV —— 修正后的响应值；

SV_0 —— 检测值。

2.7 报告格式

表 2-8 企业设备泄漏 VOCs 污染源排查表

排查项目	企业设备泄漏 VOCs 污染源排查
排查单位	××公司
检测实施单位	××公司
报告编制单位	××公司
排查时间	××××年××月××日
检测时间	××××年××月××日
LDAR 基本情况（填写模板）[a]	本企业××××年加工量（产量）××× × 10⁴ t，共有××套生产装置，其中涉 VOCs 装置××套，开展 LDAR 工作××套生产装置，尚未开展的装置有×套，豁免装置×套。 ××企业受控密封点共计××个，不可达点××个，××套生产装置已完成×轮 LDAR 工作
设备泄漏 VOCs 排放估算结果及评估（填写模板）[b]	××××年度 第 1 轮检测密封点××个，泄漏密封点××个，修复××个； …… 采用××估算方法，本企业××××年度设备泄漏 VOCs 排放量为×× t
设备泄漏 VOCs 损耗量削减潜力分析	达标性分析： 达标□ 不达标□，削减潜力：×× t/a 国内平均水平：已满足□ 未满足□，削减潜力：×× t/a 国内先进水平：已满足□ 未满足□，削减潜力：×× t/a
备注	其他需要说明的排查结果

注：a 开展 LDAR 工作指装置至少已经完成密封点台账建立；完成一轮 LDAR 指装置已完成密封点台账建立和检测与修复，如果没有装置完成一轮 LDAR，则可保持模板原内容，即"××套生产装置已完成×轮 LDAR 工作"。

b 如果企业尚未开展检测，则可保持模板原内容，即"第 1 轮检测密封点××个，泄漏密封点××个，修复××个"。

2.8 设备排查污染源质量保证与控制

2.8.1 质量管理体系

LDAR 质量管理可纳入企业现有质量管理或 HSE 管理体系，尚未建立质量管理或 HSE 管理体系的企业，可单独建立 LDAR 质量体系。

2.8.2 质量保证与控制

可通过对以下内容的合规性审核与修正，实现 LDAR 项目建立的质量保证与控制：物料状态辨识、现场信息采集、物料状态边界划分、受控密封点计数、群组标识、密封点检测台账建立。

2.8.3 常规检测的质量保证与控制

（1）校准气体的不确定度与检测仪器合规性评定

对于常规检测，在仪器校准前，需对校准气体的不确定度和仪器的合规性进行评定。依据《测量不确定度评定与表示》（JJF 1059.1—2012）分析检测仪器的测量不确定度。

数学模型：

$$\Delta x = \overline{x} - x_0 \tag{2-10}$$

式中：Δx —— 检测仪器的示值误差，μmol/mol；

$\overline{x}$ —— 示值平均值，μmol/mol；

x_0 —— 校准气体浓度，μmol/mol。

由公式（2-10）可得灵敏系数：

$$C_1 = \frac{\partial \Delta x}{\partial \overline{x}} = 1 \qquad C_2 = \frac{\partial \Delta x}{\partial x_0} = -1$$

① 输入量 $\overline{x}$ 的不确定度评定

输入量 $\overline{x}$ 的不确定度主要来源是测量重复性引起的不确定度分量 $u_1(\overline{x})$ 和仪器分辨力引起的不确定度分量 $u_2(\overline{x})$ 。

A. 测量重复性引起的不确定度分量 $u_1(\bar{x})$

用 2 000 μmol/mol 的 CH_4/Air 校准气体，通入检测仪器 6 次，得到单次实验标准差：

$$s = \sqrt{\frac{\sum_{i=1}^{n} (x_i - \bar{x})^2}{n-1}} = 25 \ \mu mol/mol$$

实际测量一般只测一次，因此可得：

$$u_1(\bar{x}) = 25 \ \mu mol/mol$$

B. 仪器分辨力引起的不确定度分量 $u_2(\bar{x})$

检测仪器的分辨力为 1 μmol/mol，其分布为均匀分布，因此可得：

$$u_2(\bar{x}) = \frac{1\mu mol/mol}{2\sqrt{3}} = 0.29 \ \mu mol/mol$$

由于 $u_2(\bar{x}) << u_1(\bar{x})$，因此输入量 $\bar{x}$ 的不确定度：

$$u(\bar{x}) = u_1(\bar{x}) = 25 \ \mu mol/mol$$

② 输入量 x_0 不确定度评定 $u(x_0)$

采用 2 000 μmol/mol 的校准气体。相对扩展不确定度 u=2.0%（k=2）。可根据证书给出的定值来评定，因此应采用 B 类方法评定，则校准气体引起的不确定度分量：

$$u(x_0) = 2\ 000 \times 0.02 / 2 = 20 \ \mu mol/mol$$

③ 合成标准不确定度 u_c

$$u_c = \sqrt{C_1^2 u^2(\bar{x}) + C_2^2 u^2(x_0)} = 32 \ \mu mol/mol$$

④ 扩展不确定度评定

取包含因子 k=2，扩展不确定度 $u = ku_c = 64 \ \mu mol/mol$；

相对扩展不确定度 $U_r = \dfrac{64 \ \mu mol/mol}{2\ 000 \ \mu mol/mol} \times 100\% = 3.2\%$。

依据《测量仪器特性评定》（JJF 1094—2002）的规定，对测量仪器进行符合性评定时，若评定示值误差的不确定度满足：评定示值误差的测量不确定度 u

（k=2）与被评定测量仪器的最大允许误差绝对值（MPEV）之比小于或等于 1/3，即满足：

$$u \leqslant \frac{1}{3}\text{MPEV} \qquad (2\text{-}11)$$

u 对符合性评定的影响可忽略不计。

选择 2 000 μmol/mol 的校准气体评定仪器，测量不确定度为 64 μmol/mol，当 MPEV=2 000 μmol/mol×25%=500 μmol/mol，满足公式（2-11）。

综上所述，校准气体的规定指标与检测仪器的技术要求相吻合。即评定检测仪器是否可以用于 LDAR 现场检测时，在校准气体的不确定度不大于 2% 的前提下，可以仪器本身的净检测值来判断密封点是否达到泄漏定义浓度，而不必考虑示值不确定度的影响。因此，应采用校准气体为有证气体标准物质，且组分、浓度、不确定度均要符合要求。

（2）漂移修正

每天检测工作结束后，应检查仪器示值漂移。通入零气和检测前检查仪器示值所用的同一校准气体，待仪器稳定后（稳定时间至少为 2 倍响应时间），记录仪器示值。按公式（2-12）计算仪器漂移：

$$D_r = \frac{\overline{A_{ie}} - \overline{A_i}}{\overline{A_i}} \times 100\% \qquad (2\text{-}12)$$

式中：D_r —— 仪器漂移；

$\overline{A_{ie}}$ —— 每天检测结束后，对校准气体平均响应值，μmol/mol；

$\overline{A_i}$ —— 每天开始检测前，对同一校准气体的平均响应值，μmol/mol。

如果漂移 D_r 超过 ±25%，则应进行数据修正。

① D_r >25%，说明部分密封点检测值可能偏高，可重新检测当日净检测值超过 LDC 的密封点；

② D_r <−25%，说明部分密封点检测值可能偏低，应重新检测当日净检测值超过 LDC×（100%+D_r）的密封点。

2.9　管理要求

设备密封点的主要管理要求参照《石油炼制工业污染物排放标准》《石油化学工业污染物排放标准》等的相关要求。

2.9.1 检测周期要求

根据设备与管线组件的类型，采用不同的泄漏检测周期：

（1）泵、压缩机、气体/蒸汽泄压设备、取样连接系统、开口阀或开口管线、阀门每 3 个月检测一次。

（2）法兰、连接件每 6 个月检测一次。

（3）对于挥发性有机物流经的初次开工开始运转的设备和管线组件，应在开工后 30 日内对其进行第一次检测。

（4）挥发性有机液体流经的设备和管线组件每周应进行目视观察，检查其密封处是否出现滴液迹象。

2.9.2 泄漏的认定

出现以下情况，则认定发生了泄漏：

（1）有机气体和挥发性有机液体流经的设备与管线组件，采用氢火焰离子化检测仪（以甲烷或丙烷为校正气体），泄漏检测值大于等于 2 000 μmol/mol。

（2）其他挥发性有机物流经的设备与管线组件，采用氢火焰离子化检测仪（以甲烷或丙烷为校正气体），泄漏检测值 ≥500 μmol/mol。

（3）非常规检查发现 2.5.3 中的任意一种情况。

2.9.3 泄漏修复要求

（1）当检测到泄漏时，在可行条件下应尽快维修，一般不晚于发现泄漏后 15 日。

（2）首次（尝试）维修不应晚于检测到泄漏后 5 日。首次尝试维修应当包括（但不限于）以下描述的相关措施：拧紧密封螺母或压盖、在设计压力及温度下密封冲洗。

（3）若检测到泄漏后，在不关闭工艺单元的条件下，在 15 日内进行维修技术上不可行，则可以延迟维修，但不应晚于最近一个停工期。

2.9.4 记录要求

泄漏检测应记录检测时间、检测仪器读数；修复时应记录修复时间和确认已完成修复的时间，记录修复后检测仪器读数，记录应保存 1 年以上。

2.10 建议

对于尚未开展 LDAR 项目的企业，可根据自身实力组织人员或委托第三方开展相关工作。

对于已开展 LDAR 项目的企业，可根据企业生产情况采用减少或改变设备密封点的方法来控制 VOCs 的无组织排放，如对管线尽量采用焊接方法，减少法兰连接，并采用高等级密封垫；对饱和蒸汽压高的物料采用无动密封的屏蔽泵；只要工艺符合要求，在确保安全的前提下，对所有开口管线或开口阀加装丝堵或盲板等。虽然此种方法的投资较大，但设计大修期比国内多数同类企业可延长近 60%。

管理设备密封点泄漏排放是一项循序渐进的工作，除了开展 LDAR 项目，还可以通过与企业自身设备管理部门合作，收集统计设备的生产厂家、型号、密封性能等信息，形成数据库，指导企业从设备选型的角度在源头上减少设备密封点泄漏排放。

2.11 估算方法案例

案例：某装置 VOCs 年排放量核算

某石油炼制装置物料流 A 和某石油化工装置物料流 B，其中设备数量见表 2-9。

表 2-9 装置的运行信息

流号	装置类别	设备	介质类别	设备数量	操作时间/h	流组分	
						物质	质量分数/%
A	石油炼制	法兰	气体	300	8 760	戊烷	80
						甲烷	20
B	石油化工	泵	轻液体	15	4 380	水	10
						丙烯酸乙酯	10
						苯乙烯	90

解： 方法一：采用平均排放系数法计算：

按以下公式计算，结果见表 2-10，VOCs 总排放量为 1 906.7 kg/a。

石油炼制：$\text{VOCs排放量} = N \times F_\text{A} \times \dfrac{\text{WF}_\text{TOC}}{\text{WF}_\text{TOC} - \text{WF}_\text{甲烷}} \times \text{WF}_\text{TOC} \times \dfrac{\text{WF}_\text{VOC}}{\text{WF}_\text{TOC}} \times t$

石油化工：$\text{VOCs排放量} = N \times F_\text{A} \times \text{WF}_\text{TOC} \times \dfrac{\text{WF}_\text{VOC}}{\text{WF}_\text{TOC}} \times t$

由于采用平均排放系数法计算石油炼制企业 VOCs 排放量时需要对排放因子进行修正，且要求甲烷的质量分数最大取 10%，因此，虽然案例中甲烷的质量分数为 20%，但 WF 甲烷=10%。

表 2-10　平均排放系数法计算结果

流号	设备数量 N	TOC 排放因子 F_A/（kg/h·排放源）	TOC 质量分数 WF_TOC	操作时间 t/h	VOCs 排放量/（kg/a）
A	300	0.000 25	100%	8 760	730
B	15	0.019 9	90%	4 380	1 176.7
排放总量					1 906.7

方法二：采用相关方程法计算：

按相关方程法计算，结果见表 2-11。

表 2-11　相关方程法计算结果

检测值/（μl/L）	物流 A 密封点个数 [a]	TOC 排放量/（kg/a）	密封点编号	检测值/（μl/L）	TOC 排放量/（kg/a）
0～10	167	34.1	B-1	0	0.0
11～25	23	8.9	B-2	5	0.3
31～50	10	6.3	B-3	9	0.5
51～100	3	3.1	B-4	13	0.7
121	1	1.2	B-5	28	1.3
354	1	2.5	B-6	44	1.9
570	1	3.5	B-7	56	2.3
923	1	4.9	B-8	79	3.0
2 143	1	8.9	B-9	121	4.3
5 446	1	17.1	B-10	156	5.3
18 945	1	41.0	B-11	1 050	25.7

检测值/(μl/L)	物流 A 密封点个数 [a]	TOC 排放量/(kg/a)	密封点编号	检测值/(μl/L)	TOC 排放量/(kg/a)
不可达 [b]	1	365	B-12	1 588	36.1
不可达 [b]	89	52	B-13	10 000	164.5
			B-14	未检测 [c]	87.2
			B-15	未检测 [c]	87.2
物料流 A 排放量		548.5	物料流 B 排放量		420.4
总排放量					968.9

注：a 由于法兰个数较多，此处为减少数据量按密封点个数表示，其中法兰的排放速率根据检测最大值进行计算；

　　b 未检测的组件满足筛选范围法的使用条件，可采用筛选范围法计算；

　　c 未检测的组件为泵，不满足筛选范围法的使用条件，采用平均排放系数法计算。

由于物流 A 涉及的密封点都为法兰，300 个密封点中检测了 167 个，大于总数的 50%，且有 1 个法兰的检测值≥10 000×10⁻⁶，因此，对于剩下的 90 个不可达点可以用筛选范围法计算排放速率。根据筛选范围法，检测值≥10 000×10⁻⁶ 的法兰的个数与全部被检测法兰个数的比例 1/167，则不可达点按同比例分配≥10 000×10⁻⁶ 的密封点的个数为：

1/167×90=90/167=1（计算结果向上取整为 1）

不可达点按同比例分配<10 000×10⁻⁶ 的密封点的个数为 89。

按公式（2-3）计算不可达点的排放速率。

检测值未经修正的情况下，该企业的物料流 A 和物料流 B 的 VOCs 排放量为 968.9 kg/a。

响应因子校正

对于石油炼制装置可不考虑相应因子，根据公式（2-9）对物料流 B 相关方程计算数据进行响应因子校正，物料中涉及的 VOCs 物质的响应因子见表 2-12。

表 2-12　VOCs 物质的相应系数

VOCs 物质	摩尔质量	摩尔分数	响应因子/(500×10⁻⁶)	响应因子/(10 000×10⁻⁶)
丙烯酸乙酯（质量分数 0.1）	100.1	0.103 6	2.49	0.72
苯乙烯	104.2	0.896 4	1.1	6.06

注：数据来源于 EPA（1995）附件 D。

RF_m（$500×10^{-6}$ 时）＝（$0.103\ 6/2.49+0.896\ 3/1.10$）$^{-1}$＝1.17

RF_m（$10\ 000×10^{-6}$ 时）＝（$0.103\ 6/0.72+0.896\ 4/6.06$）$^{-1}$＝3.43

真实浓度大于 $10\ 000×10^{-6}$ 时响应因子大于3，需要进行调整。

如全采用 RF=3.43 对物料流 B 进行调整，结果见表 2-13，修正后该装置物料流 B 部分的年排放量为 853.7 kg/a。

表 2-13 RF 为 3.4 时的校正结果

设备号	检测值（未校正）	混合物响应因子/（$10\ 000×10^{-6}$）	校正值[a]	VOCs 排放量/（kg/a）
B-1	0		默认零值	0.033
B-2	5	3.43	17.15	0.9
B-3	9	3.43	30.87	1.4
B-4	13	3.43	44.59	1.9
B-5	28	3.43	96.04	3.6
B-6	44	3.43	150.92	5.2
B-7	56	3.43	192.08	6.3
B-8	79	3.43	270.97	8.4
B-9	121	3.43	415.03	12.0
B-10	156	3.43	535.08	14.7
B-11	1 050	3.43	3 601.5	70.9
B-12	1 588	3.43	5 446.84	99.7
B-13	10 000	3.43	34 300	454.3
B-14	未检测[b]			87.2
B-15	未检测[b]			87.2
物料流 B 排放总量				853.7

注：a 校正值=检测值×调整后混合物的响应因子。
　　b 未检测的组件采用平均排放系数法计算。

检测值修正后，该企业的物料流 A 和物料流 B 的 VOCs 年排放量为 1 402.2 kg/a。

3 有机液体储存与调和挥发损失

3.1 概述

有机液体储罐是指储存各类油品和有机液体的设备，是石油化工行业原料和产品储存及周转过程中必不可少的重要基础设施。石油工业中的有机液体被称为油品，通常是由不同真实蒸汽压的碳氢化合物组成（例如，汽油和柴油）。化学工业中的有机液体通常是纯化合物或具有相近真实蒸汽压化合物的混合物（例如，苯、异丙醇和丁醇的混合物）。

有机液体储罐的挥发性有机物损耗是石化行业无组织排放源的重要组成部分。根据储罐内储存物料的不同，其产生的污染物主要包括苯系、有机氯化物、有机酮、胺、醇、醚、酯、酸、烃类化合物等。据统计估算，我国平均每年约有千万吨级的 VOCs 从各种有机液体储罐排放到大气中，造成了巨大的资源浪费和环境污染，给人体健康带来极大危害。

3.2 储罐简介

3.2.1 储罐分类

由于储存介质的不同，有机液体储罐的型式也是多种多样。通过参考《石油化工企业设计防火规范》（GB 50160—2008）、《石油化工储运系统罐区设计规范》（SH/T 3007—2007）、《石油库设计规范》（GB 50074—2014）等的有关规定，将有机液体储罐按照温度、压力、结构形状和位置的原则，分类如下：

（1）按储存温度分类

储存介质按温度要求分为 3 类，分别为低温储罐（−90～−20℃）、常温储罐（≤90℃）、高温储罐（90～250℃）。

（2）按设计压力分类

储罐按压力分为 3 类，分别为常压储罐、低压储罐、压力罐。

① 常压储罐：设计压力≤6.9 kPa（罐顶表压）的储罐；

② 低压储罐：设计压力＞6.9 kPa 且＜0.1 MPa（罐顶表压）的储罐；

③ 压力罐：设计压力≥0.1 MPa（罐顶表压）的储罐。

（3）按结构形状分类

储罐按几何形状分为立式储罐、卧式储罐、球形储罐。

100 m³ 以上的大型罐一般采用立式储罐或球形储罐；100 m³ 以下的小型罐一般采用卧式储罐。

立式储罐按罐顶结构分为固定顶罐和浮顶罐。常见的固定顶罐分为锥顶罐、拱顶罐、网壳顶罐，常见的浮顶罐分为内浮顶罐和外浮顶罐。

（4）按所处位置分类

储罐按所处位置分为地上油罐、半地下油罐和地下油罐。具体标准如下：

地上油罐指油罐的罐底位于设计标高及其以上；罐底在设计标高以下但不超过油罐高度的 1/2，也称为地上油罐。半地下油罐是指油罐埋入地下深于其高度的 1/2，而且油罐的液位最大高度不超过设计标高以上 0.2 m。地下油罐指罐内液位处于设计标高以下 0.2 m 的油罐。

3.2.2　常压储罐结构简析

石化行业储存系统中，存储高挥发性化工产品（如液态烃、轻石脑油）一般选用具有较高承压能力（如球罐）的储罐，属于压力罐。在正常生产操作中，压力罐几乎没有蒸发或工作损失。在一个典型炼化企业中，这类储罐所占的比例有限，而大多数有机液体存储于常压设备中，储存和调和过程中的 VOCs 蒸发损耗较大。因此，有机液体存储过程的 VOCs 损耗主要来源于常压罐。

目前，在我国石化行业中，储存有机液体的常压储罐有以下 3 种常压基本罐型：固定顶罐（立式和卧式）、外浮顶罐（穹顶外浮顶罐）和内浮顶罐。下面简单介绍每一种罐型的主体结构和通用附件。

（1）固定顶罐

① 主体结构

固定顶罐的基本结构由罐壁、罐顶、罐底及油罐附件组成。该类储罐包括一个圆柱体外壳和一个永久性的固定顶，罐顶的形状分为圆锥形和拱形。图 3-1 是典型的立式固定顶罐。

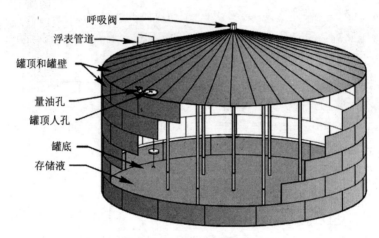

呼吸阀
浮表管道
罐顶和罐壁
量油孔
罐顶人孔
罐底
存储液

图 3-1　典型立式固定顶罐

② 通用附件

固定顶罐的通用附件包括呼吸阀、液压安全阀、罐顶人孔、罐底人孔、透光孔、量油孔、梯子和栏杆等。

（2）外浮顶罐

① 主体结构

外浮顶储罐通常是由一个敞口的圆柱体罐壳和浮在液体表面的浮顶构成。浮顶浮于储存液表面，并可随液面的升降移动，浮顶包括浮盘及其附件和边缘密封系统。外浮顶储罐根据其浮盘的构造主要为双层板式（接液式）（见图 3-2）。

② 通用附件

外浮顶罐的通用附件包括边缘密封和浮盘附件。

外浮顶罐使用的一级密封主要有三种基本类型：机械密封、弹性材料密封和管式充液密封。常用的二级密封为弹性填充密封。

常需开口的浮盘附件包括：人孔、计量浮标、采样口、耳孔（边缘通气孔）、浮盘排管、浮盘支柱、导向柱和真空器。

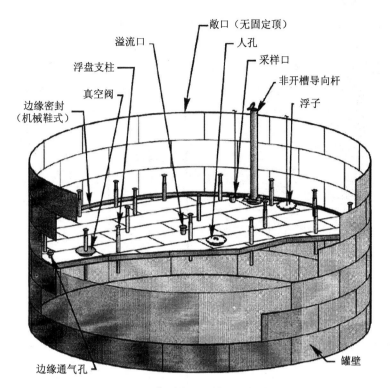

溢流口
浮盘支柱
真空阀
边缘密封
（机械鞋式）

敞口（无固定顶）
人孔
采样口
非开槽导向杆
浮子

罐壁

边缘通气孔

图 3-2 典型外浮顶罐（双盘式）

（3）内浮顶罐

① 主体结构

内浮顶罐既有一个固定顶，又有一个内部的浮盘。内浮顶罐有两种基本类型：一种是罐内有立柱支撑的固定顶，另一种为自支撑顶。图 3-3 为典型内浮顶罐。通常，由固定顶罐改装为内浮顶罐的属于前一种类型，即罐内有立柱支撑的固定顶。而由外浮顶罐改造为内浮顶罐的属于后一种类型。

内浮顶罐的浮盘会随着液面升降发生位移，其与液面直接接触（接触型盘）或者与液面之间隔着浮筒（非接触型盘）。接触型浮盘通常是焊接成型，非接触型浮盘利用螺栓连接缝隙。两种浮盘都含有外浮顶罐所提到的边缘密封系统和浮盘附件。

内浮顶罐的浮盘夹缝若未进行焊接，则会引起气相泄漏，成为一个排放源。总体上说，相同的排放机理可应用于浮盘缝隙。损耗量的多少取决于浮盘是否与储液直接接触。

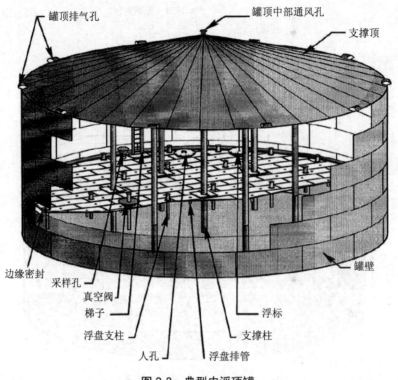

图 3-3　典型内浮顶罐

② 通用附件

内浮顶罐的通用附件包括边缘密封和浮盘附件。内外浮顶罐使用的密封件与外浮顶罐相同。内浮顶罐的浮盘附件除了包括上述外浮顶罐附件外，还包括柱井、楼梯井和反排管。

3.3　排查工作流程

挥发性有机液体储存调和排查工作流程包括资料收集、源项解析、合规性检查、统计核算、格式上报五部分，具体工作流程见图 3-4。

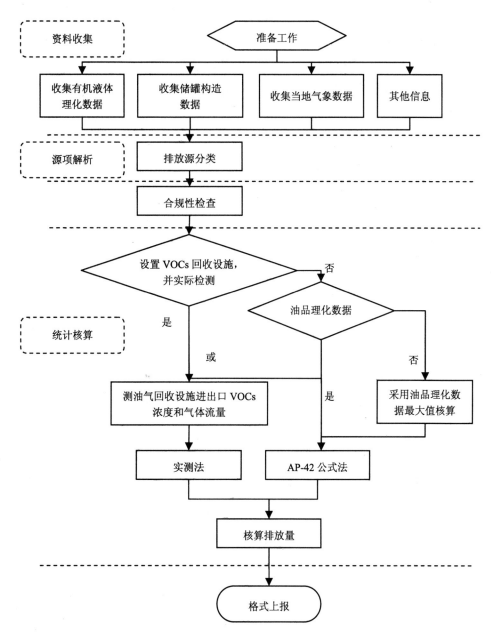

图 3-4 储存调和过程 VOCs 核算工作流程

3.4   源项解析

石化行业有机液体储存过程中 VOCs 的损耗类型分为 4 大类：储存损耗、闪蒸损耗、泄压损耗和附件泄漏损耗。其中，储存损耗和闪蒸损耗主要是针对常压储罐（包括固定顶罐和浮顶罐），泄压损耗主要是针对低压储罐。高压储罐通常装有安全阀，在其操作中几乎没有蒸发或工作损失发生。

3.4.1   储存损耗

（1）固定顶罐

固定顶罐的储存损耗主要是指有机液体存储于固定顶罐的过程中，基于储液组分、环境温度和工艺操作等因素的影响，造成储液上部空间的气相压力出现变化，进而导致部分 VOCs 从罐顶呼吸阀排出的循环过程。该类损耗分为两类：静置损耗（小呼吸）和工作损耗（大呼吸）。

① 静置损耗

有机液体静置储存时，白天受太阳辐射使有机液体温度升高，引起上部空间气体膨胀。液体表面蒸发加剧，罐内压力随之升高，当压力达到呼吸阀压力设定值时，呼吸阀的压力阀盘开启，液体蒸气就逸出罐外造成损耗。夜晚气温下降使罐内气体收缩，油气凝结，罐内压力随之下降，当压力降到呼吸阀允许真空值时，空气进入罐内，使气体空间的液体蒸气浓度降低，又为温度升高后液体蒸发创造条件。这样反复循环，就形成了固定顶储罐的静置损失。

② 工作损耗

当储罐开始收料时，由于罐内液体体积增加，罐内气体压力随之增大，当压力增至呼吸阀压力限值时，呼吸阀自动开启排气。当储罐开始发料时，罐内液体体积减小，罐内气体压力降低，当压力降至呼吸阀负压极限时，吸进空气。原料周转导致有机液体储罐散逸 VOCs 和吸入空气所导致的损失为工作损失。

（2）浮顶罐

浮顶罐的储存损耗主要有 4 类：边缘密封损耗、挂壁损耗、浮盘缝隙损耗浮盘附件损耗。影响损耗的主要因素有：主次级边缘密封的类型、储罐周转量、内衬质量情况、浮盘的选型、浮盘附件的密封性等。另外，罐壁/顶颜色对上述 4 种损耗均有一定程度的影响。

① 边缘密封损耗

浮顶罐的边缘密封损耗的机理比较复杂，主要有风的影响、VOCs 对密封材料的渗透或浸润作用以及储液的真实蒸汽压。美国石油协会（API）的测试表明，相比自然风力造成的损耗，呼吸、渗透和浸润作用等机理造成的损耗更小，如果密封构造恰当，这种渗透作用基本不会发生。因此，相比较而言，自然风力（又分为静风损耗和有风损耗）和有机液体的真实蒸汽压造成损耗的权重较大。

② 浮盘附件损耗

浮顶罐的浮盘（顶）附件磨损，与边缘密封磨损有相同的机理。但每个附件的相对贡献无法获知。多数附件穿过或安装在浮盘（顶）上。内浮顶罐浮盘附件通常与外浮顶罐略有不同。尽管有固定顶防止雨水进入，但为了降低满罐时盘顶附件接触固定顶的可能性，内浮顶罐盘顶的附件一般较低。当盘顶需要开口时，附件就会成为蒸发损耗的源头。

浮盘（顶）常见的需开口附件有人孔、计量井、支柱井、采样管/井、浮盘支腿、边缘呼吸孔（耳孔）、楼梯井、浮盘排水管和导向柱。

③ 浮盘盘缝损耗

对于浮盘的盘缝损耗，外浮顶罐与内浮顶罐有一定的区别。外浮顶罐的浮顶大多是焊接成型，因此，没有浮盘缝隙损耗。内浮顶罐的浮盘通常是螺栓连接，螺栓连接的浮盘会产生缝隙损耗。

内浮顶罐的浮盘类型主要有两类：浮筒式浮盘和双层板式浮盘（也称为接液式浮盘）。双层板式浮盘可完全与储存介质接触，其缝隙损耗比浮筒式要小。

④ 挂壁损耗

浮顶罐的挂壁损耗类似于固定顶罐的工作损耗（大呼吸）。当储罐处于低液位时，由于在工作过程中浮盘（顶）随液位下降，残留在罐内壁上的液体随即蒸发，形成挂壁损耗。对于由支柱支撑式的大型内浮顶罐，储液也会黏着在支柱上并发生蒸发。蒸发损耗止于罐体再次充满液体，暴露表面被再次覆盖。

另外，大多数固定顶储罐改为内部浮顶罐时会有支撑柱。新建的内浮顶罐可能两种情况都有。有支撑柱的内浮顶储罐挂壁损耗会有所增加。

3.4.2 闪蒸损耗

闪蒸损耗通常发生在有机液体储罐收料的时间段内，夹带轻组分有机气体的液体从较高压力的管线中进入相对较低压力的设施时，部分溶解在液体中的轻组分化合物被释放或闪蒸。随着轻组分的"释放"，一些较重的化合物也可能随着这些气体一并排出。

闪蒸损耗的多少主要取决于有机液体中轻组分的比例，有机液体的温度以及储罐的温度。闪蒸出的气体通过储罐的罐顶呼吸阀、通气孔或其他开口附件排放到大气中或被捕集至末端处理设施。这些有机废气包括挥发性有机化合物（VOCs）、有害空气污染物（HAP）和有毒空气污染物（TAC）。

3.4.3　泄压损耗

泄压损耗主要是针对压力罐的紧急放空阀，这类泄压阀的操作压力在0.09～0.095 MPa。紧急放空阀可以在储罐超压时，直接将气体排放至大气，造成污染。

3.4.4　附件泄漏损耗

附件泄漏损耗是指储罐罐体各种设备组件和连接处工艺介质泄漏进入大气的过程。

对于有机液体储罐而言，附件泄漏损耗主要包括人孔、采样口、量油口、呼吸阀、阻火器、液压安全阀的泄漏以及容器破损、顶板腐蚀穿孔等。

3.5　现场检查

3.5.1　资料收集

挥发性有机液体储存调和 VOCs 污染源排查收集的技术资料主要包括储存设施、物料、所在地气象信息、油气回收设施等相关信息。

（1）储存设施信息

有机液体储存设施包括固定顶罐、内浮顶罐、外浮顶罐。

（2）有机液体物料信息

有机液体物料信息主要包括原油理化参数、中间产品-混合物理化参数、中间产品-单体物质理化参数、成品-混合物理化参数、成品-单体物质理化参数等。

（3）其他相关信息

其他相关信息主要包括储罐所在地的气象信息、油气回收设施信息。

3.5.2 合规性检查

挥发性有机液体储存调和 VOCs 污染源排查过程的合规性检查是指企业的污染源管控与国家、地方环保法规、标准是否一致。

3.5.3 现场监测

现场检测分为现场采样和实验室分析监测两部分。现场采样执行 HJ/T 397 的相关规定；实验室分析监测执行 HJ 732 或 HJ 734 的相关规定。

3.5.4 统计核算

有机液体储存调和过程中 VOCs 无组织排放的定量估算方法包括实测法和公式法。

（1）实测法

对于设有油气回收装置的储罐（区），其排放量应优先采用实测法获得。监测项目为非甲烷总烃和排气筒出口流量（m^3/h），监测频次可为 1 次/周。

（2）公式法

公式法运用美国 EPA 发布的"污染物排放因子文件"（AP-42）最新版第七章中提供的评价公式，以我国有机液体理化参数和储罐构造特点为基准，利用相关软件（如 Excel）编制的计算程序。

3.6 推荐估算方法

3.6.1 储存损耗

（1）实测法

实测法只适用于设有 VOCs 末端治理设施的储罐（区）的排放量。监测频次可为 1 次/周。计算方法如下：

$$E_{储存i} = E_{储存i(公式计算排放量)} - \left[(C_{i进} - C_{i出}) \times Q_i \times t \times 10^{-9} \right] \tag{3-1}$$

式中：$E_{储存i}$ —— 设有末端治理设施的 i 罐（区）挥发性有机物排放量，t/a；

$E_{储存i（公式计算排放量）}$ —— 公式法计算出的理论挥发量，t/a；

$C_{i进}$ —— 末端治理设施排气筒 VOCs 进口浓度年度平均值，mg/m³；

$C_{i出}$ —— 末端治理设施排气筒 VOCs 出口浓度年度平均值，mg/m³；

Q_i —— 排气筒 i 的出口流量的年度平均值，m³/h；

t —— 末端治理设施的运行时间，h/a。

（2）公式法

公式法运用美国环保局（EPA）发布的"污染物排放因子文件"（AP-42）最新版第七章中提供的评价公式和相关系数，以我国有机液体理化参数和储罐构造特点为基准，利用相关软件（如 Excel）编制的计算程序。需要说明的是，公式法计算过程中使用的均为美制单位体系。在此，不推荐使用者在计算过程中将美制单位转换为国际单位制，以避免多次换算出现多层次误差。建议使用者在完成计算后，再将排放量数值的美制单位（lb）转为国际单位制（t）。

① 固定顶罐总损耗

该估算方法可应用于立式柱形储罐和固定顶罐。储罐必须充分液密和气密，必须在接近常压下操作。公式不适用于以下情况：不稳定或易沸储料，未知蒸汽压或无法预测的碳氢化合物或石油化学品的混合物。固定顶罐的总损耗是静置损耗与工作损耗的总和：

$$L_T = L_S + L_W \tag{3-2}$$

式中：L_T —— 总损耗，lb/a；

L_S —— 静置损耗，lb/a，见公式（3-3）；

L_W —— 工作损耗，lb/a，见公式（3-26）。

A. 静置损耗

静置损耗 L_S，是指由于罐体气相空间呼吸导致的储存气相损耗。公式（3-3）可估算固定顶罐的静置损耗，公式源于 AP-42 第七章。

$$L_S = 365 V_v W_v K_E K_S \tag{3-3}$$

式中：L_S —— 静置损耗（对于地下的卧式罐，由于地下土层的绝缘作用，昼夜温差的变化对卧式罐没有产生太大影响，一般认为 $L_S=0$），lb/a；

V_V —— 气相空间容积，ft³，见公式（3-4）和公式（3-5）；

W_V —— 储藏气相密度，lb/ft³[①]；

K_E —— 气相空间膨胀因子，量纲一；

K_S —— 排放蒸气饱和因子，量纲一。

a. 气相空间容积

立式罐气相空间容积 V_V，通过以下公式计算：

$$V_V = \left(\frac{\pi}{4} D^2 \right) H_{VO} \tag{3-4}$$

式中：V_V —— 气相空间容积，ft³；

$\quad\quad D$ —— 罐径，ft；

$\quad\quad H_{VO}$ —— 气相空间高度，ft。

卧式罐气相空间容积 V_V，通过以下公式计算：

$$V_V = \frac{\pi}{4} D_E^2 H_{VO} \tag{3-5}$$

式中：V_V —— 固定顶罐蒸气空间体积，ft³；

$\quad\quad H_{VO}$ —— 蒸气实际空间高度（$H_{VO}=D$），ft；

$\quad\quad D_E$ —— 卧式罐有效直径，ft。

$$D_E = \sqrt{\frac{LD}{0.785}} \tag{3-6}$$

式中：L —— 卧式储罐的长度，ft；

$\quad\quad D$ —— 卧式储罐横截面的直径，ft。

综合上述公式，静置损耗可化为公式（3-7）。

$$L_S = 365 K_E \left(\frac{\pi}{4} D^2 \right) H_{VO} K_S W_V \tag{3-7}$$

b. 气相空间膨胀因子

气相空间膨胀因子 K_E 的计算依赖于罐中液体的特性和呼吸阀的设置。计算见公式（3-8）。

若已知储罐位置、罐体颜色和状况，K_E 有如下公式计算：

对于混合物，如石油类以及炼化石油类产品：

---

① lb（磅）=0.453 592 37 kg；ft（英尺）=0.304 8 m。

$$K_{E} = \frac{\Delta T_{V}}{T_{LA}} + \frac{\Delta P_{V} - \Delta P_{B}}{P_{A} - P_{VA}} > 0 \qquad (3\text{-}8)$$

式中：ΔT_V —— 日蒸气温度范围，°R[①]，见公式（3-9）；

ΔP_V —— 日蒸汽压范围，psi[②]，见公式（3-10）；

ΔP_B —— 呼吸阀压力设定范围，psi，见公式（3-11）；

P_A —— 大气压力，psi；

P_{VA} —— 日平均液体表面温度下的蒸汽压，psi，见公式（3-24）和公式（3-25）；

T_{LA} —— 日平均液体表面温度，°R，见公式（3-21）。

对于公式（3-8）：

（a）日蒸气温度范围 ΔT_V，计算方法如下：

$$\Delta T_V = 0.72\Delta T_A + 0.028\alpha I \qquad (3\text{-}9)$$

式中：ΔT_V —— 日蒸气温度范围，°R；

ΔT_A —— 日环境温度范围，°R，见公式（3-14）；

α —— 罐漆太阳能吸收率，量纲一，见表3-2；

I —— 太阳辐射强度，Btu[③]/（ft²·d）。

（b）日蒸汽压范围 ΔP_V，由下式计算：

公式（3-10）可以用来代替石油液 ΔP_V 的计算：

$$\Delta P_V = \frac{0.50 B P_{VA}\Delta T_V}{T_{LA}^2} \qquad (3\text{-}10)$$

式中：ΔP_V —— 日蒸汽压范围，psi；

B —— 蒸汽压公式中的常数，°R，见公式（3-24）；

P_{VA} —— 日最高液体表面温度下的平均蒸汽压，psi，见公式（3-24）和公式（3-25）；

T_{LA} —— 日平均液体表面温度，°R，见公式（3-21）；

ΔT_V —— 日蒸气温度范围，°R，见公式（3-9）。

---

① °R（兰氏度）=5/9 K。

② psi（磅力/英寸²）=6 894.76 Pa。

③ Btu（英热单位）=1 055.06 J。

（c）呼吸阀压力范围 ΔP_B，计算方法如下：

$$\Delta P_B = P_{BP} - P_{BV} \qquad (3\text{-}11)$$

式中：ΔP_B —— 呼吸阀压力设定范围，$\text{psig}^{①}$；

　　　P_{BP} —— 呼吸阀压力设定，psig；

　　　P_{BV} —— 呼吸阀真空设定，psig。

如果呼吸阀压力设定和负压设定指定信息未知，则假定 P_{BP} 为 0.04 psig、P_{BV} 为 −0.04 psig 为参考值。如果固定顶罐是螺栓固定或铆接的，其中罐顶和罐体是非密封的，则不管是否有呼吸阀，都设定 $\Delta P_B=0$。

（d）日环境温度范围 ΔT_A，计算方法如下：

$$\Delta T_A = T_{AX} - T_{AN} \qquad (3\text{-}12)$$

式中：ΔT_A —— 日环境温度范围，°R；

　　　T_{AX} —— 日最大环境温度，°R；

　　　T_{AN} —— 日最小环境温度，°R。

对于纯物质挥发性液体物料，如苯、对二甲苯：

$$K_E = 0.0018\Delta T_V = 0.0018\left[0.72\left(T_{AX} - T_{AN}\right) + 0.028\alpha I\right] \qquad (3\text{-}13)$$

式中：K_E —— 气相空间膨胀因子，量纲一；

　　　ΔT_V —— 日蒸气温度范围，°R；

　　　T_{AX} —— 日最高环境温度，°R；

　　　T_{AN} —— 日最低环境温度，°R；

　　　α —— 罐漆太阳能吸收率，量纲一，见表 3-2；

　　　I —— 太阳辐射强度，Btu/（$\text{ft}^2\cdot\text{d}$）；

　　　0.0018 —— 常数，$(°R)^{-1}$；

　　　0.72 —— 常数，量纲一；

　　　0.028 —— 常数，°R·ft^2·d/Btu。

c. 气相空间高度

气相空间高度 H_{VO}，是罐径气相空间的高度，这一空间等于固定顶罐的气相

---

① psig 为磅力/英寸²（表压）=6 894.76 Pa（表压）。

空间包括穹顶和锥顶的空间。H_{VO} 计算如下：

$$H_{VO} = H_S - H_L + H_{RO}$$ （3-14）

式中：H_{VO} —— 气相空间高度，ft；

H_S —— 罐体高度，ft；

H_L —— 液体高度，ft；

H_{RO} —— 罐顶计量高度，ft。

对于公式（3-14）：

（a）对于锥顶罐，罐顶高度 H_{RO} 计算方法如下：

$$H_{RO} = 1/3 H_R$$ （3-15）

式中：H_{RO} —— 罐顶计量高度，ft；

H_R —— 罐顶高度，ft。

$$H_R = S_R R_S$$ （3-16）

式中：S_R —— 罐锥顶斜率，ft/ft；如果未知，则使用标准值 0.062 5；

R_S —— 罐壳半径，ft。

（b）对于拱顶罐，罐顶计量高度 H_{RO} 计算方法如下：

$$H_{RO} = H_R \left[\frac{1}{2} + \frac{1}{6} \left(\frac{H_R}{R_S} \right)^2 \right]$$ （3-17）

式中：H_{RO} —— 罐顶计量高度，ft；

R_S —— 罐壳半径，ft；

H_R —— 罐顶高度，ft。

$$H_R = R_R - \left(R_R^2 - R_S^2 \right)^{0.5}$$ （3-18）

式中：R_R —— 罐穹顶半径，ft；

R_S —— 罐壳半径，ft。

R_R 的值一般为 $0.8D \sim 1.2D$，其中 $D = 2R_S$。如果 R_R 未知，则用罐体直径代替。

d. 气相空间饱和因子

排放蒸气空间饱和因子 K_S，计算公式如下：

$$K_{\mathrm{S}} = \frac{1}{1 + 0.053 P_{\mathrm{VA}} H_{\mathrm{VO}}} \tag{3-19}$$

式中：K_{S} —— 排放蒸气空间饱和因子，量纲一；

　　　P_{VA} —— 日平均液面温度下的饱和蒸汽压，psi，见公式（3-24）和公式（3-25）；

　　　H_{VO} —— 气相空间高度，ft，见公式（3-14）；

　　　0.053 —— 常数，（psi-ft）$^{-1}$。

e. 气相密度

储藏气相密度 W_{V}，气相密度的计算公式如下：

$$W_{\mathrm{V}} = \frac{M_{\mathrm{V}} P_{\mathrm{VA}}}{R T_{\mathrm{LA}}} \tag{3-20}$$

式中：W_{V} —— 气相密度，lb/ft^3；

　　　M_{V} —— 气相分子摩尔质量，g/mol；

　　　R —— 理想气体状态常数，10.741 g/mol·ft·°R；

　　　P_{VA} —— 日平均液面温度下的饱和蒸汽压，psi，见公式（3-24）和公式（3-25）；

　　　T_{LA} —— 日平均液体表面温度，°R，见公式（3-21）。

对于公式（3-20）：

（a）日平均液体表面温度 T_{LA}

如果日平均液体表面温度 T_{LA} 未知，可通过以下公式计算：

$$T_{\mathrm{LA}} = 0.44 T_{\mathrm{AA}} + 0.56 T_{\mathrm{B}} + 0.007\,9 \alpha I \tag{3-21}$$

式中：T_{LA} —— 日平均液体表面温度，°R；

　　　T_{AA} —— 日平均环境温度，°R，见公式（3-22）；

　　　T_{B} —— 储液主体温度，°R，见公式（3-23）；

　　　α —— 罐漆太阳能吸收率，量纲一，见表3-2；

　　　I —— 太阳辐射强度，Btu/（ft^2·d）。

（b）日平均环境温度 T_{AA}

日平均环境温度 T_{AA} 的计算公式如下：

$$T_{\mathrm{AA}} = \left(\frac{T_{\mathrm{AX}} + T_{\mathrm{AN}}}{2} \right) \tag{3-22}$$

式中：T_{AA} —— 日平均环境温度，°R；

T_{AX} —— 日最高环境温度，°R；

T_{AN} —— 日最低环境温度，°R。

（c）储液主体温度 T_B

储液主体温度 T_B 的计算公式如下：

$$T_B = T_{AA} + 6\alpha - 1 \qquad (3\text{-}23)$$

式中：T_B —— 储液主体温度，°R；

T_{AA} —— 日平均环境温度，°R，见公式（3-22）；

α —— 罐漆太阳能吸收率，量纲一，见表 3-2。

f. 真实蒸汽压

对于特定的石油液体储料的日平均液体表面蒸汽压，可通过以下公式计算：

$$P_{VA} = \exp\left[A - \left(\frac{B}{T_{LA}}\right)\right] \qquad (3\text{-}24)$$

式中：A —— 蒸汽压公式中的常数，量纲一；

B —— 蒸汽压公式中的常数，°R；

T_{LA} —— 日平均液体表面温度，°R，见公式（3-21）；

P_{VA} —— 日平均液体表面蒸汽压，psi。

对于油品：

$$A = 15.64 - 1.854 S^{0.5} - \left(0.874\,2 - 0.328\,0\,S^{0.5}\right)\ln(RVP)$$

$$B = 8\,742 - 1\,042 S^{0.5} - \left(1\,049 - 179.4\,S^{0.5}\right)\ln(RVP)$$

对于原油：

$$A = 12.82 - 0.967\,2\ln(RVP)$$

$$B = 7\,261 - 1\,216\ln(RVP)$$

式中：RVP —— 雷德蒸汽压，psi；

S —— ASTM 蒸馏曲线斜率，℉/%（体积分数）。

$$S = \frac{15\%馏出温度 - 5\%馏出温度}{15 - 5}$$

对于纯物质有机液体（如苯、对二甲苯）的日平均液体表面蒸汽压，采用安托因方程计算。

$$P_{VA} = \frac{10^{A-\left(\frac{B}{T_{LA}+C}\right)}}{51.71}$$ （3-25）

式中：A、B、C —— 安托因常数；

$\quad T_{LA}$ —— 日平均液体表面温度，℃，见公式（3-21）；

$\quad P_{VA}$ —— 日平均液面温度下的饱和蒸汽压，psia。

B. 工作损耗

工作损耗 L_W，与装料或卸料时所储蒸气的排放有关。固定顶罐的工作排放计算如下：

$$L_W = \frac{5.614}{RT_{LA}} M_V P_{VA} Q K_N K_P K_B$$ （3-26）

式中：L_W —— 工作损耗，lb/a；

$\quad M_V$ —— 气相分子摩尔质量，g/mol；

$\quad P_{VA}$ —— 真实蒸汽压，psi，见公式（3-24）和公式（3-25）；

$\quad Q$ —— 年周转量，bbl[①]/a；

$\quad K_P$ —— 工作损耗产品因子，量纲一；对于原油，$K_P=0.75$；对于其他挥发性有机液体 $K_P=1$；

$\quad K_N$ —— 工作排放周转（饱和）因子，量纲一；当周转数＞36，$K_N=(180+N)/6N$；当周转数≤36，$K_N=1$；

$\quad K_B$ —— 呼吸阀工作校正因子，可用公式（3-27）和公式（3-28）计算：

当

$$K_N\left[\frac{P_{BP}+P_A}{P_I+P_A}\right] > 1.0$$ （3-27）

则

$$K_B = \left[\frac{\frac{P_I+P_A}{K_N}-P_{VA}}{P_{BP}+P_A-P_{VA}}\right]$$ （3-28）

---

① bbl（桶）=119 L（美国）。

式中：K_B —— 呼吸阀校正因子，量纲一；

$\quad\quad\quad P_I$ —— 正常工况条件下气相空间压力，psig；

$\quad\quad\quad P_I$ —— 是一个实际压力（表压），如果处在大气压下（不是真空或处在稳定压力下），P_I 为 0；

$\quad\quad\quad P_A$ —— 大气压，psi；

$\quad\quad\quad K_N$ —— 工作排放周转（饱和）因子，量纲一；当周转数＞36，$K_N=$（180+N）/6N；当周转数≤36，$K_N=1$；

$\quad\quad\quad P_{VA}$ —— 日平均液面温度下的蒸汽压，psi，见公式（3-24）和公式（3-25）；

$\quad\quad\quad P_{BP}$ —— 呼吸阀压力设定，psig。

当 $K_N \left[\dfrac{P_{BP}+P_A}{P_I+P_A} \right] \leqslant 1.0$，则 $K_B=1$。

② 浮顶罐总损耗

浮顶罐的总损耗是边缘密封、挂壁、浮盘附件和浮盘缝隙损耗的总和。本章所提到的公式主要应用于浮顶罐，不适用以下情况：估算不稳定或易沸储料、碳氢化合物的混合物、蒸汽压未知或不可轻易预测的石油化学品；估算封闭的内浮顶或封闭穹顶外浮顶罐（储罐连接回收设施）；估算储罐边缘密封材料和/或浮盘设施老化或被储液明显浸渍。

浮顶罐的总损耗如下：

$$L_T = L_R + L_{WD} + L_F + L_D \tag{3-29}$$

式中：L_T —— 总损耗，lb/a；

$\quad\quad\quad L_R$ —— 边缘密封损耗，lb/a，见公式（3-30）；

$\quad\quad\quad L_{WD}$ —— 挂壁损耗，lb/a，见公式（3-32）；

$\quad\quad\quad L_F$ —— 浮盘附件损耗，lb/a，见公式（3-33）；

$\quad\quad\quad L_D$ —— 浮盘缝隙损耗（只限内浮顶罐），lb/a，见公式（3-37）。

A. 边缘密封损耗

浮顶罐的边缘密封损耗可由下列公式估算得出：

$$L_R = \left(K_{Ra} + K_{Rb} v^n \right) D P^* M_V K_C \tag{3-30}$$

式中：L_R —— 边缘密封损耗，lb/a；

$\quad\quad\quad K_{Ra}$ —— 零风速边缘密封损耗因子，lb-mol/ft·a，见表 3-3；

K_{Rb} —— 有风时边缘密封损耗因子，lb-mol/（mph）^{n}·ft·a，见表 3-3；

v —— 罐点平均环境风速，mph[①]；

n —— 密封相关风速指数，量纲一，见表 3-3；

P^* —— 蒸汽压函数，量纲一。

$$P^* = \frac{\dfrac{P_{VA}}{P_A}}{\left[1+\left(1-\dfrac{P_{VA}}{P_A}\right)^{0.5}\right]^2} \tag{3-31}$$

式中：P_{VA} —— 日平均液体表面蒸汽压，psi，见公式（3-24）和公式（3-25）；

P_A —— 大气压，psi；

D —— 罐体直径，ft；

M_V —— 气相分子质量，g/mol；

K_C —— 产品因子，原油取值为 0.4，其他挥发性有机液体取 1。

如果罐为内浮顶或穹顶外浮顶罐，v 值始终为 0。美国石油协会（API）建议使用储液温度代替液体表面温度来计算公式（3-24）和公式（3-25）中 P_{VA}。如果储液温度未知，API 建议使用以下公式估算（见表 3-1）：

表 3-1 年平均存储温度简化计算表

罐体颜色	年平均储藏温度 T_S/℉
白	$T_{AA}+0$
铝	$T_{AA}+2.5$
灰	$T_{AA}+3.5$
黑	$T_{AA}+5.0$

注：T_{AA} 为年平均环境温度，℉。

B. 挂壁损耗

浮顶罐的罐壁排放损耗可由公式（3-22）估算得出：

$$L_{WD} = \frac{0.943QC_SW_L}{D}\left[1+\frac{N_cF_c}{D}\right] \tag{3-32}$$

---

① mph（英里/时）=1 609.344 m/h。

式中：L_{WD} —— 排放损耗，lb/a；

　　　Q —— 年周转量，bbl/a；

　　　C_S —— 罐体油垢因子，见表 3-4；

　　　W_L —— 对于特定石油化学品的平均挥发性有机液体密度，lb/gal；

　　　D —— 罐体直径，ft；

　　　0.943 —— 常数，$1\,000\text{ft}^3 \cdot \text{gal/bbl}^2$；

　　　N_C —— 固定顶支撑柱数量（对于自支撑固定浮顶或外浮顶罐，$N_C=0$；对于柱支撑的固定浮顶，N_C 取罐特定信息），量纲一；

　　　F_C —— 有效柱直径，取值为 1。

C. 浮盘附件损耗

浮顶罐的浮盘附件损耗可由下面的公式估算得出：

$$L_F = F_F P^* M_V K_C \tag{3-33}$$

式中：L_F —— 浮盘附件损耗，lb/a；

　　　F_F —— 总浮盘附件损耗因子，lb-mol/a。

$$F_F = \left[\left(N_{F1} K_{F1} \right) + \left(N_{F2} K_{F2} \right) + \cdots + \left(N_{Fn} K_{Fn} \right) \right] \tag{3-34}$$

式中：N_{Fi} —— 特定规格的浮盘附件数，量纲一；

　　　K_{Fi} —— 特定规格的附件损耗因子，lb-mol/a，见公式（3-35）；

　　　Fn —— 不同种类的附件总数，量纲一；

　　　P^*，M_V，K_C 的定义见公式（3-30）。

F_F 的值可以由罐体实际参数中附件种类数（N_F）乘以每一种附件的损耗因子（K_F）算得。

对于特定类型的附件，K_{Fi} 可由下式估算：

$$K_{Fi} = K_{Fa_i} + K_{Fb_i} (K_v v)^{m_i} \tag{3-35}$$

式中：K_{Fi} —— 特定类型浮盘附件损耗因子，lb-mol/a；

　　　K_{Fai} —— 无风情况下特定类型浮盘附件损耗因子，lb-mol/a，表 3-6；

　　　K_{Fbi} —— 有风情况下特定类型浮盘附件损耗因子，$\text{lb-mol/}(\text{mph})^m \cdot \text{a}$，见表 3-6；

　　　m_i —— 特定浮盘损耗因子，量纲一，见表 3-6；

K_v —— 附件风速修正因子，量纲一；

v —— 平均气压平均风速，mph。

对于外浮顶罐，附件风速修正因子 $K_v=0.7$。对于内浮顶罐和穹顶外浮顶罐风速，其修正因子为 0，公式演变为：

$$K_{Fi}=K_{Fa_i} \qquad (3-36)$$

D. 浮盘缝隙损耗

浮盘经焊接的内浮顶罐和外浮顶罐都没有盘缝损耗。由螺栓固定的内浮顶罐可能存在盘缝损耗，可由下式估算：

$$L_D = K_D S_D D^2 P^a M_V K_C \qquad (3-37)$$

式中：K_D —— 盘缝损耗单位缝长因子，lb-mol/ft-a，焊接盘取 0，螺栓固定盘取 0.14；

S_D —— 盘缝长度因子，ft/ft^2，见表 3-7；$\dfrac{L_{seam}}{A_{deck}}$（$L_{seam}$ 为浮盘缝隙长度；A_{deck} 为浮盘面积，$A_{deck}=\pi d^2/4$）；

D，P^*，M_V 和 K_C 的定义见公式（3-30）。

表 3-2　罐漆太阳能吸收率 α

序号	罐漆颜色	太阳能吸收因子	序号	罐漆颜色	太阳能吸收因子
1	白色	0.34	4	浅灰色	0.63
2	黑色	0.97	5	中灰色	0.74
3	铝色	0.68	6	绿色	0.91

表 3-3　浮顶罐边缘密封损耗系数

罐体类型	密封	$K_{Ra}/$ (lb-mol/ft·a)	$K_{Rb}/$ lb-mol/ (mph)^n-f·a	n
	机械鞋式密封			
焊接	只有一级	5.8	0.3	2.1
	边缘靴板	1.6	0.3	1.6
	边缘刮板	0.6	0.4	1.0
	液态镶嵌式密封-密封浸泡在储液中，无气相空间			
	只有一级	1.6	0.3	1.5
	挡雨板	0.7	0.3	1.2

罐体类型	密封	$K_{Ra}/$ (lb-mol/ft·a)	$K_{Rb}/$ lb-mol/(mph)^n-f·a	n
焊接	边缘刮板	0.4	0.6	0.3
	气态镶嵌式密封-密封位于储液之上，有气相空间			
	只有一级	6.7	0.2	4.0
	挡雨板	3.3	0.1	3.0
	边缘刮板	2.2	0.003	4.3
铆接	机械鞋式密封			
	只有一级	10.8	0.4	2
	边缘靴板	9.2	0.2	1.9
	边缘刮板	1.1	0.3	1.5

注：边缘密封损耗因子 K_{Ra}、K_{Rb}、n 只适用于 6.8 m/s 以下。

表 3-4　储罐罐壁油垢因子

介质	罐壁状况/（bbl/10^3 ft^2）		
	轻锈	中锈	重锈
汽油	0.001 5	0.007 5	0.15
原油	0.006	0.03	0.6
其他油品	0.001 5	0.007 5	0.15

表 3-5　内浮顶罐罐体直径与支撑住数量对比

罐体直径/m	支撑柱数量	罐体直径/m	支撑柱数量
0<D≤25.9	1	67.1<D≤71.6	31
25.9<D≤40.5	6	71.6<D≤82.4	37
40.5<D≤46.8	7	82.4<D≤84.8	43
46.8<D≤41.1	8	84.8<D≤88.4	49
41.1<D≤45.7	9	88.4<D≤100.6	61
45.7<D≤51.8	16	100.6<D≤109.7	71
51.8<D≤57.9	19	109.7<D≤121.9	81
57.9<D≤67.1	22	—	

表 3-6　浮顶罐浮盘附件损耗系数

附件	状态	$K_{Fa}/$ (lb-mol/a)	$K_{Fb}/$ [lb-mol/(mph)^n·a]	m
人孔	螺栓固定盖子，有密封件	1.6	0	0
	无螺栓固定盖子，无密封件	36	5.9	1.2
	无螺栓固定盖子，有密封件	31	5.2	1.3
计量井	螺栓固定盖子，有密封件	2.8	0	0
	无螺栓固定盖子，无密封件	14	5.4	1.1
	无螺栓固定盖子，有密封件	4.3	17	0.38
支柱井	内嵌式柱形滑盖，有密封件	33	—	—
	内嵌式柱形滑盖，无密封件	51	—	—
	管柱式滑盖，有密封件	25	—	—
	管柱式挠性纤维衬套密封	10	—	—
采样管/井	有槽管式滑盖/重加权，有密封件	0.47	0.02	0.97
	有槽管式滑盖/重加权，无密封件	2.3	0	0
	切膜纤维密封（开度 10%）	12		
导向柱（有槽）	无密封件滑盖（不带浮球）	43	270	1.4
	有密封件滑盖（不带浮球）			
	无密封件滑盖（带浮球）	31	36	2.0
	有密封件滑盖（带浮球）			
	有密封件滑盖（带导杆刷）	41	48	1.4
	有密封件滑盖（带导杆衬套）	11	46	1.4
	有密封件滑盖（带导杆衬套及刷）	8.3	4.4	1.6
	有密封件滑盖（带浮球和导杆刷）	21	7.9	1.8
	有密封件滑盖（带浮球、衬套和刷）	11	9.9	0.89
导向柱（无槽）	无衬垫滑盖	31	150	1.4
	无衬垫滑盖带导杆	25	2.2	2.1
	衬套衬垫带滑盖	25	13	2.2
	有衬垫滑盖带凸轮	14	3.7	0.78
	有衬垫滑盖带衬套	8.6	12	0.81
真空阀	附重加权，未加密封件	7.8	0.01	4
	附重加权，加密封件	6.2	1.2	0.94

附件	状态	K_{Fa}/ (lb-mol/a)	K_{Fb}/ [lb-mol/$(mph)^n$·a]	m
浮盘 支腿	可调式-内浮顶浮盘	7.9	—	—
	可调式（浮筒区域）有密封件	1.3	0.08	0.65
	可调式（浮筒区域）无密封件	2.0	0.37	0.91
	可调式（中心区域）有密封件	0.53	0.11	0.13
	可调式（中心区域）无密封件	0.82	0.53	0.14
	可调式，双层浮顶	0.82	0.53	0.14
	可调式（浮筒区域），衬垫	1.2	0.14	0.65
	可调式（中心区域），衬垫	0.49	0.16	0.14
	固定式	0	0	0
边缘 通气孔	配重机械驱动机构，有密封件	0.71	0.1	1.0
	配重机械驱动机构，无密封件	0.68	1.8	1.0
楼梯井	滑盖，有密封件	98		
	滑盖，无密封件	56		
浮盘排水	—		1.2	

表 3-7   浮顶罐浮盘缝隙长度因子

序号	浮盘构造	浮盘缝隙长度系数
1	浮筒式浮盘	4.8
2	双层板式浮盘	0.8

注：浮盘缝隙长度因子只针对铆接式浮盘，焊接式浮盘没有盘缝损耗。表中的系数是根据典型 5 000 m³ 内浮顶储罐的相关实测值和构造参数计算得出。用户可参考使用，也可以根据特定的实际情况按照式（3-37）中的盘缝长度因子（SD）公式确定该系数。

表 3-8   部分油品参考理化参数

油品名称	液体密度/（t/m³）	温度/℃	真实蒸汽压/kPa	15.6℃时油气分子量/（g/mol）
原油	0.86	37.8	45	50
汽油	0.77	37.8	85	68
轻石脑油	0.72	37.8	100	80
重石脑油	0.72	37.8	40	80
航煤	0.78	37.8	30	130
柴油	0.84	37.8	7	130
烷基化油	0.7	37.8	80	68
抽余油	0.67	37.8	80	80
污油	0.77	37.8	85	68
热蜡油	0.88	100	0.67	190
热渣油	0.92	100	0.39	190

注：真实蒸汽压取值为理论计算的相对较大值。

3.6.2　闪蒸损耗

本节介绍瓦斯奎兹-贝格斯方程法计算有机液体的闪蒸损耗。瓦斯奎兹-贝格斯方程（VBE）是美国在 20 世纪 80 年代开发的有机液体闪蒸损耗评价公式。全球有超过 6 000 个油田及炼油企业使用该公式来评估油品的性质。该方程的计算需要输入 8 个变量：有机液体密度、闪蒸罐压力、闪蒸罐温度、闪蒸气相密度、有机液体处理量、储罐物料气相分子量、储罐排放气中的 VOC 含量和大气压。公式首先通过闪蒸罐的操作温度、操作压力、有机液体的密度和闪蒸气相密度计算出该储品的气-油比（GOR），再通过储罐的周转量、VOCs 所占的重量分数乘以气-油比，估算出闪蒸量。该方程可通过软件（如 Excel）来计算，也可以从 KDHE 网站 http：//www.kdheks.gov 下载。公式如下：

$$E_{闪蒸气}=\frac{GOR \times C_{处理量} \times H \times 27.4\% \times 16}{23.685 \times 1\,000} \tag{3-38}$$

式中：$E_{闪蒸气}$——某罐区闪蒸气排放量，t/a；

　　　GOR——气-油比；

　　　$C_{处理量}$——罐区所对应工艺装置处理量，m^3/h；

　　　H——装置运行时间，h；

　　　27.4%——甲烷所占的比例；

　　　16——甲烷分子量，kg/mol；

　　　23.685——常数。

其中，GOR 采用下式计算：

$$GOR = G_{闪蒸气} \times \left[\left\{ \left(P/519.7 \times 10^{yg} \right)^{1.204} \right\}_{闪蒸罐} - \left\{ \left(P/519.7 \times 10^{yg} \right)^{1.204} \right\}_{储罐} \right]$$

$$\tag{3-39}$$

式中：$G_{闪蒸气}$——储罐闪蒸气相对比重；

　　　P——容器的绝对压力，kPa；

　　　$yg = 1.225 + 0.001\,64\,T - (1.769/储液密度)$。

3.6.3　泄压损耗

对于计算含挥发性液体混合物和不凝气组分（如空气、氮气）容器的泄压排放时，需要做一些假设和近似处理：

（1）系统的降压过程是线性的；

（2）忽略操作过程中漏入容器的空气；

（3）操作过程中液体和气体的温度保持一定；

（4）泄压过程中容器的气相空间的气体与釜内挥发性液体组分保持平衡。

由于假设泄压过程中系统温度保持恒定，容器内液体组分的平衡蒸汽压就是常数。因此，容器泄压过程中，气相空间排出的有机液体蒸气摩尔数保持恒定。挥发的有机液体蒸气占据了较大的容器气相空间并排出。当泄压过程开始，越来越多的有机液体蒸发以保持平衡蒸汽压。因而，泄压过程产生的有机液体排放等于容器内净有机液体的蒸发，这个模型就是基于上述假设，见公式（3-40）。

$$E_{泄压} = \frac{P_i(V_2 - V_1) \times M}{R \times T \times 1\,000} \tag{3-40}$$

式中：$E_{泄压}$ —— 排出反应器 VOCs 单物质 i 的摩尔数；

V_1 —— 泄压前气相空间体积，m^3；

V_2 —— 泄压后气相空间体积，m^3；

P_i —— VOCs 单物质的分压，Pa；

R —— 理想气体常数，8.314 J/（mol·K）；

T —— 系统温度，假定不变，K；

M —— 物质摩尔质量，g/mol。

3.6.4　附件泄漏损耗

对于有机液体储罐的基本罐型：固定顶罐（立式和卧式）和浮顶罐。浮顶罐的储存损耗评价公式已包括其附件 VOCs 损耗的估算；固定顶罐附件 VOCs 损耗的估算可参考第 2 章 "设备动静密封点泄漏"。

3.6.5　小结

有机液体储存几乎包含在所有石化化工项目当中，在日常生活当中也普遍存在，如油品储库、加油站等。储罐的 VOCs 产生与排放过程复杂多样，使用 AP-42 计算公式较多，对于非专业人士使用和计算起来非常麻烦。为此，本书作者及所在的环境保护部环境工程评估中心 VOCs 污染控制工作组将 AP-42 的计算方法编制到一套 Excel 文档当中，使用者可以通过输入必要的数据，直接得出排放量，对于缺失的数据，也可选用文档中默认的数值进行默认计算，当然，默认的数值都是偏于保守的，输入的数据越翔实，则计算出来的结果越精确，数据越少，则计算出来的结果会偏于保守。

AP-42 这种从储罐结构出发，分析梳理所有储存和调和的物理过程，从而制订的估算方法是较为准确的。但为了进一步简化有机液体储存和调和过程中 VOCs 的排放量，用于排污收费或者总量申报，本书作者及所在的环境保护部环境工程评估中心 VOCs 污染控制工作组正在通过大量基础数据，研究基于主要影响因素的简化估算方法。当然，可以想象，这一方法估算出来的排放量也会较 AP-42 计算结果更为保守，这是为了鼓励企业多做工作，发现储存和调和环节中影响 VOCs 排放的关键环节，并寻找更佳方法去控制和减少排放。

此外，对于储罐有机液体的排放量估算，美国 EPA 还曾推出"TANK 模型"，TANK 模型是美国环境保护局（EPA）办公室的大气质量规划和标准部门（OAQPS）开发和维护的，并配套有软件的用户手册，国内部分研究机构也曾使用。本书作者在研究过程中，发现使用 TANK 模型在我国使用存在一些问题，不推荐直接使用。

原因之一，是 TANK 模型中油品理化参数与国内不符。对于油品，TANK 模型中为美国油品的理化参数。由于炼油加工工艺路线的不同，中美两国油品主要在油品的真实蒸汽压和气相分子量存在一定程度的差异。例如，模型中默认的航煤雷德蒸汽压为 0.19 kPa（0.029 psi），而我国航煤的雷德蒸汽压约为 10 kPa。在有机液体存储过程中，蒸汽压与 VOCs 损耗基本呈线性关系。因此，蒸汽压取值的差异对核算结果影响很大。本书作者分别运用 AP-42 公式法和 TANK 模型试算 5 000 m³ 航煤内浮顶罐的 VOCs 年排放量，在相同储存温度（25℃）、相同周转量（20 万 t/a）的情形下，AP-42 公式法的核算结果是 TANK 模型的 776 倍，这一估算结果，也从侧面提醒了环保工作者，对于油品质量的控制，可以大幅度降低遍布全国的油品存储过程中的 VOCs 挥发性排放。

原因之二，是 TANK 模型不适用于计算储存温度高于 37.8℃的油品的排放量。油品的真实蒸汽压应按照其实际存储温度计算，而 TANK 模型对于油品真实蒸汽压的数值设定是油品在 100°F 时（37.8℃）对应的饱和蒸汽压，因此即使实际温度超过 100°F（37.8℃），模型默认的仍是 100°F（37.8℃）时对应的数值。此种算法会低估某些需要加热存储的有机液体（如蜡油、渣油、原油、柴油）的损耗量。例如，我国高温渣油罐的存储温度一般在 150℃左右，分别运用 AP-42 公式法和 TANK 模型试算 5 000 m³ 高温渣油罐的 VOCs 年排放量。AP-42 公式法的核算结果是 TANK 模型的 917 倍。

原因之三，是储液主体温度计算的设置问题。在 TANK 模型中，有机液体主体温度的计算使用的是年度平均环境温度，而不是月平均环境温度。有机液体的温度数值直接影响液体表面温度的计算结果，其计算偏差会带来两个问题：一是液体表面温度的计算值在夏季时被低估，而在冬季时被高估；二是液体表面温度对应的饱和蒸汽压值出现较大差异。

而且，TANK 模型中提供的油品种类偏少，只提供了原油、2#燃料油、汽油、航煤、航空石脑油和 6#渣油的油品理化参数，且未考虑特殊有机液体（如含硫含氨污水、冷焦水等）的理化参数取值问题。实际上，近期美国 EPA 网站也已经说明，TANK 模型计算方法存在的偏差较大。

3.7 报告格式

企业排查工作完成后，可以形成规范化的排查报告，见表 3-9。

表 3-9　挥发性有机液体储存调和 VOCs 污染源排查报告

排查项目	企业挥发性有机液体储存调和 VOCs 污染源排查
排查单位	××公司
监测实施单位	××公司
报告编制单位	××公司
排查时间	××××年××月××日
监测时间	××××年××月××日
储罐设施基本情况（填写模板）	本企业一次原油加工能力为××$\times 10^4$ t/a，总罐容××$\times 10^4$ m³，年周转量××$\times 10^4$ t/a。储运部及各类在运装置的低压和常压储罐共有××座，其中低压储罐××座，常压固定顶罐××座，常压内浮顶罐××座，常压外浮顶罐××座。各罐区现有 VOCs 末端控制设施××套，主要用于××罐区，处理工艺各为××，装置规模各为×× m³/h
挥发性有机液体储存过程 VOCs 排放估算结果及评估（填写模板）	根据挥发性有机液体储存 VOCs 污染源排查工作指南，××公司对企业储罐设施进行 VOCs 污染源排查工作。依据《石化行业 VOCs 污染源排查工作指南》估算本企业××年度有机液体储存过程 VOCs 排放量约为×× t
挥发性有机液体储存过程 VOCs 损耗量削减潜力分析	达标性分析：　达标□　　　不达标□，削减潜力：×× t/a 国内平均水平：已满足□　　未满足□，削减潜力：×× t/a 国内先进水平：已满足□　　未满足□，削减潜力：×× t/a
备注	其他需要说明的排查结果

3.8 管理要求

目前，国内涉及石化行业储存介质与罐型选择的国家或企业级技术规范或标准主要有《石化储运系统罐区设计规范》和即将发布的《石油炼制工业污染物排放标准》。

在《石化储运系统罐区设计规范》中，储罐的选型主要是出于安全的角度考虑。首先，将储存介质按照闪点的范围分为甲、乙、丙三大类（表 3-10），再按其火灾危险性的大小进行储罐选型的判定。

表 3-10　液化烃、可燃液体的火灾危险性分类

名称	类别		内容
液化烃	甲	A	15℃时的蒸汽压力>0.1 MPa 的烃类液体及其他类似的液体
		B	甲 A 类以外，闪点<28℃
可燃液体	乙	A	闪点：28～45℃
		B	闪点：45～60℃
	丙	A	闪点：60～120℃
		B	闪点>120℃

按照《石化储运系统罐区设计规范》的基准，储存介质与罐型选择的要求如下：

（1）液化烃常温储存应选用压力储罐。

（2）储存温度下饱和蒸汽压大于或等于大气压的物料，应选用低压储罐或压力储罐。

（3）储存温度下饱和蒸汽压低于大气压的甲$_B$、乙$_A$类液体，应选用浮顶罐或内浮顶罐并符合以下规定：a）浮顶罐应选用钢制浮舱式浮盘并应采用二次密封装置；b）内浮顶罐应选用金属制浮舱式浮盘。

（4）有特殊储存需要的甲$_B$、乙$_A$类液体，可选用固定顶罐，但应采取限制罐内气体直接排入大气的措施。

（5）乙$_B$和丙类液体，可选用固定顶罐。

（6）酸类、碱类宜选用固定顶罐或卧罐。

（7）液氨常温储存应选用球罐或卧罐。

在《石油炼制工业污染物排放标准》中，储罐选型的依据是储存介质的真实蒸汽压。在其 5.3 节中列出挥发性有机液体储罐的污染控制要求：

（1）储存物料的真实蒸汽压≥76.6 kPa 的挥发性有机液体应采用压力储罐。

（2）储存物料的真实蒸汽压≥5.2 kPa 但＜27.6 kPa 的设计容积≥150 m^3 的挥发性有机液体储罐，以及储存真实蒸汽压≥27.6 kPa，但＜76.6 kPa 的设计容积≥75 m^3 的挥发性有机液体储罐应符合下列规定之一：

① 采用内浮顶罐；内浮顶罐的浮盘与罐壁之间应采用液体镶嵌式、机械式鞋形、双封式等高效密封方式。

② 采用外浮顶罐；外浮顶罐的浮盘与罐壁之间应采用双封式密封，且初级密封采用液体镶嵌式、机械式鞋形等高效密封方式。

③ 采用非甲烷总烃回收和控制装置，控制效率大于 95%。

（3）浮顶罐浮盘上的开口、缝隙密封设施和浮盘与罐壁的密封设施在工作状态应密闭。

3.9　建议

3.9.1　源头控制

（1）合理选择罐型

对于一些特殊有机液体的罐型选择需加强重视。例如，含硫含氨污水、冷焦水和加热油品（如蜡油和渣油）。目前，大多数国内炼化企业使用固定顶罐储存上述 3 种有机液体。从抑制 VOCs 挥发的角度分析，这种选择值得商榷。

① 含硫含氨污水和冷焦水

含硫含氨污水和冷焦水在输送的过程中，常会夹带蒸汽压较高的轻组分污油。轻质污油堆置在"水"的上方。在静止储存时，经太阳辐射引起上部空间气体膨胀并损耗的是轻质油层，而当有机液体罐收发原料时，散逸的气相仍然是轻质浮油产生的油蒸气。因此，含硫含氨污水和冷焦水储罐名义上为"水"罐，实际上近似于轻质油品储存，建议使用浮顶罐储存。两种存储方式的损耗评估见图 3-5。

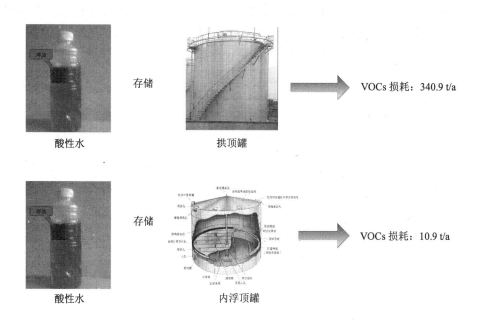

图 3-5　酸性水存储于拱顶罐和内浮顶罐的损耗评估对比

② 加热油品

对于某些重质油品，如蜡油、渣油和污油，之所以可以用固定顶罐储存，是因为其闪点和沸点较高，挥发性较小。但是这类油品在储存过程中对储存温度有不同程度的要求，一般需加热到 60～100℃。储罐在加热过程中，油品的储存温度不断升高，其饱和蒸汽压也在不断增大，蒸发速度加剧，挥发性也逐渐提升。因此，虽然蜡油、渣油属于重质油品，但如果储存过程需要加热，则建议使用浮顶罐存储。

（2）提升内浮顶罐附件选型标准

① 浮盘选型

在我国石化行业中，内浮顶储罐的浮盘大多为浮筒式浮盘。浮筒式浮盘为独立的浮力元件，其缺点主要有浮力难以均匀分布，负荷小，浮动欠稳定，在内浮顶盖板以下存在有机液体挥发空间 100～200 mm，因挥发空间的存在，该类浮盘的盘缝损耗较大。

焊接式浮盘和双层板全接液式浮盘是内浮顶先进的结构形式，国外已广泛应用。焊接型浮盘不存在缝隙损耗；全接液砖式浮盘与浮筒式浮盘均属于铆接浮盘，但不同之处在于，全接液式浮盘的构造型式可直接与有机液体表面接触，无挥发空间，浮盘的密封性较好。另外，该类型浮盘占用储罐空间较小，安装相对简单、动火少，安装时间较短，投用后检修率低，性价比高。浮筒式浮盘与双层板式浮盘的损耗对比见图 3-6。

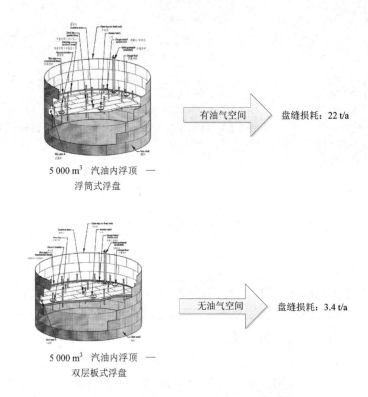

图 3-6　浮筒式浮盘与双层板式浮盘的损耗对比

②边缘密封选型

在我国石化行业中，内浮顶储罐的边缘密封多为单级密封。在单级密封的使用中，主要有管式充液式密封和泡沫软式密封两大类。另外，由于罐体结构和安装方面的原因，边缘密封与有机液体表面之间往往存在气相空间，从而导致 VOCs 损耗（图 3-7）。

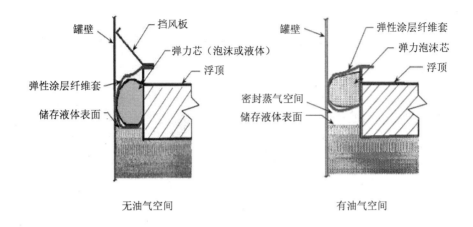

图 3-7　边缘密封构造对比

因此，建议：

A. 增加次级密封。二级密封可对因单级密封不严密造成的蒸发损耗进行控制，可减少 70%～90%的边缘密封损耗量。

B. 结合罐体结构合理安装边缘密封，消除边缘密封和液面气相空间，减少损耗。

（3）合理使用涂漆

储罐涂漆对于 VOCs 损耗的影响主要是基于涂料的颜色对太阳热能辐射接收的程度。在我国石化行业中，固定顶罐的罐壁涂漆颜色主要有绿色、灰色、铝色和白色。颜色越深，反射热效应性能越差，其接收太阳能热量的能力越强，罐内温度就越容易升高，导致蒸发损耗量加大。

需要指出的是，在储罐使用过程中，涂料对太阳辐射吸收的能力常因空气氧化作用而增强，例如，铝粉涂料刚涂完时，吸收率约为 0.39，经过一段时间后，则可达到 0.6～0.7。

因此，建议：

① 储罐罐壁涂漆使用白色。

② 选用储罐涂料时，应注意选用不易由于化学变化而降低其反射太阳辐射性能的涂料。另外，储罐涂层应定期重刷，以保护罐体不被腐蚀，并保持良好的反射阳光的性能。

3.9.2　过程控制

真实蒸汽压是影响油品存储、调和剂使用过程中 VOCs 挥发损耗的主要决定性因素。而影响油品真实蒸汽压的关键因素是油品组分中烯烃和芳烃的含量。

在我国汽油质量标准中，烯烃和芳烃的含量和蒸汽压限值过高。我国国家标准规定的冬季为 85 kPa，比美国及美国加州标准分别高出 34 kPa（美国汽油质量标准油品蒸汽压的限值为 51.7 kPa）和 37 kPa（美国加州的标准限值为 48 kPa）。夏季最高蒸汽压限值为 65 kPa，比美国高 23 kPa，比美国加州高 17 kPa；2014 年我国实施的国汽油标准要求烯烃和芳烃含量不大于 60%（其中烯烃不大于 25%，芳烃不大于 40%），比欧 V 标准限值高 32%，比美国高 1 倍，比美国加州高 170%，差距十分显著。

烯烃和芳烃的含量和蒸汽压限值过高的主要原因与我国炼油加工工艺路线有关。我国生产汽油主要是以催化裂化工艺为主，催化裂化工艺大分子烃类在热作用下发生裂化和缩合，重质油在高温和催化剂的作用下发生裂化反应，转变为富含烯烃的轻质油。目前，我国汽油调和组分中催化裂化汽油的比例超过 70%，而欧洲汽油调和组分中催化裂化汽油约占 32%；美国汽油调和组分中催化裂化汽油约占 38%。相比较而言，欧美各国更加青睐催化重整、加氢裂化和加氢精制工艺。从上述三类装置的总比例来看，我国仅约有 20.1%，美国约有 73%，日本约有 87.74%，欧盟约有 60%。

催化重整工艺核心是汽油馏分中的烃类分子在有催化剂作用的条件下，对结构进行重新排序，进而得到高辛烷值汽油；加氢裂化工艺的实质是加氢和催化裂化过程的有机结合，在进行催化裂化反应时，同时伴随有烃类加氢反应，使烯烃饱和；而加氢精制反应是在氢压和催化剂存在下，脱除油品中的硫、氮等有害杂质，并使烯烃、二烯烃和芳烃加氢饱和，以改善油品的质量。

我国油品质量升级的核心可归结为降低油品烯芳烃以及硫的含量，需从工艺和装置层面实现 3 点变化：一是扩大催化重整、加氢裂化和加氢精制的比重，增加高辛烷值汽油组分；二是对催化汽油进行加氢，降低汽油硫含量；三是建设并完善汽油在线调和设施。

3.9.3　末端控制

末端控制是指在储罐（区）增设 VOCs 回收处理设施，并对控制效率和尾气中 VOCs 浓度提出限值要求。在《石油炼制工业污染物排放标准》的 5.3 节中规定末端回收设施的非甲烷总烃的控制效率需大于 95%。目前，我国石化行业有机液体储罐区 VOCs 末端治理技术应用最为广泛的是吸收法、吸附法、膜分离法和冷凝法。

（1）吸收法

吸收法是采用低挥发或不挥发液体为吸收剂，利用废气中各种组分在吸收剂中溶解度或化学反应特性的差异，使废气中的有害组分被吸收剂吸收，从而达到净化废气的目的。VOCs 的吸收通常为物理吸收，根据有机物相似相溶原理，常采用沸点较高、蒸汽压较低的柴油、煤油作为溶剂，使 VOCs 从气相转移到液相中，然后将吸收富液送入柴油加氢等后续工序或对吸收液进行解吸处理后循环使用。对一些水溶性较高的化合物，也可以使用水作为主要吸收剂，吸收液进行精馏以回收有机溶剂。吸收法典型工艺流程如图 3-8 所示。

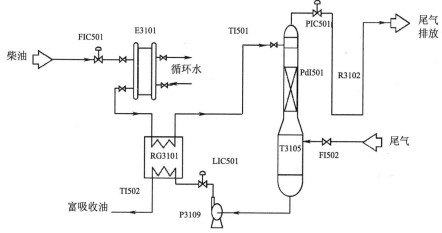

1. FIC501—贫柴油流控；2. E3101—柴油冷却器；3. RG3101—冷冻机组；4. LIC5101—吸收塔液控；5. TI502—富柴油温度计；6. P3109—富柴油吸收泵；7. T3105—吸收塔；8. TI501—贫柴油冷却后温度；9. PIC501—吸收塔顶压控；10. PDI501—填料段压力；11. FI502—罐区尾气流控手阀；12. R3102—净化尾气排放流量计

图 3-8　柴油吸收法典型工艺流程示意（吸收富液送后续工序）

吸收法处理 VOCs 效果的好坏取决于吸收剂的性能。吸收剂一般选取对目标 VOCs 溶解度大，选择性强，蒸汽压低，对设备无腐蚀，价格便宜，来源广泛，黏度低，无毒且化学稳定性好的吸收剂；气液接触面积大，阻力小，易操作，运行稳定等是影响吸收设备的主要考虑因素。常用的吸收设备是填料塔。此外，气液比、VOCs 初始浓度、运行温度、压降以及解吸性能也是影响吸收塔吸收效果的主要因素，使用时需权衡考虑。

吸收法的动力消耗主要包括液体泵的输送能耗及再生过程真空泵的减压能耗。吸收溶剂的损耗主要来自 VOCs 气体的携带损耗。

吸收液的工作性能与吸收液的有效浓度、吸收温度、吸收压力、吸收塔的操作气速、吸收剂的再生效果等因素有关。吸收法 VOCs 的去除率一般为 60%～95%。

采用吸收法回收气体中的 VOCs 时，应严格控制操作温度。若温度过高，会明显降低 VOCs 去除效果，还会增加吸收剂在气相中的携带损耗，产生二次污染。

吸收法一般用于处理中高浓度的 VOCs 污染物，具有成本及运行费用较低、操作简单、设计弹性大等优点，但存在的主要缺点是回收率较低、操作压降较高，不利于间歇操作，对吸收剂与吸收设备要求较高。

（2）吸附法

吸附法是利用某些具有吸附能力的物质如活性炭、分子筛、硅胶、多孔黏土矿石、高聚物吸附树脂等吸附剂，将气体中的 VOCs 进行有效的吸附，吸附饱和后的吸附剂通过减压/加热等方式再生后循环使用。吸附法典型的工艺流程如图 3-9 所示。

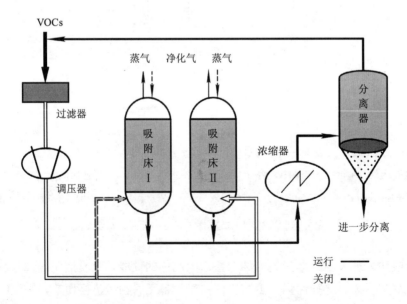

图 3-9 吸附法典型工艺流程（加热蒸汽再生）

根据吸附剂和吸附质之间的作用方式，吸附可分为物理吸附和化学吸附。物理吸附是可逆过程，该吸附现象的作用力主要是由吸附质分子与吸附剂表面间的范德华作用力构成；化学吸附则是指吸附质与吸附剂之间电子交换、转移或共有（形成共价键）的过程，且常不可逆。物理吸附和化学吸附的最本质区别是吸附力的性质，此外，两种吸附过程在选择性、活化能、吸附热、吸附层数、吸附温度、吸附速率等方面都有显著差异，由此作为判断吸附类型的重要依据。

根据采用的设备型式，吸附法又分为固定床吸附法、流动床吸附法和浓缩轮吸附法。目前应用最多、最成熟的方法是蜂窝轮浓缩法。蜂窝轮连续不断地将低浓度、大气量废气中的 VOCs 吸附，再用小风量的热风脱附得到高浓度的废气，这样在一个系统内就可以完成吸附和脱附操作，大大降低了设备投资，但存在投资后运行费用较高且有产生二次污染的缺陷。

根据吸附与解吸操作条件的变化，可以分为变压吸附（PSA）、变温吸附（TSA）以及变温变压吸附（TPSA）3 种。变压吸附是近 50 年发展起来的气体分离、净化与提纯技术，是恒温或无热源的吸附分离过程，利用吸附等温线斜率的变化和弯曲度的大小，改变系统压力，使吸附质吸附和脱附。按照操作方式的不同，变压吸附可以分为平衡分离型与速度分离型两类，分别根据气体在吸附剂上平衡吸附性能的差异和吸附剂对各组分吸附速率的差别来实现气体分离。该法可以实现循环操作，具有自动化程度高、投资少、能耗低、安全的优点。变温吸附利用组分在不同温度下吸附容量的差异来实现吸附和分离的循环，低温下被吸附的组分在高温下脱附，使吸附剂再生，冷却后的吸附剂再次于低温下吸附强吸附组分。

吸附法的能耗主要来源于再生过程的加热蒸汽或真空泵的减压过程。

吸附剂的工作性能与吸附物的浓度、吸附温度、吸附压力、吸附气速、吸附剂的再生效果等因素有关。吸附法 VOCs 的去除率一般为 80%～98%。

采用蒸汽加热再生过程时，将再生蒸汽冷凝后分为油水两相，水相中不可避免地携带一定量的 VOCs，处理不当会带来二次污染。

吸附法一般用于处理中低浓度的 VOCs 污染物，具有能耗低、工艺成熟、去除率高、净化彻底、易于推广等优点。活性炭固定床吸附变温再生技术适合我国现有的经济、技术水平，且回收纯度高。吸附剂的回收困难、运营成本高和容易产生二次污染是吸附法的主要弊端，一定程度上限制了其广泛使用。

（3）膜分离法

膜分离技术是采用对有机物具有选择性渗透的膜材料，在一定的压力下使

VOCs 渗透而达到分离的目的。当 VOCs 气体进入膜分离系统后，膜选择性地使 VOCs 气体通过而被富集，脱除了 VOCs 的气体留在未渗透侧；富集了 VOCs 的气体可去冷凝回收系统进行有机溶剂的回收。常用的处理废气中 VOCs 的膜分离工艺包括：蒸汽渗透（vapor permeation，VP）、气体膜分离（gas/vapor membrane Separation，GMS/VMP）和膜接触器（membrane contactor，MC）等。

该技术适用于处理较高浓度、较低气量 VOCs，目前主要应用在汽油装卸等环节。该技术主要的优点是技术先进、工艺相对简单，但不足之处是初期投资费用较高，膜材料的稳定性有待进一步提高。

采用膜分离工艺时，尽管 VOCs 去除率大于 95%，但绝对出口浓度比较高。如果将来排放限值降低，则需要采用多级串联吸附解决。另外，膜材料容易受到杂质影响中毒，且长期使用后易发生堵塞，需严格控制杂质含量及操作条件。

此外，压缩机工作时压力在 3.5 bar 左右，存在安全隐患，需要严格控制 VOCs 中氧气的含量及操作温度。

（4）冷凝法

冷凝法回收 VOCs 是利用冷凝装置产生低温来降低 VOCs 与空气混合气的温度。当混合气进入冷凝装置时，VOCs 中具有不同露点温度的组分会依次被冷凝成液态而分离出来。冷凝法处理工艺流程如图 3-10 所示。冷凝装置的冷凝温度一般按预冷、机械制冷、液氮制冷等步骤实现。预冷器运行温度在混合气各组分的凝固点以上，进入装置的混合气温度降到 4℃左右，大部分水汽凝结为水而除去，机械制冷可使大部分 VOCs 冷凝为液体回收，若需要更低的冷凝温度，可以在机械制冷后联结液氮制冷，这样可使 VOCs 回收率达到 99%左右。

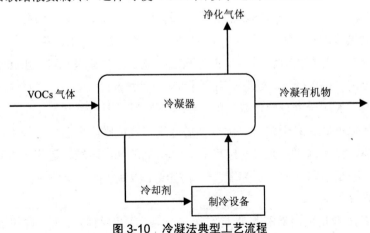

图 3-10 冷凝法典型工艺流程

冷凝法油气回收处理的技术优势，得益于近 30 年来制冷技术取得的长足进步，主要表现在：a）制冷压缩机提高了能效比，使得容积效率、压缩机排量、指示效率和可靠性等大幅提高；b）新型制冷剂的开发及应用提高了制冷系统的单位质量制冷量；c）新型换热技术开发及应用，有效地减小了制冷系统的单位体积和不可逆传热损耗；d）广泛应用计算机技术和智能化控制器件，冷凝法油气回收处理装置的自动化程度已达到相当高的水平，实现了操作的升级换代，使得制冷工艺参数得到精确控制与优化，提高了系统运行的稳定性和安全性。

3.9.4　小结

从控制 VOCs 排放的技术角度，基本可分为两种：一种是抑制 VOCs 挥发损耗进而减少其排放的预防性措施；另一种是以末端治理为主的控制性措施。这两种措施主要都是针对固定顶罐。

第一种方法是基于减少有机液体与气体直接接触的自由表面面积，降低烃分子逸入气相的机会，控制气体空间中烃分子的扩散，典型的技改措施为固定顶罐改造为浮顶罐；而对于末端控制，采取的是"任其自由挥发，而后回收治理"的管控思路。典型的技改措施是增设 VOCs 末端治理设施。但由于目前的生产技术水平所限，这种回收设施的收集效率非常低，回收的有价值资源极其有限，且会伴随二次污染（如废活性炭的处理）。而且增设末端治理设施的一次性投资费用为 1 000 万～2 000 万元/套，而罐型改造的费用为 30 万～40 万元/个，相比之下，后者较为廉价。总体来说，罐型改造和提升附件选型标准属于性价比较好的改造措施，浮顶罐的构造基本上消除了 VOCs 的挥发空间，既可以从源头上控制对大气环境的污染，又能够提高物料的收率和质量，增加经济效益，而且成本相对低廉。因此，该方法更为合理。

3.10　估算方法案例

3.10.1　储存损耗

<u>**案例一：柴油固定顶罐 VOCs 损耗试算**</u>

某市一座炼油厂的柴油成品立式固定顶罐，其储存容积为 5 000 m^3，罐体高

度为 16 m，年平均储存高度约为 9 m，罐壁和罐顶的涂漆颜色为白色，呼吸阀设定压力为−295～980 Pa，2014 年该罐的年周转量为 $10×10^4$ t，未设油气回收设施。试计算该储罐 2014 年 VOCs 损耗量。

解：第一步：梳理基础数据

① 气象数据

查阅资料可知 2014 年该市的年平均温度约为 20℃，大气压为 1atm，太阳辐射强度为 1 016.1 Btu/（ft^2·d）。

② 有机液体理化数据

通过实测和查阅资料可得：

A. 柴油成品的雷德蒸汽压约为 2.81 kPa，通过计算得出液体表面温度约为 25 ℃，该柴油在 25 ℃ 时的真实蒸汽压约为 1.5 kPa，油气摩尔质量为 130.75 g/g-mol；

B. 液体密度为 0.84 t/m^3。

③ 构造数据

容积：5 000 m^3；直径：21 m；罐体高度：16 m；年平均储存高度：9 m；罐体涂漆颜色：白色；呼吸阀设定压力：−295～980 Pa。

④ 周转数据

2014 年该罐的年周转量：$10×10^4$ t。

第二步：计算损耗因子

结合案例提供的相关信息和数据，代入相应的公式，计算出固定顶罐静置损耗和工作损耗公式中的各损耗因子。

① 静置损耗

A. 气相空间膨胀因子

通过输入当地大气压、环境温度、太阳能辐射强度、罐壁涂料颜色和呼吸阀设定压力等参数，计算出气相空间膨胀因子为 0.066。

B. 气相空间高度

通过输入罐体高度、平均储存高度、罐穹顶半径和罐体半径等参数，计算出气相空间高度为 8.9 m。

C. 气相空间饱和因子

通过输入气相空间高度和真实蒸汽压等参数，计算出气相空间饱和因子约为 0.75。

D. 气相密度

通过输入真实蒸汽压、气相摩尔质量和液体表面温度等参数，计算出气相密度为 78.5 g/m^3。

将以上计算得出的数据代入公式：$L_S = 365K_E\left(\dfrac{\pi}{4}D^2\right)H_{VO}K_SW_V$，即得出该柴油罐 2014 年的静置损耗约为 4.44 t。

② 工作损耗

A. 工作损耗周转因子

通过输入周转量，计算出该储罐年周转次数约为 28.4 次，小于 36，故工作损耗周转因子取值 1。

B. 呼吸阀工作状态因子

通过输入大气压、真实蒸汽压、工作损耗周转因子、呼吸阀设定压力等参数，计算出呼吸阀工作状态因子约为 0.99。

将以上计算得出的数据代入公式：

$$L_W = \frac{5.614}{RT_{LA}}M_VP_{VA}QK_NK_PK_B$$

即得出该柴油罐 2014 年的工作损耗约为 9.47 t。

2014 年该储罐的总损耗 = 静置损耗+工作损耗 = 13.9 t。

案例二：汽油内浮顶罐 VOCs 损耗试算

某市一座炼油厂的汽油成品内浮顶罐，2014 年该罐的年周转量为 10×10^4 t，其储存容积为 5 000 m^3，边缘密封为管式充液式密封，浮盘类型为铆接浮筒式，人孔数量 2 个，计量井 1 个，采样井 1 个，浮盘支腿 90 个，边缘通气孔 8 个，真空阀 2 个，未设油气回收设施。试计算该储罐 2014 年 VOCs 损耗量。

解：第一步：梳理基础数据

① 气象数据

查阅资料可知 2014 年该市的年平均温度约为 20℃，大气压为 1 atm，太阳辐射强度为 1 016.1 Btu/（ft^2·d）。

② 有机液体理化数据

通过实测和查阅资料可得：

A. 汽油成品的雷德蒸汽压约为 65 kPa，通过计算得出液体表面温度约为

25℃，该汽油在 25℃时的真实蒸汽压约为 44 kPa，油气摩尔质量为 68.75 g/mol；

B. 液体密度为 0.84 t/m³。

③ 构造数据

容积：5 000 m³；直径：21 m；边缘密封：管式充液式密封；浮盘类型：铆接浮筒式；人孔数量：2 个；计量井：1 个；采样井：1 个；浮盘支腿：90 个；边缘通气孔：8 个；真空阀：2 个。

④ 周转数据

2014 年该罐的年周转量：10×10⁴ t/a。

第二步：计算各附件损耗

结合案例提供的相关信息和数据，代入相应的公式，计算出内浮顶罐的边缘密封损耗、挂壁损耗、浮盘附件损耗和盘缝损耗。

① 边缘密封损耗

通过输入当地大气压、汽油在 25℃时的真实蒸汽压等参数，计算出蒸汽压函数为 0.14；再将半径、油气分子量、密封类型、产品代入公式，结合 AP-42 源强手册提供的密封损耗系数和油品因子系数，计算得出边缘密封损耗量为 2.05 t。

② 挂壁损耗

通过输入年周转量、容积、液体密度等参数，结合 AP-42 源强手册提供的油垢因子系数，计算得出挂壁损耗量为 9.69 t。

③ 浮盘附件损耗

通过输入各类附件的数量（人孔数量：2 个；计量井：1 个；采样井：1 个；浮盘支腿：90 个；边缘通气孔：8 个；真空阀：2 个；楼梯井：1 个），结合 AP-42 源强手册提供的浮盘附件损耗系数，计算得出挂壁损耗量为 1.71 t。

④ 浮盘盘缝损耗

通过输入浮盘的类型，结合 AP-42 源强手册提供的浮盘盘缝损耗系数，计算得出盘缝损耗量为 14.16 t。

2014 年该储罐的总损耗 = 边缘密封损耗+挂壁损耗+浮盘附件损耗+盘缝损耗 = 27.29 t。

3.10.2　闪蒸损耗

案例三：常减压闪蒸损耗计算

一套常减压装置的原油处理能力是 730 m³/h，密度为 0.78 t/m³，原油从闪蒸罐（操作压力：197.2 kPa；操作温度：45℃）输送至常压罐存储时会出现闪蒸损耗。常压罐的存储温度为 26.6℃。储罐排放的甲烷含量和各组分的比重均未知，求该过程的闪蒸损耗（注：未接入回收设施）。

解：

$$\mathrm{GOR}=G_{闪蒸气}\times\left\{\left[\left(P/519.7\times10^{\mathrm{yg}}\right)^{1.204}\right]_{闪蒸罐}-\left[\left(P/519.7\times10^{\mathrm{yg}}\right)^{1.204}\right]_{储罐}\right\}$$

已知闪蒸罐的操作压力：197.2 kPa；操作温度：45℃；常压储罐的操作温度：26℃。

步骤一：计算闪蒸罐和常压罐的绝对压力

$$P_{闪蒸罐(绝对)}=197.2+101.325=298.5\ \mathrm{kPa}$$

$$P_{常压储罐(绝对)}=101.325\ \mathrm{kPa}$$

步骤二：计算参数 yg

闪蒸罐和常压罐分别计算参数"yg"，需使用的相关参数如下：闪蒸罐绝对压力：298.5 kPa，常压罐绝对压力：101.325 kPa。

$$\mathrm{yg}_{闪蒸罐}=1.225+0.001\,64\times298.5-\frac{1.769}{0.785}=-0.52$$

$$\mathrm{yg}_{闪蒸罐}=1.225+0.001\,64\times101.325-\frac{1.769}{0.785}=-0.55$$

步骤三：计算气-油比

$$\mathrm{GOR}=0.90\times\left\{\left[\left(\frac{298.5}{519.7}\times10-0.52\right)\times1.204\right]_{闪蒸罐}-\left[\left(\frac{101.3}{519.7}\times10-0.55\right)\times1.204\right]_{常压罐}\right\}$$

$$=0.768\ \mathrm{m^3gas/m^3oil}$$

步骤四：计算闪蒸量

闪蒸气含有甲烷等轻烃组分，但组分未知。闪蒸量的计算以甲烷计。

$$E_{闪蒸气}=\frac{GOR \times C_{处理量} \times t \times 27.4\% \times 16}{23.685 \times 1\,000}=\frac{0.768 \times 730 \times 8\,760 \times 27.4\% \times 16}{23.685 \times 1\,000}=909\,t$$

3.10.3 泄压损耗

案例四：某压力容器泄压损耗量计算

已知一台压力容器的体积为 3.78 m^3，内装有 1.89 m^3 的丙酮，溶剂温度为 26.7℃。如果容器压力从 2 570 mmHg 降至 760 mmHg 计算泄压操作过程的排放量。

解：

已知：$T=26.7℃ = 299.85\,K$

$P_1 = 2\,570\,mmHg = 342\,638\,Pa$（初始压力）

$P_2 = 760\,mmHg = 101\,325\,Pa$（终端压力）

$V_1 = 1.89\,m^3$（气体空间体积）

步骤一：确定 26.7℃时丙酮的饱和蒸汽压。

通过查阅安托因常数，可知丙酮的安托因常数：A 为 7.024 47，B 为 1 161，C 为 224，代入安托因方程可得丙酮在 26.7℃时的饱和蒸汽压为：

$$P = 10^{A-\left(\frac{B}{T+C}\right)} = 247.11\,mmHg = 32\,945\,Pa$$

步骤二：计算气相体积。

根据波义耳-马略特定律（简称波-马定律）。对于一定质量的、温度不变的理想气体，其压强与体积的乘积（即 PV）的值为常量。即公式：$P_1V_1=P_2V_2$。根据该公式计算出泄压后的气相体积为：

$$V_2 = \frac{P_1 V_1}{P_2} = \frac{1.893 \times 342\,638}{101\,325} = 6.4\,m^3$$

步骤三：计算排放量。

将 26.7℃时丙酮的饱和蒸汽压和泄压后的气相体积代入公式：

$$E_{泄压} = \frac{P_i(V_2 - V_1) \times M}{R \times T \times 1\,000} = \frac{32\,945 \times (6.4 - 1.893) \times 58.08}{8.314 \times 299.85 \times 1\,000} = 3.49\,kg$$

3.10.4 附件泄漏损耗

案例五：固定顶罐附件泄漏损耗计算

一座 5 000 m³ 的立式渣油固定顶罐，存储温度为 150℃，位号为 M1，其通用附件主要包括呼吸阀、液压安全阀、罐顶人孔、罐底人孔、透光孔和量油孔。检测人员使用便携式 FID 检测仪对上述附件的法兰密封处进行检测，检测值分别为 5 000 μl/L、2 700 μl/L、3 000 μl/L、3 000 μl/L、10 000 μl/L 和 50 000 μl/L。试计算该储罐附件的年度泄漏量。

解：

步骤一：确定法兰密封泄漏量计算的相关系数

通过查阅石油炼制和石油化工设备组件的设备泄漏率的相关资料可知，当净检测值小于 50 000 μl/L 时，法兰密封泄漏率可用相关方程 $4.61 \times 10^{-6} \times SV^{0.703}$ 计算；净检测值大于 50 000 μl/L 时，法兰密封泄漏率默认为 0.084 kg/h。

步骤二：将相关系数代入公式计算

$$E = \frac{(4.61 \times 10^{-6} \times SV^{0.703}) \times 8\,760}{1\,000}$$

$$= \frac{\left[4.61 \times 10^{-6} \times (5\,000^{0.703} + 2\,700^{0.703} + 3\,000^{0.703} + 3\,000^{0.703} + 10\,000^{0.703}) + 0.084 \right] \times 8\,760}{1\,000}$$

$$= 0.8 \text{ t/a}$$

4　有机液体装卸挥发损失

4.1　概述

　　石化企业汽油、柴油、石脑油、苯等有机液体在车、船装卸作业过程中，当汽车、火车和轮船（包括轮船和驳船）内的蒸气被置换时，会排放挥发性有机物，这也是石化行业主要的 VOCs 污染源之一。装载操作过程 VOCs 的排放量与物料性质、环境温度、物料周转量、装载系统、装载形式、转载方式、罐车情况以及是否设有油气回收系统有关。物料装载过程排放的 VOCs 可能含有前次装载运输的物料组分和正在装载的物料组分。

　　进行装载排放估算时，可采用多种估算方法，包括实测法、公式法和排放系数法。估算需要的参数有：年装载量、装载物料的成分组成、各组分的蒸汽压、装载方式、装载容器的类型、收集和控制系统的效率等。根据企业的实际监测及系数收集情况，选取适当的方法进行核算。

4.2　装卸系统简介

　　石化行业装卸系统主要包括：汽车装卸系统、火车装卸系统、船舶装卸系统以及桶装作业系统。各装卸系统又包含输送系统、真空系统、放空系统、加热系统、洗车系统、油气回收系统等子系统。输送系统的作用在于输送罐车和储罐内的物料；真空系统的作用在于填充鹤管的虹吸和收净罐车车底油；放空系统作用在于装卸完成后，将管线内的物料放空，以免下次输送物料时造成混油损耗或者易凝结物料在管道内凝结；洗车系统主要作用于装载物料前，对罐车进行清洗，以避免混油从而保证装载物料清洁；油气回收系统用于回收及处理物料装载过程中挥发的物料。

4.2.1　汽车装卸

汽车装卸为石化企业主要的装卸方式之一，常见的汽车装卸系统包含的设备为装卸过程所涉及的所有罐车、管道、泵、塔、罐等，包括汽车罐车、装卸鹤管、输送管、输送泵、真空泵、放空罐、加热器及油气回收装置等设备，所有设备设施应符合我国现行的《石油库设计规范》要求。汽车装卸主要设备清单见表 4-1。

表 4-1　汽车装卸系统主要设备清单

系统	设备	备注
汽车罐车	各种类型的汽车罐车	
输送系统	装卸鹤管	用于将油品由储罐输送至罐车
	收集管	
	输送管	
	输送泵	
真空系统	真空泵	
	真空罐	
	真空管线	
放空系统	放空罐	
	放空管线	
加热系统	加热盘管	
	蒸汽甩头	
清洗系统	洗槽站台加热器	介质为蒸汽、空气及蒸发物料
	洗槽站台风机	
	洗槽站台污染物料储罐	介质为被污染的物料
油气回收系统	油气回收装置吸收塔	
	油气回收装置吸附塔	
	油气回收循环罐	
	油气回收活性炭罐	
	油气回收反油罐	
	油气回收装置循环泵	
	油气回收装置返输泵	
	油气回收装置真空泵	

典型企业汽车装卸站台如图 4-1 所示。

图 4-1 典型汽车装卸站台

　　储罐内油品经输送泵、输送管等输送系统送至装卸站台，经站台装卸鹤管输送至罐车，装卸结束时，放空系统将管线内的油品经放空管送至放空罐内储存。对于设有油气回收系统的轻质油品装卸过程，挥发的油气经油气回收系统收集处理，装卸过程的工艺流程见图 4-2。

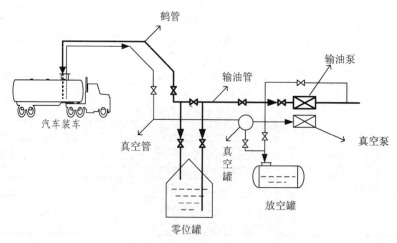

图 4-2 汽车装卸系统工艺流程

从装卸工艺过程的全过程出发，主要 VOCs 排放节点包括：管线、设备的动静密封点排放，各物料储罐的排放，油品装载过程的排放，罐车清洗过程的排放以及设置油气回收设施时油气回收设施的排放等。

其中加热系统为伴热输送的，加热系统可不考虑 VOCs 排放；输送系统、放空系统的动静密封点损失纳入第 2 章设备动静密封点污染源泄漏章节；装卸系统内所有储罐 VOCs 排放纳入第 3 章有机液体储存与调和挥发损失；罐车清洗过程排放中随清洗废水排放的 VOCs 纳入第 5 章废水集输、储存、处理处置过程逸散；物料装卸过程所置换出的 VOCs、油气回收系统排放的 VOCs 为汽车装卸过程主要的 VOCs 排放节点。

4.2.2 火车装卸

火车装卸系统包含的子系统同汽车装卸系统，同时还包含小爬车牵引系统。主要的装卸设备与汽车装卸系统类似，除各种管线、泵、塔、罐等，还包括铁路罐车、小爬车、牵引臂等。

铁路装卸系统流程可参考汽车装卸系统工艺流程图（图 4-2）。其中装卸系统中的洗车系统见图 4-3、图 4-4，火车装卸站台见图 4-5。

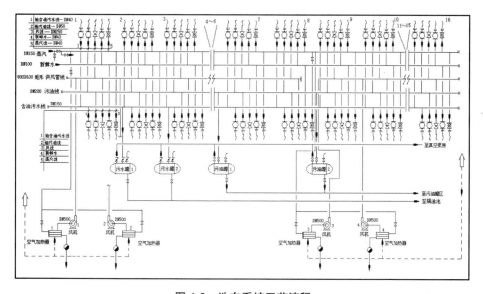

图 4-3 洗车系统工艺流程

图 4-4　某企业火车装卸洗车站台

图 4-5　某企业火车装卸站台

铁路装卸系统中，VOCs 排放节点与汽车装卸系统基本相同，所特有的小爬车牵引系统不与物料接触，可不考虑 VOCs 排放。

4.2.3　船舶装卸

船舶装卸系统设置与汽车装卸系统类似，同时部分船舶装卸系统还包含气相平衡系统。船舶装卸系统涉及的船舶示意图见图 4-6。船舶装卸系统工艺流程见图 4-7。

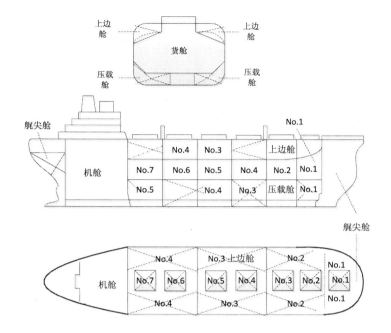

图 4-6 装载物料的船舶示意

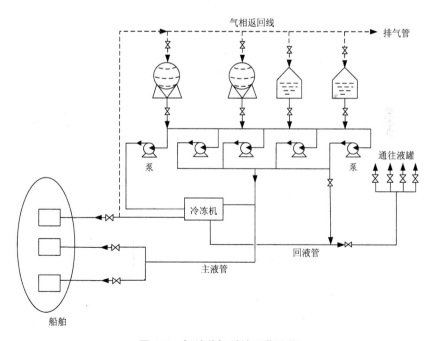

图 4-7 船舶装卸系统工艺流程

船舶装卸系统中，VOCs 排放节点与汽车装卸系统基本相同，其气相平衡系统中动静密封点的 VOCs 排放纳入第 2 章设备动静密封点泄漏章节。

4.2.4 加油站

炼油厂原油经石油炼制过程，获得的最终成品油运送至成品油配送站或化工厂，燃料油通过罐车从配送站配送至加油站、用户及地方仓库，最终会进入机动车的油箱。加油站是销售终端最重要的单位之一。

加油站的基本组成包括：油品储存设施（储油罐、储油槽等）、输油管线、加油机、加油枪、油气回收管线等。油品储存设施（储油罐、储油槽等）用于储存槽车运送至加油站的油品，目前大部分加油站的储油罐为地埋式，占地面积小且安全性高。加油机是直接为机动车加油的输油计量设备，是由油泵、油气分离器、计量器、计数器等四部分组成；加油枪是加油油路系统的终端设备，目前加油枪多为自封式加油枪。

加油站的基本加油流程为：油罐车将油品卸油至储油罐，储油罐内油品经输油管线送至加油机，经计量后至输油终端加油枪，最后进入机动车油箱作为机动车燃料。从油罐车卸油至加油枪向机动车加油的总流程简图见图 4-8。

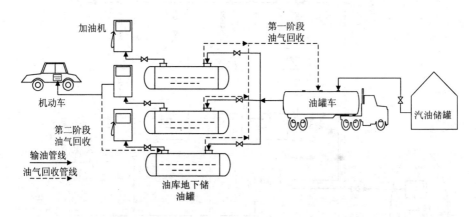

图 4-8　加油站示意

油品加油站储存燃料油的挥发性相对较大，在油罐车卸油、储油罐储存油品、加油枪向机动车加油的过程，存在油品的蒸发损耗。加油站 VOCs 排放节点包括：油罐车向加油站储油罐卸油过程中，储油罐内被置换出的物料 VOCs 排放；储油罐向机动车加油的过程中，从机动车内物料被置换所排放的 VOCs；储油罐储存油品的 VOCs 静置排放等。

储油罐 VOCs 排放量按第 3 章有机液体储存与调和挥发损失的核算方法进行核算，储油罐向机动车加油的过程中，从机动车内物料被置换所排放的 VOCs 量按装卸污染源排放量核算方法进行核算；加油站设置油气回收设施时，应考虑油气回收设施处理的 VOCs 量。

4.2.5 油气回收

（1）石化企业油气回收

油气回收是在装卸油品和给车辆加油的过程中，将挥发的油气收集起来，通过吸收、吸附或冷凝等工艺中的一种或两种方法对油气进行吸收、处理，从而减少油气的损失，减轻对大气环境的污染。

典型石化企业油气回收设施流程见图 4-9 和图 4-10。

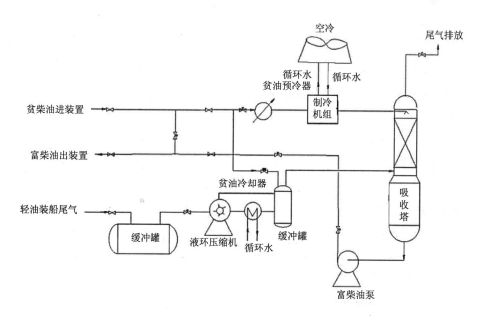

图 4-9 装载汽油时油气回收设施流程

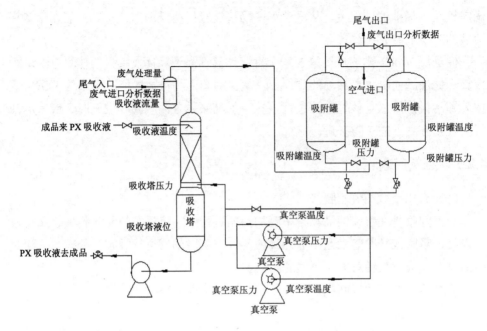

图 4-10　装载对二甲苯（PX）时油气回收设施流程

图 4-9 装载汽油时的油气回收工艺为：低温贫柴油吸收；图 4-10 装载对二甲苯时采用的油气回收工艺为：活性炭吸附解析及成品 PX 吸收。

（2）加油站油气回收

加油站油气回收系统一般包括两个阶段：第一阶段油气回收系统和第二阶段油气回收系统。

当油罐车向加油站储油罐卸油时，卸入的油品将油罐内的油气置换，对置换出的油气进行回收到油罐车的过程一般被称为一次油气回收；当加油枪向机动车加油时，加入的油品将机动车油箱内的油气置换，对置换出的油气进行回收到储油罐的过程一般被称为二次油气回收。加油站一次油气回收和二次油气回收见图 4-8 中的虚线部分所示。

4.3　排查工作流程

挥发性有机液体装卸排查工作流程包括资料收集、源项解析、合规性检查、统计核算、格式上报五部分，具体工作流程见图 4-11。

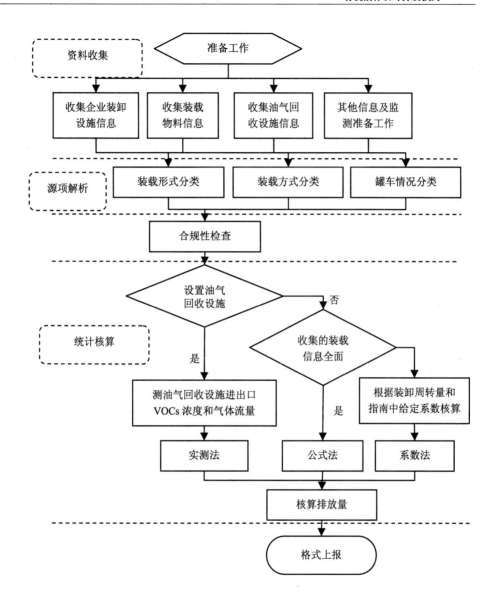

图 4-11 装卸过程 VOCs 污染源排查工作流程

4.4 源项解析

4.4.1 装载形式

目前,挥发性有机液体装载形式主要分为汽车装载、火车装载和船舶装载,船舶装载与汽车和火车装载不同,其 VOCs 排放量核算公式及相关系数的取值不同。

4.4.2 装载方式

按照装载方式进行分类,分为喷溅式装载、液下装载和底部装载,如图 4-12 至图 4-14 所示,需采用不同的饱和因子和排放因子。

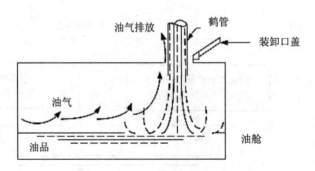

图 4-12 喷溅式装载

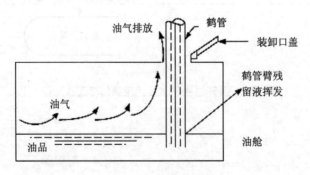

图 4-13 液下装载

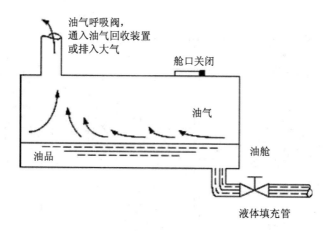

图 4-14　底部装载

　　不同的装载方式，选取的饱和因子和排放因子不同。例如，相对于液下装载和底部装载，喷溅式装载 VOCs 损失量更大，不仅包含挥发损失，还包含喷溅液滴损失，导致排放因子较大。

4.4.3　罐车情况

　　对罐车形式进行分类，分为新罐车或清洗后的罐车、正常工况（普通）的罐车(其他形式的罐车)，罐车形式不同核算时采用不同的饱和因子和排放因子不同。这是因为物料装载过程被置换的蒸气包含本次装载物料组分，也可能同时包含前次装载运输的物料组分。例如，对于公路和铁路运输，通过底部或液下装载时，对新罐车或清洗后的罐车而言，装载前罐车内无挥发油气，装载过程置换的蒸气为本次装载物料组分，不包含上次装载物料；对未清洗的罐车，装载前罐车内已有部分挥发油气（甚至已达到气液相平衡状态），装载过程置换的蒸气既包含上次装载的物料组分，又包含本次装载物料组分。

4.4.4　油气回收设施

　　石化企业油气回收设施包括油气收集系统和油气处理系统。油气收集系统指罐车内挥发的物料经气相回收管线进行收集的系统；油气处理系统指对收集系统收集的挥发物料进行处理的系统，主要包括热焚烧炉、吸附系统、吸收系统、火炬等。收集系统、处理系统如图 4-15 所示。

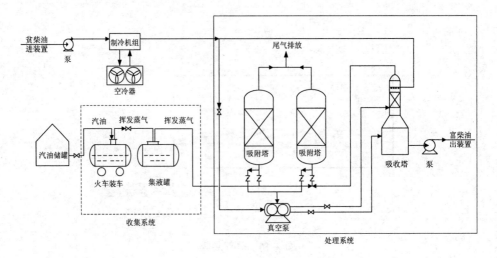

图 4-15 油气回收设施各系统示意

对于油气收集系统，核算 VOCs 的排放量时需考虑收集效率，收集效率的大小取决于管线与罐车接口的密封形式、气相收集管线的管径及密封性、真空系统的真空度等。管线与罐车接口的密封形式包括密封式快速接头、平衡式密封罩、橡胶密封帽等，其中密封式快速接头的密闭性最好，建议企业采用密闭式快速接头以便提高油气收集系统的收集效率。收集效率为进入油气处理系统的 VOCs 量与 VOCs 理论挥发量的比值。

对于油气处理系统，核算 VOCs 的排放量时需考虑处理效率，处理效率主要取决于处理系统所采用的处理工艺，本着资源化优先的原则，建议企业首先考虑对收集的挥发物料采用吸收或吸附法进行回收再利用，无法回收时考虑采用焚烧等处理方法处理。处理效率为经油气处理系统去除的 VOCs 量与进入油气处理系统 VOCs 量的比值。

对油气回收设施而言，存在设施故障或维修无法正常运行的情形，核算 VOCs 的排放量时还需考虑油气回收设施投用率，即油气回收设施每年正常运行时间与伴随油气装载过程理论运行时间的比值。因此，核算设置油气回收设施的装载过程 VOCs 的损耗量时需综合考虑油气收集系统的收集效率、油气处理系统的处理效率以及油气回收设施的投用率，即油气回收设施总控制效率。

4.5 现场检查

4.5.1 资料收集

挥发性有机液体装卸 VOCs 污染源排查收集的技术资料主要包括企业装卸设施、装载物料、油气回收设施等相关信息。

（1）企业装卸设施基本信息

排查过程需填写企业装卸设施基本信息情况。

（2）实测法收集资料

对于装卸过程设置油气回收设施并有监测资料或可以进行实际监测时，推荐使用实测法进行核算。

（3）公式法收集资料

对于未设置油气回收设施的装载过程，按照核算方法的优先顺序，推荐使用公式法进行核算。

（4）系数法收集资料

对于企业收集的相关资料不全，无法采用实测法或公式法进行核算时，使用系数法进行核算。

4.5.2 合规性检查

挥发性有机液体装卸 VOCs 污染源排查过程的合规性检查是指企业的污染源管控与国家、地方环保法规、标准是否一致。

4.5.3 现场监测

对于设置油气回收设施的装卸设施，企业在进行实际监测时，需要监测的内容包括：油气回收设施进口、出口 VOCs 浓度，油气回收设施进口、出口气体流量，装载物料温度等必测内容；罐车装载前罐内 VOCs 浓度、实际装载温度、装载物料的真实蒸汽压、装载物料气相分子量、装载物料密度等选测内容。监测方法可参考储存调和章节中现场监测的相关方法。

4.5.4 统计核算

有机液体装卸过程中 VOCs 无组织排放的定量估算方法包括实测法、公式法和系数法。

（1）实测法

根据实际收集或监测数据进行核算，核算原理基于物料平衡，即物料装载过程 VOCs 挥发量为理论挥发量与实际回收量/处理量的差值。

实际监测数据的监测频率满足一周监测一次，取所有有效监测数据的平均值进行核算。

（2）公式法

采用美国环保局（EPA）发布的污染物排放因子文件（AP-42）中的公式法估算。

（3）系数法

若公式法计算缺少必要参数时，装载损耗排放因子采用给定的排放系数进行 VOCs 排放量的估算，核算排放量时，将选用相关标准的上限值和理论计算值估算 VOCs 的排放量，此种算法可能会高估排放量结果。

4.6 推荐估算方法

4.6.1 实测法

根据实际收集或监测数据进行核算，核算原理基于物料平衡，综合考虑装载过程物料挥发量、油气回收设施收集、处理到排放的全过程 VOCs 损耗，损耗量计算结果为装载过程物料挥发量（暂认定为理论挥发量）与实际回收量/处理量的差值。即：

$$E_{装卸} = Q_0 - Q_1 - Q_2 \tag{4-1}$$

装载过程理论挥发量计算原理基于理想气体状态方程，将装载过程挥发物料看做理想气体，认为装载过程罐车内气相、液相达到气液平衡，计算饱和气体浓度，装载过程置换蒸气体积为装载物料体积，装载过程理论挥发量计算公式为：

$$Q_0 = V \times C_0 \times 10^{-3} \qquad (4\text{-}2)$$

$$C_0 = 1.20 \times 10^{-4} \times \frac{P_T M}{T} \qquad (4\text{-}3)$$

本书中未考虑装载罐车情况对理论挥发量的影响，今后，通过掌握罐车装载前罐内 VOCs 浓度与理论挥发量的大量基础资料及两者关系的基础上，可对其进行进一步修正。

根据油气处理系统进出口浓度、气量的实际监测结果，以及油气回收设施的投用时间，进入油气处理系统物料量及油气处理系统排放物料量核算公式如下：

$$Q_1 = V_1 \times C_1 \times t_{投用} \times 10^{-9} \qquad (4\text{-}4)$$

$$Q_2 = V_2 \times C_2 \times t_{投用} \times 10^{-9} \qquad (4\text{-}5)$$

式中：$E_{装卸}$ —— 装载过程 VOCs 排放量，t/a；

$\quad Q_0$ —— 装载物料的 VOCs 理论挥发量，t/a；

$\quad Q_1$ —— 进入油气处理系统的 VOCs 量，t/a；

$\quad Q_2$ —— 从油气处理系统出口排入大气的 VOCs 量，t/a；

$\quad C_0$ —— 装载罐车气相、液相处于平衡状态，将挥发物料看做理想气体下的物料密度，kg/m³；

$\quad C_1$ —— 油气处理系统进口 VOCs 浓度，mg/m³；

$\quad C_2$ —— 油气处理系统出口 VOCs 浓度，mg/m³；

$\quad V$ —— 物料年周转量，m³/a；

$\quad V_1$ —— 油气处理系统进口气体流量，m³/h，如果不进行监测，可认为入口流量等于出口流量；

$\quad V_2$ —— 油气处理系统出口气体流量，m³/h；

$\quad t_{投用}$ —— 油气回收设施实际年投用时间，h；

$\quad T$ —— 实际装载温度，℃；

$\quad P_T$ —— 温度 T 时装载物料的真实蒸汽压，Pa；

$\quad M$ —— 油气的摩尔质量，g/mol；

$\quad 1.2 \times 10^{-4}$ —— 单位转换系数。

若无法监测油气处理系统进口、出口浓度时，对于挥发油气进行回收再利用的回收设施，可以采用收集的物料量表示经油气处理系统处理掉的物料量（即 $Q_1 - Q_2$）。

4.6.2 公式法

采用美国环保局（EPA）发布的污染物排放因子文件（AP-42）中的公式法估算：

$$E_{装卸} = \frac{L_L \times V}{1\,000} \times (1 - \eta_{总}) \tag{4-6}$$

$$\eta_{总} = \eta_{收集} \times \eta_{处理} \times \eta_{投用} \tag{4-7}$$

$$\eta_{收集} = Q_1 \div Q_0 \tag{4-8}$$

$$\eta_{处理} = (Q_1 - Q_2) \div Q_1 \tag{4-9}$$

$$\eta_{投用} = t_{投用} \div t_{理论} \tag{4-10}$$

式中：L_L —— 装载损耗排放因子，kg/m^3；

$\eta_{总}$ —— 总控制效率，%；

$\eta_{收集}$ —— 收集效率，%；

$\eta_{处理}$ —— 处理效率，%；

$\eta_{投用}$ —— 投用效率，%；

$t_{投用}$ —— 油气回收设施实际年投用时间，h；

$t_{理论}$ —— 伴随油气装载过程理论运行时间，h。

当装卸系统未设蒸气平衡/处理系统时，则总控制效率 $\eta_{总}$ 取 0。当真空装载（保持真空度小于 -0.37 kPa），或罐车与油气收集系统法兰连接、硬管螺栓连接时，则总控制效率 $\eta_{总}$ 取 100%。

① 公路、铁路装载过程损耗排放因子

$$L_L = C_0 \times S \tag{4-11}$$

式中：S —— 饱和因子，代表排出的挥发物料接近饱和的程度，饱和因子的选取见表 4-2；

C_0 —— 装载罐车气相、液相处于平衡状态，将挥发物料看做理想气体下的物料密度，kg/m^3，见公式（4-3）。

表 4-2　公路、铁路装载损耗计算中饱和因子

操作方式		饱和因子 S
底部/液下装载	新罐车或清洗后的罐车	0.5
	正常工况（普通）的罐车	1.0
喷溅式装载	新罐车或清洗后的罐车	1.45
	正常工况（普通）的罐车	1.0

② 船舶装载过程损耗排放因子

A. 船舶运输原油时：

$$L_L = L_A + L_G \tag{4-12}$$

式中：L_A——已有排放因子，指装载前空舱中已有的蒸气在装载损耗中的贡献；

L_G——生成排放因子，指在装载过程中气化的部分。

已有排放因子 L_A 的值随货舱条件不同而不同，见表 4-3。

表 4-3　装载原油时的已有排放因子 L_A

船舱情况	上次装载	已有排放因子 L_A/（kg/m³）
未清洗	挥发性物质 [a]	0.103
装有压舱物	挥发性物质	0.055
清洗后/无油品蒸气	挥发性物质	0.040
任何状态	不挥发物质	0.040

注：a 挥发性物质是指真实蒸汽压大于 10 kPa 的油品。

生成排放因子 L_G 值可用以下经验公式来进行计算：

$$L_G = 0.102 \times (0.064P - 0.42) \frac{M \times G}{273.15 + T} \tag{4-13}$$

式中：L_G——生成排放因子，kg/m³；

P——温度 T 时装载原油的饱和蒸汽压，kPa；

M——蒸气的摩尔质量，g/mol；

G——蒸气增长因子 1.02，量纲一；

T——装载时蒸气温度，℃；

0.102——单位转换系数。

B. 船舶运输汽油时：

装载损耗排放因子 L_L 的取值见表 4-4。

表 4-4　船舶装载汽油时损耗排放因子 L_L

舱体情况	上次装载物	油轮/远洋驳船 [a]/ (kg/m³)	驳船 [b]/ (kg/m³)
未清洗	挥发性	0.315	0.465
装有压舱物	挥发性	0.205	驳船不压舱
清洗后	挥发性	0.180	无数据
无油品蒸气 [c]	挥发性	0.085	无数据
任何状态	不挥发	0.085	无数据
无油品蒸气	任何货物	无数据	0.245
典型总体状况 [d]	任何货物	0.215	0.410

注：a 远洋驳船（船舱深度 12.2 m）表现出排放水平与油轮相似。
　　b 驳船（船舱深度 3.0～3.7 m）表现出更高的排放水平。
　　c 指从未装载挥发性液体，舱体内部没有 VOCs 蒸气。
　　d 基于测试船只有 41% 的船舱未清洁、11% 的船舱进行了压舱、24% 的船舱进行了清洁、24% 为无蒸气。
驳船中 76% 为未清洁。

C. 船舶运输汽油和原油以外的产品时：

装载损耗排放因子 L_L 可利用公路、铁路装载石油制品过程的计算公式进行估算，表 4-5 给出了水运汽油和原油以外油品饱和因子 S 的数值。

表 4-5　船舶装载汽油和原油以外的油品时饱和因子 S

交通工具	操作方式	饱和因子 S
水运	轮船液下装载（国际）	0.2
	驳船液下装载（国内）	0.5

4.6.3　系数法

若公式计算缺少必要参数，则装载损耗排放因子采用给定的排放系数进行 VOCs 排放量的估算。

① 公路及铁路装载

综合考虑我国油品性质，主要包括油品蒸汽压、油品密度、油气分子量的差别，基于物料平衡和理想气体状态方程，本书对排放系数进行了本土化核算，其相关影响参数油品蒸汽压、油品密度、油气分子量等选取物料质量标准、设计文件及企业上报数据中的最大值进行核算。表 4-6 给出了典型的公路及铁路装载特定情况下装载损耗排放因子取值。

表 4-6　铁路和公路装载损耗排放因子　　　　　　单位：kg/m³

装载物料	底部/液下装载		喷溅装载	
	新罐车或清洗后的罐车	正常工况（普通）的罐车	新罐车或清洗后的罐车	正常工况（普通）的罐车
汽油	0.812	1.624	2.355	1.624
煤油	0.518	1.036	1.503	1.036
柴油	0.076	0.152	0.220	0.152
轻石脑油	1.137	2.275	3.298	2.275
重石脑油	0.426	0.851	1.234	0.851
原油	0.276	0.552	0.800	0.552
轻污油	0.559	1.118	1.621	1.118
重污油	0.362	0.724	1.049	0.724

注：基于设计或标准中雷氏蒸汽压最大值核算，装载温度取 25℃。

②　船舶装载

采用美国环保局（EPA）发布的污染物排放因子文件（AP-42）中的数据。表 4-7 给出了水运装载的最大装载损耗排放因子。

表 4-7　水运装载损耗排放因子 [a]　　　　　　单位：kg/m³

排放源	汽油 [b]	原油	航空油（JP4）	航空煤油（普通）	燃料油（柴油）	渣油
远洋驳船	见表 4-4	0.073	0.060	0.000 63	0.000 55	0.000 004
驳船	见表 4-4	0.12	0.15	0.001 6	0.001 4	0.000 011

注：a 排放因子基于 16℃油品获取，表中汽油数据采集对象雷氏蒸汽压为 69 kPa。原油数据采集对象雷德蒸汽压 34 kPa。

　　b 汽油损耗排放因子从表 4-4 中选取。

4.7　报告格式

企业排查工作完成后，需形成排查报告，见表 4-8。

表 4-8　装卸 VOCs 污染源排查报告

排查项目	企业挥发性有机液体装卸 VOCs 污染源排查
排查单位	××公司
监测实施单位	××公司
报告编制单位	××公司
排查时间	××××年××月××日
监测时间	××××年××月××日
装车设施基本情况	包括：装载形式（汽车、火车、船舶）、装载方式（液下装载、底部装载、喷溅式装载）、装车鹤位、装载物料、年装载量、密封形式（密封式快速接头、平衡式密封罩、橡胶密封帽及其他形式）、油气回收设施（套数、规模、工艺、效率）等
装车设施检查结果分析	从装载方式、密封形式、油气回收设施、企业日常维修、监测、管理及相关记录等方面，分析企业装车设施的现状情况和控制、管理水平
装载过程 VOCs 排放估算结果及评估	根据装卸 VOCs 污染源排查工作指南，××公司对企业装卸设施进行 VOCs 污染源排查工作。 本企业主要采用××的装载形式进行物料运输，共设有××个装车鹤位，主要装载物料包括××，××××年的装载量分别为××$\times 10^4$ t，针对装载过程共设置××套油气回收设施。 设置油气回收设施时，首先核算油气回收设施效率为××%（收集效率、处理效率、投用效率、总效率）；然后依据《石化行业 VOCs 污染源排查工作指南》估算本企业××年度装载过程 VOCs 排放量为×× t
装载过程 VOCs 损耗量削减潜力分析	达标性分析：　　达标□　　不达标□，削减潜力：×× t/a 国内平均水平：已满足□　　未满足□，削减潜力：×× t/a 国内先进水平：已满足□　　未满足□，削减潜力：×× t/a
备注	其他需要说明的排查结果

4.8　管理要求

目前，我国关于石化企业有机液体装卸过程需满足的法律、标准及规范见表 4-9。

表 4-9　有机液体装卸过程需满足的法律、标准及规范要求

编号	标准	法律、标准和规范要求
1	《中华人民共和国大气污染防治法》（中华人民共和国主席令第三十二号）	运输、装卸、贮存能够散发有毒有害气体或者粉尘物质的，必须采取密闭措施或者其他防护措施
2	《大气污染防治行动计划》（国发[2013]37 号）	限时完成加油站、储油库、油罐车的油气回收治理，在原油成品油码头积极开展油气回收治理
3	《重点区域大气污染防治"十二五"规划》（环发[2012]130 号）	加大加油站、储油库和油罐车油气回收治理改造力度，2013 年年底前重点控制区全面完成油气回收治理工作，2014 年年底前一般控制区完成油气回收治理工作
4	《石化行业挥发性有机物综合整治方案》（环发[2014]177 号）	挥发性有机液体装卸采取全密闭、液下装载等方式，严禁喷溅式装车。汽油、石脑油、煤油等高挥发性有机液体和苯、甲苯、二甲苯等危险化学品的装卸优先采用高效油气回收措施，运输相关产品应采用具备油气回收接口的车船
5	《汽油运输大气污染物排放标准》（GB 20951—2007）	汽油罐车应具备油气回收系统，汽油罐车应具备底部装卸油系统
6	《储油库大气污染物排放标准》（GB 20950—2007）	汽油罐车油气回收处理装置（简称处理装置）的油气排放浓度≤25 g/m^3 和处理效率≥95%，每年至少检测 1 次；对油气密闭收集系统任何泄漏点排放的油气体积分数不应超过 0.05%，每年至少检测 1 次；底部装油结束并断开快接头时，汽油泄漏量不应超过 10 ml。铁路罐车装油时采用顶部浸没式或底部装油方式，顶部浸没式装油管出油口距罐底高度应小于 200 mm；底部装油和油气输送接口应采用 DN100 mm 的密封式快速接头
7	《石油库设计规范》（GB 50074—2014）	从下部接卸铁路油罐车的卸油系统，应采用密闭管道系统。当采用鹤管向汽车/火车罐车灌装甲 B、乙、丙 A 类液体时，应采用插到罐车底部的装车鹤管，鹤管内的液体流速，在鹤管口浸没于液体之前不应大于 1 m/s，浸没于液体之后不应大于 4.5 m/s。向汽车/火车罐车罐装甲、乙 A 类液体和一级毒性液体应采用密闭装车方式，并按照现行国家标准《油品装卸系统油气回收设施设计规范》（GB 50759）的有关规定设置油气回收设施

编号	标准	法律、标准和规范要求
8	《石油炼制工业污染物排放标准》	铁路油品装卸栈桥对铁路油罐车进行装油，发油台对汽车油罐车进行装油，油品装卸码头对油船（驳）装油的原油及成品油（汽油、煤油、喷气燃料、化工轻油、有机化学品）设施，应密闭装油并设置油气收集、回收或处理装置，其大气污染物的排放应标准的有关要求。 装车、船应采用顶部浸没式或底部装载方式，顶部浸没式装载出油口距离罐底高度应小于 200 mm。 底部装油结束并断开快接头时，油品泄漏量不应超过 10 ml，泄漏检测限值为泄漏单元连续 3 次断开操作的平均值
9	《石油化学工业污染物排放标准》	挥发性有机液体装卸栈桥对铁路罐车、汽车罐车进行装载，挥发性有机液体装卸码头对船（驳）进行装载的设施，以及把挥发性有机液体分装到较小容器的分装设施，应密闭并设置有机废气收集、回收或处理装置，其大气污染物的排放应标准的有关要求。 装车、船应采用顶部浸没式或底部装载方式，顶部浸没式装载出油口距离罐底高度应小于 200 mm。 底部装油结束并断开快接头时，油品滴洒量不应超过 10 ml，滴洒量取连续 3 次断开操作的平均值

4.9 建议

4.9.1 操作方式

挥发性有机液体装卸应采取全密闭装卸方式，严禁喷溅式装载，应采用底部装卸或液下装卸的方式。

底部装载时，将鹤管对准槽车装油口装置放下，直到槽车底部（距罐底不超过 200 mm），开启装油阀门，由装油开始直至装油管头全部浸入液体之前，装油管线内的油流速应控制在 1 m/s 以下，浸没后可提高流速。在油槽车内快满时，应将阀门关小，油装满后即可关阀，但关阀不得过猛。装卸完毕，达到规定的静止时间后（一般为 2 min 以上）拔出鹤管，套上接油盒，防止洒油，保持台面整洁。

底部装油和油气输送接口应采用 DN100 mm 的密封式快速接头，底部装油结束并断开快接头时，汽油泄漏量不应超过 10 ml。

4.9.2 收集、处理措施

铁路油品装卸栈桥对铁路油罐车进行装油，发油台对汽车油罐车进行装油，油品装卸码头对油船（驳）装油的原油及成品油（汽油、煤油、喷气燃料、化工轻油、有机化学品）设施，应密闭装油并设置油气收集、回收或处理装置，油气回收设施宜优先采用冷凝、吸附、吸收、膜分离等回收技术。

4.9.3 管理要求

每次装车过程中，检查各旋转接头是否泄漏（泄漏标准参考设备泄漏章节要求），如有泄漏及时更换密封圈。每月检查一次紧固是否松动，如有松动，及时紧固。每半年对鹤管臂外观进行检查，对表面生锈或油漆有损伤地方进行修补。每半年检查螺栓是否有磨损，当磨损超过 1/5 时，需进行更换。每半年对弹簧缸杆抹一次润滑油。

油气回收处理装置的油气排放浓度应小于等于 25 g/m³，处理效率应不小于 95%，每年至少检测 1 次；对油气密闭收集系统任何泄漏点排放的油气体积分数不应超过 0.05%，每年至少检测 1 次。

4.10 估算方法案例

案例一：实测法计算铁路装载汽油过程 VOCs 排放量

某项目生产的汽油每年通过火车运出 40 万 t，采用普通液下装载方式，罐车为正常工况（普通）的罐车，经检测汽油密度 730 kg/m³，蒸气密度 558.75 kg/m³，装载温度 25°C，装载温度下的蒸汽压 32.9 kPa，蒸气分子量 66 g/mol，油气回收设施进出口浓度分别为 840 g/m³、0.2 g/m³，出口气体流量为 80 m³/h，油气回收设施年投用时间为 4 000 h，估算装卸过程中 VOCs 排放量。

解：装载过程 VOCs 排放量计算如下：

$$E_{装卸}=Q_0-Q_1+Q_2$$

$$Q_0 = V \times C_0 \times 10^{-3}$$

$$= \frac{4 \times 10^8}{730} \times 1.20 \times 10^{-4} \times \frac{32\,900\text{Pa} \times 1.0 \times 66\text{g/mol}}{25 + 273.15} \div 1\,000 = 478.88 \text{ t/a}$$

$$Q_1 = V_1 \times C_1 \times t_{投用} \times 10^{-9}$$

$$= 80 \times 840\,000 \times 4\,000 \times 10^{-9} = 268.8 \text{ t/a}$$

$$Q_2 = V_2 \times C_2 \times t_{投用} \times 10^{-9}$$

$$= 80 \times 200 \times 4\,000 \times 10^{-9} = 0.064 \text{ t/a}$$

装载过程 VOCs 年排放量为：

$$E_{装卸} = 478.88 - 268.8 + 0.064 = 210.144 \text{ t/a}$$

案例二：公式法计算铁路装载汽油过程 VOCs 排放量

某项目生产的汽油每年通过火车运出 40 万 t，采用普通液下装载方式，罐车为正常工况（普通）的罐车，汽油密度 730 kg/m³，蒸汽压 40 kPa，蒸气摩尔质量 68 g/mol，平均装载温度 25℃，油气回收的总效率为 50%，估算装卸过程中 VOCs 排放量。

解：装载过程 VOCs 排放量计算如下：

$$E_{装卸} = \frac{L_{\rm L} \times V}{1\,000} \times (1 - \eta_{总})$$

$$L_{\rm L} = 1.20 \times 10^{-4} \times \frac{P_{\rm T} S M}{T + 273.15}$$

$$= 1.20 \times 10^{-4} \times \frac{59\,300\text{Pa} \times 1.0 \times 68 \text{ g/mol}}{25 + 273.15} = 1.09 \text{ kg/m}^3$$

装载过程 VOCs 年排放量为：

$$E_{装卸} = \frac{L_{\rm L} \times V}{1\,000} \times (1 - \eta_{总}) = \frac{1.09 \text{ kg/m}^3 \times 4 \times 10^8 \text{kg} \div 730 \text{ kg / m}^3}{1\,000} \times (1 - 50\%)$$

$$= 298.63 \text{ t/a}$$

案例三：系数法计算铁路装载汽油过程 VOCs 排放量

某项目生产的汽油每年通过火车运出 40 万 t，汽油密度 730 kg/m³，采用普通液下装载方式，罐车为正常工况（普通）的罐车，油气回收的总效率为 50%，估算装卸过程中 VOCs 排放量。

解：采用排放系数法估算火车装载汽油过程 VOCs 排放量计算如下：

$$E_{装卸} = \frac{L_L \times V}{1\,000} \times \left(1 - \eta_{总}\right)$$

$$= 0.001 \times \frac{400\,000}{0.73} \times 1.624 \times \left(1 - 50\%\right) = 444.93 \text{ t/a}$$

5 废水集输、储存、处理处置过程逸散

5.1 概述

石化企业产生的废水大都含有各种物料，包括原料、产品、副产物、催化剂等，废水中各种污染物随着温度变化均可能释放到大气中，有时不同类型的废水在收集系统中发生化学反应还可能释放出新污染物进入大气。废水收集和处理系统的 VOCs 排放量占比较高，其 VOCs 排放主要受废水性质、废水温度、气候条件、废水处理方式等因素影响。

对废水收集和处理系统的 VOCs 排放量进行估算的主要推荐方法包括实测法、物料衡算法、模型计算法、排放系数法等。企业可根据实际监测及参数收集情况，选取适当的方法进行核算。

5.2 废水收集和处理系统简介

5.2.1 废水收集和处理系统

石化化工废水是指在石油炼制和石油化学工业生产过程中产生的废水，包括工艺污水、污染雨水、循环冷却水排污水、化学水制水排污水、蒸汽发生器排污水、余热锅炉排污水等，不包括用于物料间接冷却的直流冷却（海）水，石化化学工业企业自备电站、锅炉排污水及为其服务的化学水制水排污水。石化化工废水污染物的种类多、浓度高，对环境的危害大。废水中的主要有机物有烃类、苯系物、挥发酚等；无机物有硫化物、氰化物；金属化合物有汞及其化合物、镉及

其化合物、六价铬化合物、砷及其化合物、铅及其化合物。

　　废水收集系统有多种形式，一般设置在排水点附近接收一股或多股废水，然后将这些废水排到处理系统或储存系统。典型的工业废水收集系统包括收集井、隔油井、水封井、检查井、排水管道等。

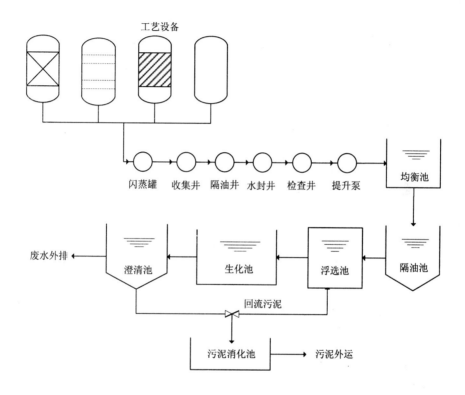

图 5-1　石化化工企业典型废水收集及处理系统流程示意

　　石化化工废水的处理通常包括隔油、气浮和生化处理三部分。石化化工废水中均混有一些污油，由于油的密度小于水，这些油污会不断浮升到水面上而形成油层，这层油可以通过隔油池刮油设备去除。经过隔油池后，废水里的含油量显著减少，但是还存在一些很细的、悬浮在水里的小油珠，这些小油珠不会自动浮到水面，可采用凝聚和气浮的方法去除。气浮法可使凝聚的油珠等杂质黏附在不断上浮的小空气泡周围，与气泡一起升到水面形成浮渣，而后通过刮渣设备去除，使废水含油量进一步减少。生化处理利用自然界存在的各种微生物降解废水中的可溶性有机物和无机物等。通过生化处理，废水中污染物浓度达到相应排放标准后排放或回用。

5.2.2 逸散过程

废水中的 VOCs 在废水收集和处理过程中可能从液体中挥发出来，这个过程称为逸散。逸散机理包括扩散和对流。当水表面的 VOCs 浓度远高于大气中浓度时就会产生扩散，有机物挥发进入大气并最终达到气液两相平衡。当空气在水面流动时则产生对流，将气态有机物卷入空气中，VOCs 挥发速率与水面的空气流速成正比。

影响 VOCs 挥发速率的其他因素有水表面面积、温度及紊动状态、废水在系统中的停留时间、水深、废水中有机物浓度及在水中挥发扩散性质、抑制挥发的因素如油膜、生物降解作用等。

5.3 排查工作流程

废水收集和处理排查工作流程可以包括资料收集、源项解析、合规性检查、统计核算、格式上报五部分，具体工作流程见图 5-2。

5.4 源项解析

5.4.1 排放方式分类

废水收集和处理系统按照排放方式可分为无组织排放源和有组织排放源。收集系统中排水明渠、未密闭的检查井、隔油井、集水井等，处理设施中未密闭的各类废水储罐（调节池或均质池）、隔油池、气浮池、生物池和澄清池等，均为无组织排放源；设施加盖后，废气收集处理，经排气筒达标排放，为有组织排放源。

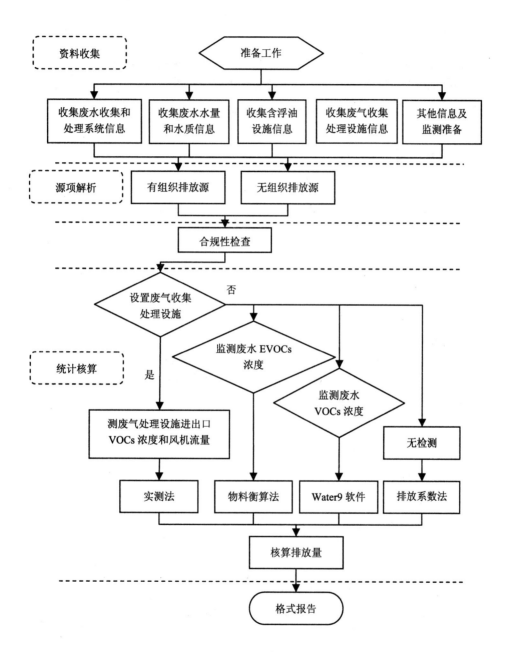

图 5-2　工作流程

5.4.2 逸散源分类

无组织排放源又可分为水相 VOCs 逸散源、水油两相 VOCs 逸散源。未密闭的生化池、澄清池等为水相 VOCs 逸散源，未密闭的含浮油集水井、废水储罐、隔油池、气浮池等均为水油两相 VOCs 逸散源。

5.5 现场检查

5.5.1 检查范围

石化废水按存在状态可分为水相和油相两类，水相和浮油等油相中均含 VOCs，当废水与大气直接接触时，废水中 VOCs 将逸散至大气中。而废水收集和处理系统普遍存在废水与大气直接接触场景；对于已建废气收集和处理设施的废水设施，也应调查其 VOCs 控制效率。因此，整个石化废水收集和处理系统均属于 VOCs 排查范围。

石化废水收集系统通常包括排水口、收集井、隔油井、水封井、检查井、排水管道、集水井及泵站等；处理系统通常包括调节罐或均质池、隔油池、气浮池、生化处理池和澄清池等。

5.5.2 排查方法

（1）资料收集

废水收集和处理系统 VOCs 污染源排查收集的技术资料主要包括废水收集系统、废水处理设施、废水水量和水质、含浮油设施、废气收集处理设施等相关信息。

① 废水收集系统

根据厂区排水平面图，统计废水收集系统检查井、水封井、隔油井等数量及相应 VOCs 受控情况（采取密闭措施的情况），统计各类排水管道长度和尺寸，包括明渠、暗渠和埋地管道等。

② 废水处理设施

根据废水处理设施初步设计说明书、施工图或其他工程资料，统计废水处理设施各构筑物尺寸、有效水深。

③ 废水水量和水质

统计各工艺装置排水水量和水质数据，包括水量、水温、COD、石油类、SS、TDS、总有机碳等，宜取得年日均值；如无常规监测，应至少获得 5 次监测数据，取平均值用于 VOCs 计算。

④ 含浮油设施

废水收集和处理系统中含浮油设施主要包括含浮油的集水井、废水储罐、隔油池、气浮池，应根据本书中储存设施 VOCs 排放量估算方法，排查统计相关参数。

⑤ 废气收集处理设施

根据废水收集和处理设施的废气收集处理设施监测结果，统计废气气量和处理设施进出气 VOCs 浓度，宜取得年均值；如无常规监测，应至少获得 5 次监测数据，取平均值用于 VOCs 计算。

（2）合规性检查

废水收集和处理系统 VOCs 污染源排查过程的合规性检查是指企业的废水排放与国家、地方环保法规、标准是否一致。

（3）现场监测

根据现场实际情况，如加盖并设废气处理设施的废水收集和处理系统，根据 HJ/T 397，测定废气处理设施出口废气流量和 VOCs 浓度；如未设置废气处理设施或废气处理设施排气未监测，测定废水收集或处理设施进水、出水中的 VOCs 或逸散性挥发性有机物 EVOCs 浓度。

（4）统计核算

废水收集和处理系统 VOCs 定量估算方法主要包括实测法、物料衡算法、模型计算法和排放系数法等。

① 实测及物料衡算法

根据实际收集或监测数据进行核算，核算原理基于物料平衡，即对于设有废气回收处理装置的废水处理系统，其排放量优先采用实测法获得。需要的基础数据包括 VOCs 浓度和废气流量。

② 模型计算法

采用美国环保局（EPA）发布的 Water 9 软件估算。

③ 排放系数法

若估算时缺少必要参数，废水收集和处理系统可采用给定的排放系数进行 VOCs 排放量的估算。需要的基础数据是废水处理量。

5.6 推荐估算方法

废水收集及处理系统 VOCs 定量核算方法主要包括实测法、物料衡算法、模型计算法和排放系数法等。核算全厂废水 VOCs 排放量需要上述方法配合使用。各方法适用范围见表 5-1。

表 5-1 废水处理过程 VOCs 污染控制检查

序号	估算方法	适用范围与需要的基础数据	方法来源
1	实测法	加盖并设废气处理设施； VOCs 浓度和废气流量	通用方法
2	物料衡算法	未加盖、加盖但废气未收集处理、加盖处理但排气口未监测的设施； 废水中逸散性挥发性有机物（EVOCs）浓度和废水量等	创新方法 验证中
3	模型计算法 （Water 9 等）	未加盖、加盖、加盖并处理等均适用； 废水中 VOCs 各组分浓度和废水量等	Water 9 等
4	排放系数法	未加盖或加盖并设废气处理设施； 废水量和废气处理设施处理效率等	《美国炼油厂排放估算协议》（2011）和 AP-42

5.6.1 实测法

适用于加盖并设废气处理设施的废水收集和处理系统，通过测定废气处理设施出口废气流量和 VOCs 浓度计算 VOCs 排放量。

$$E_{废水} = \sum_{i=1}^{n} \left(10^{-9} \times Q_i \times C_{\text{VOCs},i} \times H \right) \tag{5-1}$$

式中：$E_{废水}$ —— 废水处理设施的 VOCs 年排放量，t/a；

Q_i —— 废气处理设施出口废气流量，m^3/h；

$C_{\text{VOCs},i}$ —— 废气处理设施出口 VOCs 浓度，mg/m^3；

H —— 废气处理设施的年运行时间，h/a；

i —— 污水处理设施数。

5.6.2 物料衡算法

适用于未加盖、加盖但废气未收集处理以及加盖处理但废气处理设施排气未监测的废水收集和处理设施。

（1）方法

根据物料衡算原理，废水收集和处理系统 VOCs 逸散总量主要包括两部分：收集系统集水井、调节罐、浮选池和隔油池等设施中油层 VOCs 逸散量以及废水收集支线和废水处理厂水相中 VOCs 逸散量。

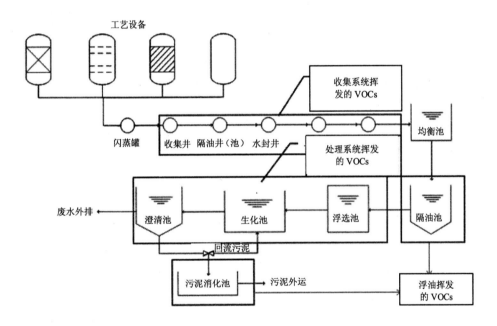

图 5-3 废水处理及收集系统 VOCs 排放示意

$$E_{废水} = E_{油相} + E_{水相} \qquad (5\text{-}2)$$

式中：$E_{油相}$ —— 收集系统集水井、处理系统浮选池和隔油池中油层 VOCs 排放量；可类比固定顶罐的核算方法，其中浮油真实蒸汽压需进行实测，如无实测，采用汽油指标进行核算；周转量按周转期内油层重量计算；方形池参照相同表面积圆形储罐计算；

$E_{水相}$ —— 废水收集支线和废水处理厂水相中 VOCs 排放量，见公式（5-3）。

$$E_{水相} = \sum_{i=1}^{n}\left[10^{-9} \times Q_i \times \left(EVOCs_{进水,i} - EVOCs_{出水,i}\right) \times H\right] \qquad (5\text{-}3)$$

式中：$E_{水相}$ —— 废水收集或处理设施的挥发性有机物年排放量，t/a；

Q —— 废水收集或处理设施的废水流量，m³/h；

$EVOCs_{进水,i}$ —— 废水收集或处理设施 i 进水中的逸散性挥发性有机物浓度，mg/m³；参照《水质　总有机碳的测定　燃烧氧化-非分散红外吸收法》（HJ 501—2009）中可吹脱有机碳（POC）的测试和计算方法，其中 POC 为总有机碳（TOC）与不可吹脱有机碳（NPOC）的差值；

$EVOCs_{出水,i}$ —— 废水收集或处理设施 i 出水中的逸散性挥发性有机物浓度，mg/m³；

H —— 废气处理设施的年运行时间，h/a；

i —— 污水处理设施数。

（2）废水 EVOCs

废水中 VOCs 物质复杂多样，如单独测定废水中每种 VOCs 物质的量，进而获得 VOCs 总量，则监测工作量过大；因此，本书中废水 VOCs 估算工作中主要计算 VOCs 排放总量。

废水中 VOCs 分为逸散性挥发性有机物 EVOCs 和非逸散性挥发性有机物 NEVOCs，逸散性挥发性有机物是样品在室温下，用气流吹扫可将其除去的 VOCs 部分。

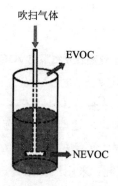

图 5-4　逸散性挥发性有机物 EVOCs 测定原理示意

　　逸散性挥发性有机物通过总有机碳仪及相关吹扫组件进行监测，以碳计，其方法成熟、代表性强，通过 EVOCs 估算废水 VOCs 逸散总量的方法则具备较强的可行性和可靠性。

5.6.3　模型计算法

　　目前，国外常用计算软件有 Water 9、Toxchem+、Fate、Baste、Corol 等五类。其中，Water 9 为美国 EPA 推荐使用，也是当前使用最广泛的软件；Toxchem+由 Enviromege 公司开发，仅提供试用版。相关功能比较见表 5-2。

表 5-2　逸散量计算软件功能比较

处理单元	Water 9	Toxchem+	Fate	Baste	Coral
曝气沉砂池	√	√	√	√	
初沉池	√	√		√	
活性污泥池	√	√	√	√	
生物滤池	√	√		√	
澄清池	√	√		√	
氧化塘	√			√	
废水收集	√	√			√

　　由表 5-2 可知，Water 9 功能较为齐全。因此，采用模型计算法时推荐采用 Water 9 软件。软件下载及使用说明请参见：http://www.epa.gov/ttn/chief/software/water/water9_3/。

　　Water 9 计算所需输入参数如下：

　　（1）废水与大气参数

　　处理水量（m^3/d）、水温、TDS、TSS、挥发性有机物成分及其水中浓度、水面风速（cm/s）、气温等指标。

　　（2）废水处理单元参数

　　可利用 Water 9 计算挥发性有机物逸散量的废水收集与处理单元列出了可利用 Water 9 计算挥发性有机物逸散量的废水收集与处理单元。这些单元必须输入相关参数：池数、池面尺寸（长×宽）、有效水深、设备机械功率与转数、曝气设备曝气量、处理单元是否加盖等，数据可通过设计资料或现场测量获取。

表 5-3　可利用 Water 9 计算挥发性有机物逸散量的废水收集与处理单元

设备单元	所需设备规格信息
废水收集单元	排放口、检查井、检修口、泵站、废水管道共 5 类
废水处理单元	格栅、砂水分离器、明渠、混合池、初沉池、调节池、滴滤池、曝气生物池、活性污泥池、表面曝气生物池、冷却塔、澄清池、油水分离器、储罐、油膜单元、稳定塘、跌水、出水、加盖分离器共 19 类

（3）挥发性有机物性质

挥发性有机物性质包括水中溶解度、扩散系数、生物分解常数（mg/g 生物质·h）等。可使用 Water 9 设定值计算液-气相传质量，或自行修改自带参数计算挥发性有机物逸散量。

上述参数在现场测量并取水样进行分析后，输入 Water 9，即可获得各单元挥发性有机物成分逸散量。挥发性有机物在 Water 9 中的三种存在形式：逸散至大气中、被生物分解、留存于废水中。

经 Water 9 计算可以获得废水处理厂各单元，挥发性有机物逸散进入大气（emission into the atmosphere）、留存于水体（dissolved in water）及随出水流出的挥发性有机物量（mass flow，g/h）与挥发性有机物总量的比例。

5.6.4　排放系数法

根据我国台湾《公私场所固定污染源申报空气污染防治费之挥发性有机物之行业制程排放系数、操作单元（含设备组件）排放系数、控制效率及其他计量规定》，石化废水 VOCs 可采用如下排放系数法计算：

$$E_{废水} = 10^{-3} \times S \times Q \times H \tag{5-4}$$

式中：S——排放系数，见表 5-4；

Q——废水处理量，m^3/h；

H——废水处理设施的年运行时间，h/a。

表 5-4　石化废水处理设施 VOCs 排放量排放系数法

适用范围	排放系数/（kg/m³）
废水处理厂—废水处理设施	0.005
油水分离池	0.6ᵃ
	0.024 ᵇ

注：a 适用于未加盖或未设置废气收集处理系统。
　　b 适用于设置废气收集处理系统。

5.7　报告格式

企业排查工作完成后，需形成排查报告，见表 5-5。

表 5-5　污水排放 VOCs 格式报告表

排查项目	企业废水收集和处理系统 VOCs 污染源排查
排查单位	××公司
监测实施单位	××公司
报告编制单位	××公司
排查时间	××××年××月××日
监测时间	××××年××月××日
废水收集和处理系统基本情况（填写模板）	本企业有××套废水处理系统；废水收集系统检查井数量和受控数量分别为××个、××个，集水井数量和受控数量分别为 ×× 个、×× 个，各股来水的名称和流量分别为×××，××m³/h；废水处理系统处理工艺流程为×××，处理量为××m³/h。 废水处理系统现有 VOCs 末端处理设施××套，主要收集×××构筑物，处理工艺为××，装置规模各为×× m³/h
废水收集和处理系统 VOCs 排放估算结果及评估（填写模板）	选用方法：□实测法　□物料衡算法　□模型计算法　□排放系数法 实测记录是否符合要求：　　　　□是　　　　　　□否 检测报告、检测记录值与计算时所用数据：　　□一致　　　□不一致 核算过程：　　　　　　□正确　　　　　　　□不正确 估算本企业××年度废水收集和处理系统 VOCs 排放量约为×× t
废水收集和处理系统 VOCs 逸散量削减潜力分析	达标性分析：　　达标□　　　不达标□，削减潜力：×× t/a 国内平均水平：已满足□　　未满足□，削减潜力：×× t/a 国内先进水平：已满足□　　未满足□，削减潜力：×× t/a
备注	其他需要说明的排查结果

5.8　管理要求

根据即将颁布的《石油炼制工业污染物排放标准》和《石油化学工业污染物排放标准》中的要求，用于输送、储存、处理含挥发性有机物、恶臭污染物的废水设施应密闭，产生的废气应接至废气回收或处理装置。

《石油炼制工业污染物排放标准》要求现有和新建企业废水处理有机废气收集处理装置非甲烷总烃排放限值为 120 mg/m^3，苯、甲苯、二甲苯排放限值分别为 4 mg/m^3、15 mg/m^3、20 mg/m^3。

5.9　建议

5.9.1　总体要求

用于输送、储存、处理含挥发性有机物、恶臭污染物的废水设施应密闭，产生的废气应接至废气回收或处理装置。

根据废气的产生量、污染物的组分和性质、温度、压力等因素进行综合分析，选择成熟可靠的废气治理工艺路线，确保废气排放稳定达标。

5.9.2　技术路线

综合采用冷凝法、吸收法、吸附法、催化氧化法、燃烧法、低温等离子法、微生物法等废气处理工艺。

5.9.3　设计要求

废气管道走向和排气筒要规范化。废气管路走向规范、标志清楚；排气筒高度应按规范要求设置，在排气筒附近地面醒目处设置环境保护图形标志牌，废气末端治理设施的进口、出口要按规范设置采样口并配备便于采样的设施。

废气处理过程中产生的二次污染物（如废水、固废）要得到有效处理和处置。提高废气处理的自动化程度，喷淋处理设施采用自动加药和报警装置；优先选用先进的节能、低噪设备，易损设备一用一备，设备布局整齐。

5.9.4 运行管理

企业在废气治理方面建立巡查、巡检、奖惩等管理制度和治理设施运行记录台账，自行或委托有资质的单位定期开展废气污染源监测。

综合利用物料衡算法、计算软件、排放系数法等估算企业技改、改建或新建废气治理设施以及停减产后 VOCs 排放量变换数据，建立废气整治绩效评估和核算档案。

工作流程见图 5-5。

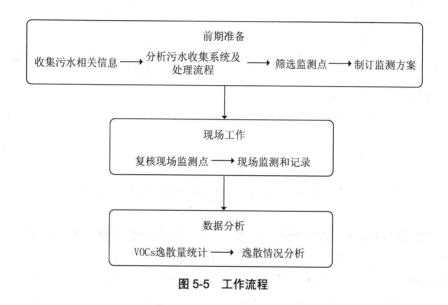

图 5-5 工作流程

5.10 估算方法案例

案例：某石化厂污水收集及处理系统 VOCs 排放量估算

废水收集和处理系统 VOCs 逸散量的估算会使用一种及一种以上的估算方法。在资料和现场调查的基础上，针对不同环节的具体情况及各类估算方法的适用范围，综合选用相应的方法。

以某石化厂废水收集及处理系统为例，见图 5-6。各股废水通过南区和北区泵站进入相应的污水调节罐后，经隔油池、一级浮选、二级浮选、均质罐、生化池处理后，通过澄清池进入污水回用处理系统。

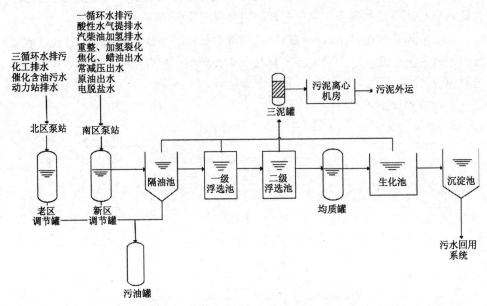

图 5-6　某石化厂污水收集及处理系统

废水收集系统未采取密闭措施，拟采用物料衡算法估算逸散量。处理系统隔油池、一级浮选、二级浮选、生化池均加盖，废气收集处理，且排气口有环保部门监测数据，拟采用实测法估算逸散量。含浮油设施主要为废水处理系统的 4 个储罐，储罐类型均为固定顶罐，未安装呼吸阀，拟采用 AP-42 储罐公式法估算逸散量。

解：① 收集系统 $\Delta\text{VOCs}_{\text{水相}}$

收集系统挥发性有机物逸散量采用物料衡算法，用 ΔVOCs 表示：

$$\Delta\text{VOCs} = \sum_{i=1}^{n} Q_i \times \text{EVOC}_i - Q \times \text{EVOC}$$

北区收集系统：

$$\Delta\text{VOCs} = \sum_{i=1}^{n} Q_i \times \text{EVOC}_i - Q \times \text{EVOC}$$

$$= \{15(\text{m}^3/\text{h}) \times 26.6(\text{mg/L}) + 20(\text{m}^3/\text{h}) \times 5.4(\text{mg/L})$$

$$+38(m^3/h)\times42.3(mg/L)+7.5(m^3/h)\times23(mg/L)$$
$$-80.5(m^3/h)\times1.9(mg/L)\}\times24\times365\times10^{-6}$$
$$=18.69 \ t/a$$

南区收集系统与北区收集系统的计算方法类似，为 198.91 t/a。

② 处理系统 $\Delta VOCs_{水相}$

隔油池、一级浮选、二级浮选、生化池均加盖密封，气体收集经生物滴滤法去除，已知生物除臭排气筒的非甲烷烃出口浓度 197 mg/m³ 和气量 27 905 m³/h，假设非甲烷总烃等于 VOCs，采用实测法对 VOCs 逸散量进行估算，VOCs 总排放量为 48.15 t/a。

$$\Delta VOCs=Q\times VOC=27\ 905(m^3/h)\times197(mg/m^3)\times24\times365\times10^{-9}=48.15 \ t/a$$

③ $\Delta VOCs_{油相}$

储存罐油层挥发性有机物逸散量，即是含油层挥发性有机物逸散量，采用储罐 AP-42 公式法计算，浮油性质以汽油计，周转量按每年浮油清理量计。经估算，一个调节罐静置条件下约 90 t/a。一共四个调节罐，因此，$\Delta VOCs_{油相}$ 为 360 t/a。

④ 全厂 VOCs（以碳计）

$$VOCs=\Delta VOCs_{油相}+\Delta VOCs_{水相}$$
$$=18.69+198.91+48.15+360= 625.75 \ t/a$$

6 工艺有组织排放

6.1 概述

工艺有组织污染源是指石油化工企业的工艺装置在生产过程中除燃烧烟气污染源和火炬外通过 15 m 以上排气筒或放空口排放污染物（VOCs）的工艺过程或设备，属于固定的点源。

本章主要介绍工艺有组织 VOCs 污染源排查的范围、工作流程、源项解析、管控要求、VOCs 排放估算方法及案例。对工艺有组织污染源排放 VOCs 的估算方法通用的做法是实测法，也可以根据具体的装置或操作过程开展物料衡算。针对某类特殊的操作过程，当无法使用实测法和物料衡算法时，可参考美国 EPA 污染物排放因子文件（AP-42）中提供的排放系数进行排放估算。

石油化工企业由于其目标产品不同，工厂内工艺装置的配置也不尽相同，而且各工艺装置因其采用的工艺技术不同，其污染物排放特征也不完全一致。因此，对于工艺有组织污染源的排查应详细分析每一种工艺的生产过程，识别 VOCs 排放环节，使用合适的估算方法估算每个环节的 VOCs 排放量，为我们制定有针对性的污染物排放控制措施、减少 VOCs 排放量提供有力的帮助。本书列举了部分石油炼制及石油化工生产装置的工艺过程及有组织 VOCs 排放源，旨在说明污染源的辨识过程，并没有涵盖所有的石化工艺装置及工艺技术，在实际工作中应根据具体的工艺装置及采用的工艺技术开展有针对性的分析和排查工作。

为了全面了解工艺装置各类 VOCs 排放源的分布，本章 VOCs 污染源分布图中不仅标明了工艺有组织排放，同时也标明了燃烧烟气排放、火炬排放及工艺无组织排放（或无组织源经收集后的集中排放），其他相关章节可参考。

6.2 排查工作流程

工艺有组织污染源排查的范围包括石化企业工厂内在役的炼油装置及化工装置。工作流程包括资料收集、源项解析、合规性检查、统计核算、格式上报五部分，具体工作流程见图 6-1。

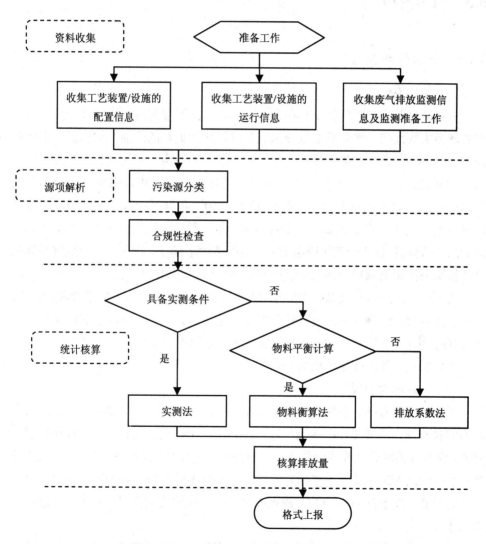

图 6-1 工艺有组织 VOCs 污染源排查工作流程

根据收集到的石化企业工艺装置的配置信息、加工规模、加工过程或生产方法、开停工或运行状态、环保设施配置、运行参数和排放监测数据等，全面梳理、筛查工艺有组织污染源的种类、数量、排放强度、达标排放情况，最后完成统计核算和数据上报工作。

6.3　源项解析

6.3.1　石油炼制装置

（1）催化裂化装置

催化裂化装置是在催化剂存在条件下，在一定温度和压力下经过一系列以重油裂解为主的反应，将较重的馏分油或重油转化为更轻的汽油、柴油以及液化石油气等的加工装置。催化裂化装置在运行一段时间后由于催化剂表面附着了焦炭而活性降低，因此，需要定期在再生器中进行烧焦。烧焦有完全烧焦和部分烧焦两种形式，完全烧焦的温度一般在 650～760℃条件下操作，出口烟气中氧气过剩并且一氧化碳含量较低（＜500 μmol/mol）；不完全烧焦的温度一般在 540～650℃、限制氧含量和一氧化碳在 1%～5%的条件下操作，烧焦产生的烟气经旋风分离器除去催化剂颗粒，并利用锅炉产生蒸汽后通过烟囱排放。

由于焦炭的组成很复杂，大部分为多环芳烃，而且含有少量的重金属，因此，催化裂化装置再生烟气中污染物种类很多，包括 SO_2、NO_x、PM、CO、VOCs 和重金属等，在完全燃烧中 CO 和 VOCs 的排放量比不完全燃烧的情况要少。

催化裂化装置 VOCs 污染源分布见图 6-2。

（2）硫磺回收装置

多数硫磺回收装置使用克劳斯（Claus）反应，一般被称为 Claus 装置或 Claus 硫磺回收装置。常规 Claus 硫磺回收工艺是由一个热反应段和若干个催化反应段组成，含 H_2S 的酸性气在燃烧炉内用空气进行不完全燃烧，严格控制风量，使 H_2S 燃烧后生成的 SO_2 量满足 H_2S/SO_2 分子比等于或接近 2，H_2S 和 SO_2 在高温下反应生成元素硫，剩余的 H_2S 和 SO_2 进入催化反应段在催化剂作用下，进一步反应生成元素硫。

硫磺回收装置的废气一般叫做"尾气"，需要经过焚烧炉进一步的处理才能达标排放，主要是氧化尾气中未反应的 H_2S 或将来自液硫池残气中的 H_2S 氧化为

SO₂。由于硫磺回收装置的酸性气进料中含有少量的轻烃，会随着反应尾气排出，设置尾气焚烧炉能去除大部分烃，但仍有少量的排放。

硫磺回收装置 VOCs 污染源分布见图 6-3。

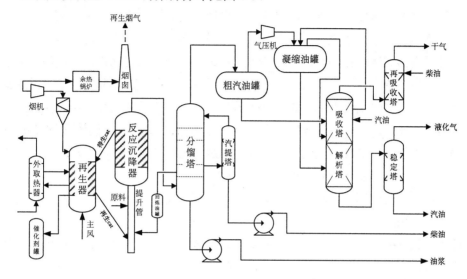

图 6-2　催化裂化装置 VOCs 污染源分布

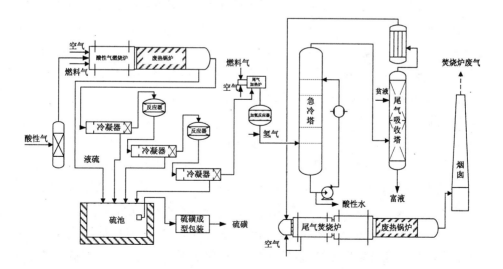

图 6-3　硫磺回收装置 VOCs 污染源分布

（3）催化重整装置

催化重整过程是在一定氢分压和操作温度下，利用高活性的重整催化剂将石脑油原料中的大部分环烷烃和部分烷烃转化成芳烃，提高重整汽油的辛烷值。催化重整是由一系列催化反应器组成，随着催化剂活性的降低，催化剂必须再生。催化剂再生有三种基本类型：连续再生、循环再生和半再生。连续再生工艺中催化剂再生器始终运行，在反应器和再生器之间有一小股催化剂连续循环。循环重整工艺中，始终有一台反应器用于催化剂再生，当催化剂需要再生时，反应器轮流从生产过程中脱线再生。脱线反应器的再生是一个间歇过程，再生完成后，反应器恢复使用，下一台反应器进行脱线和再生，这个过程一直持续到所有反应器都被再生为止。半再生重整运行一段时间后催化剂再生一次，然后整个装置停车并进行再生，完成再生周期一般需要 1～2 周。

催化剂再生过程中的排放与重整再生工艺有关。对于某些连续再生工艺，包括初始泄压和吹扫排放口、烧焦排放口、再生后催化剂吹扫排放口；对于某些超低压连续再生工艺，只有一个排放口；对于循环和半再生装置，初始泄压和吹扫排放口通常是一个明显的排放点，但烧焦和最终的催化剂再生吹扫排放一般在再生周期的不同时间从一个单独大气排放口排放。

初始泄压和吹扫可脱除催化剂中的烃类，其中可能含有高浓度的苯、甲苯、二甲苯和己烷等 VOCs，通常排入工厂燃料气系统或直接排入焚烧设施（如火炬或工艺加热炉）。烧焦排放口的主要污染物是 HCl 和 Cl_2。最后吹扫的排放气中可能含有低浓度的氯化剂（通常是一种有机氯代烃）和系统中残留的 HCl 或 Cl_2，通常排入大气或工厂燃料气系统（这取决于其中的氧含量是否满足安全要求）。

催化重整装置 VOCs 污染源分布见图 6-4。

（4）延迟焦化装置

延迟焦化装置是通过热裂化将重油加工成轻质油品和石油焦的过程。重油进入焦炭塔进行裂解和缩合反应，生成焦炭和油气。高温油气经分馏塔分馏出富气、汽油、柴油和蜡油馏分，焦炭聚结在焦炭塔内，经吹汽、冷焦、切焦后进入焦炭池，焦炭塔一般为交替操作，一个系列生焦，另一个系列除焦。

焦炭生成过程是一个密闭系统。当焦炭塔脱线除焦时，初始吹汽中含有大量的蒸汽和油气，通过装置的分馏塔回收。在冷焦过程中，气体被送入放空塔回收液相，未被回收的气体被送入火炬或其他控制设施，但也可能排放到大气中。在冷焦处理过程接近结束时，打开工艺排放口泄压，将剩余的水蒸气和有机物气体释放到大气中，其污染物主要是甲烷和乙烷，也包括各种挥发性和半挥发性有机物。

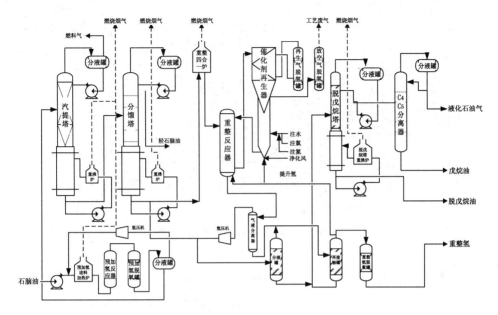

图 6-4　催化重整装置 VOCs 污染源分布

在焦炭塔的切焦过程中，保留在焦孔内部的烃类物质被释放入大气。切焦水会吸收一些烃类，这些水也变为有机物排放源，用于储存切焦液体的开口罐、存储池的有机物排放在本书中归为其他类别的源进行估算。

延迟装置 VOCs 污染源分布见图 6-5。

（5）制氢装置

轻烃水蒸气转化是炼厂生产氢气的主要手段。制氢装置通常用炼油厂燃料气（干气）做原料。在原料与水蒸气高温（750～800℃）的反应器中反应生产 CO 和 H_2 的混合物。在一系列催化反应器内发生变换反应，将 CO 和水蒸气转换为 CO_2 和 H_2。最后，使用吸附剂、变压吸附（PSA）把 CO_2 从氢气中脱除，吸附剂饱和后需要再生。制氢装置工艺废气中含有相对较高浓度的甲醇，还可能含有甲醛和其他轻烃。

制氢装置 VOCs 污染源分布见图 6-6。

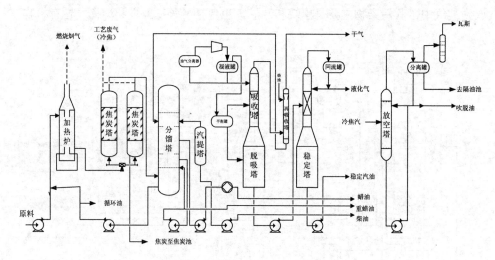

图 6-5　延迟装置 VOCs 污染源分布

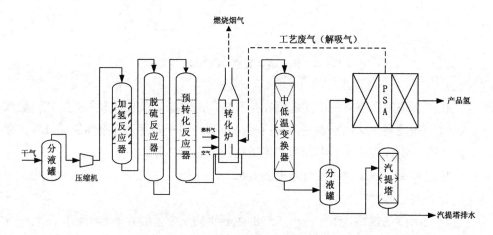

图 6-6　制氢装置 VOCs 污染源分布

（6）沥青氧化装置

沥青氧化装置是通过空气氧化使得沥青渣油聚合，以提高沥青的熔化温度和硬度，以改进其风化特性。沥青氧化在温度 260℃下，用空气对熔融的液态沥青鼓泡氧化 1～10 h，时间长短取决于需要的产品特性。

沥青氧化塔的排放主要是含有高浓度气态烃和多环有机物的颗粒物，通常采用湿式氧化塔以去除酸性气、携带的油、颗粒物和可冷凝有机物和/或采用热焚烧炉把烃和酸性气氧化为 CO_2 和 SO_2。

沥青氧化装置 VOCs 污染源分布见图 6-7。

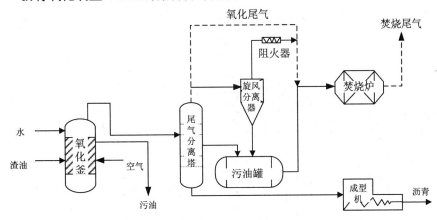

图 6-7 沥青氧化装置 VOCs 污染源分布

6.3.2 石油化工装置

（1）异丁烯装置

异丁烯装置采用 MTBE 为原料，裂解生产异丁烯。装置包括反应、分离、产品精制三部分。反应部分是 MTBE 在一定压力和温度下，通过催化剂作用，裂解反应生成异丁烯和甲醇。分离和精制则是反应产物通过水洗塔脱除甲醇，甲醇水溶液进甲醇回收系统进行回收副产品甲醇，脱除甲醇的异丁烯和未反应的 MTBE，在异丁烯精馏塔脱除重组分 MTBE 等。甲醇精馏塔回流罐中的废气中含有甲醇和MTBE，需送火炬处理。

异丁烯装置 VOCs 污染源分布见图 6-8。

（2）二甲基甲酰胺（DMF）抽提丁二烯装置

DMF 抽提丁二烯装置包括萃取和精馏两部分。萃取部分包括第一萃取精馏系统和第二萃取精馏系统，碳四原料中的丁烷、丁烯等在第一萃取精馏系统中脱除，乙烯基乙炔、一部分乙基乙炔等组分在第二萃取精馏系统中脱除；精馏部分包括丁二烯净化和溶剂精制两系统，除去其中的二甲胺、甲基乙炔、水、2-丁烯等杂质，得到丁二烯成品；溶剂精制系统是将循环溶剂中的水分、二聚物等轻组分及焦油等重组分除去，循环使用。第一萃取塔塔顶、第二汽提塔塔顶、第一精馏塔塔顶、溶剂精馏塔塔顶等的废气含有其他 C_3、C_4 同系物,需进尾气回收系统回收液化气。

DMF 抽提丁二烯装置 VOCs 污染源分布见图6-9。

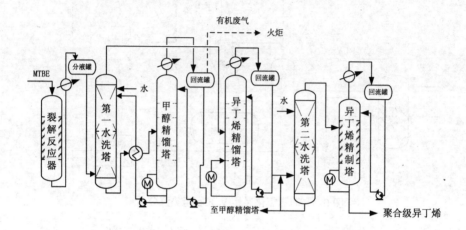

图6-8　异丁烯装置 VOCs 污染源分布

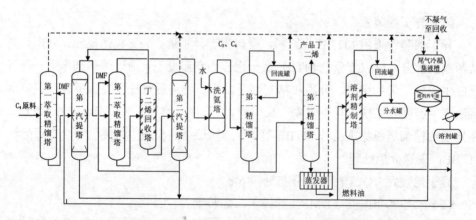

图6-9　DMF 抽提丁二烯装置 VOCs 污染源分布

（3）制苯装置

从乙烯装置的裂解汽油中分离苯、甲苯、二甲苯的方法有溶剂抽提法、吸附法、抽提蒸馏法、共沸蒸馏法等。以溶剂抽提法为例,装置包括预分馏单元、加氢单元和抽提单元三部分。预分馏单元主要将裂解汽油通过预分馏系统除去 C_5

和 C$_9$。加氢单元将剩余的 C$_6$~C$_8$ 馏分经两段加氢除去其中的不饱和烃、氮、硫杂质。加氢物料在稳定塔中除去加氢裂解反应产生的轻质气体，之后进入分馏塔，分离出其中的 C$_7$~C$_8$ 馏分。抽提单元将剩余的 C$_6$~C$_7$ 馏分经过溶剂萃取使芳烃和非芳烃分开，经白土塔和苯塔的分离精制，从而得到高纯度的苯产品。主要 VOCs 废气排放分析如下：

① 预分馏塔为负压操作，蒸汽喷射泵的含烃蒸汽冷凝后，排入苯、水分离罐，不凝气体排放至大气。

② 稳定塔塔顶尾气主要成分为甲烷等轻质气体，排入燃料气系统。

制苯装置 VOCs 污染源分布见图 6-10。

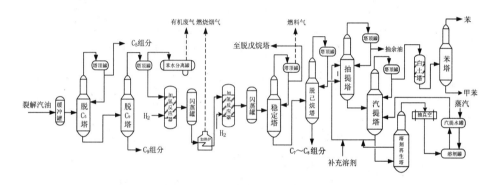

图 6-10 制苯装置 VOCs 污染源分布

（4）甲醇装置

生产甲醇一般有高压法、低压法、中压法和联醇法（与合成氨联产甲醇）。造气原料可采用煤、焦炭、天然气、石脑油、重油和渣油等。以低压法生产甲醇为例，装置包括造气、炭黑回收、脱硫、一氧化碳变换、脱碳、合成和精馏七个单元。造气单元采用部分氧化法，将减压渣油进行气化生产出粗原料气；炭黑回收单元采用石脑油萃取法回收原料气中的炭黑；脱硫单元是脱除原料气中的硫化氢和二氧化碳；二氧化碳变换单元用于将部分原料气进行变换反应，得到合成甲醇所需要的氢和二氧化碳比例；脱碳单元脱除二氧化碳变换后产生的二氧化碳；合成单元采用低压合成法，在铜基催化剂的作用下，未变换的原料气与变换、脱碳后的原料气混合发生反应生成甲醇；精馏单元制得产品甲醇。主要 VOCs 废气排放分析如下：

①脱硫再生塔尾气为酸性气,送硫磺回收装置回收硫。

②甲醇装置几股高浓度废水经汽提塔进行预处理,汽提气含有甲醛、氢、氨、一氧化碳及氰化氢,需送火炬处理。

③甲醇分离器排气含有氢、甲烷、一氧化碳、甲醛,可送锅炉做燃料。

④甲醇预蒸馏塔排放含有甲醛、甲烷、氢、一氧化碳,可送锅炉做燃料或甲醇回收装置回收甲醇。

⑤炭黑回收系统排气含有氨、氢、一氧化碳、氰化氢等,需送火炬处理。

甲醇装置 VOCs 污染源分布见图 6-11。

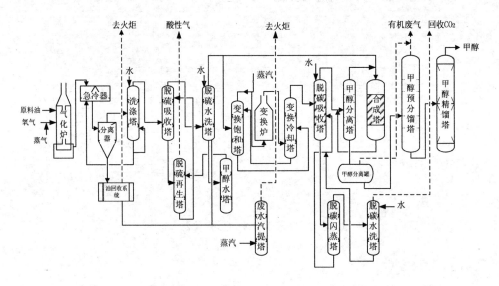

图 6-11　甲醇装置 VOCs 污染源分布

（5）乙醛装置

乙醛的主要生产方法有乙炔水合法、液化石油气或石脑油氧化法、乙醇催化脱氢或氧化脱氢法、乙烯直接氧化法。以乙烯一步法直接氧化法为例,其包括反应单元、蒸馏单元、催化剂再生单元。反应单元是乙烯、氧气在氯化钯、氯化铜的水溶液作用下生成乙醛。蒸馏单元是将反应生成的粗醛经脱轻组分、脱重组分得到高浓度的乙醛。催化剂再生单元是将反应单元连续抽出部分催化剂在一定的温度和压力下,加氢分解草酸酮。主要 VOCs 废气排放分析如下:

①洗涤塔尾气中含有乙烯、氧气、二氧化碳、甲烷、乙烷等,送火炬处理。

② 中间罐废气洗涤塔尾气中含有乙醛等，需送火炬处理。

③ 脱轻组分塔尾气中含有乙醛、氯甲烷、氮气等，需送火炬处理。

乙醛装置 VOCs 污染源分布见图 6-12。

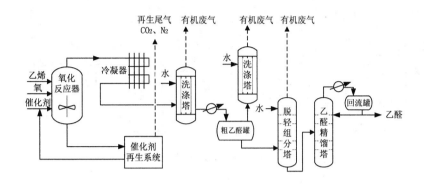

图 6-12　乙醛装置 VOCs 污染源分布

（6）醋酸装置

醋酸的生产方法有乙醛氧化法、甲醇羰基化法、液化石油气氧化法。乙醛氧化法又分为单塔内冷式和双塔外冷式。以双塔外冷式乙醛氧化法为例，装置包括氧化单元、蒸馏单元等。过程的工艺尾气来自氧化单元和蒸馏单元。主要 VOCs 废气排放分析如下：

① 氧化单元尾气，主要是两氧化塔的保护氮气，反应产生的二氧化碳，未反应的氧气和带出的少量醋酸，经尾气洗涤塔，回收醋酸后排放。

② 蒸馏单元尾气，主要是各分馏塔顶分液罐的尾气，以脱轻组分塔排放的尾气量较大，主要为二氧化碳、甲酯等，直接排放。

醋酸装置 VOCs 污染源分布见图 6-13。

（7）环氧乙烷、乙二醇

环氧乙烷、乙二醇的生产方法主要采用乙烯直接氧化法，有空气氧化法和纯氧氧化法。以纯氧氧化法为例，装置包括氧化单元、精制单元。过程的工艺尾气主要来自精制单元。精制单元的解析塔顶排放的废气是系统中残留的少量乙烯、甲烷，可回收用作燃料。

环氧乙烷、乙二醇装置 VOCs 污染源分布见图 6-14。

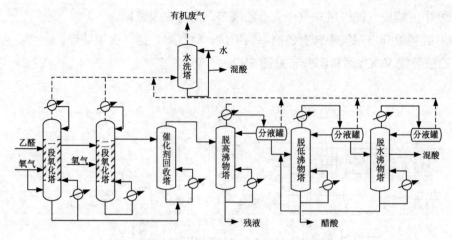

图 6-13　醋酸装置 VOCs 污染源分布

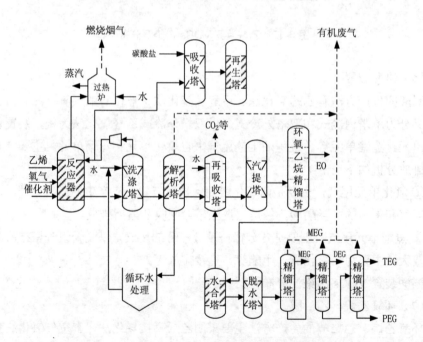

图 6-14　环氧乙烷、乙二醇装置 VOCs 污染源分布

（8）环氧丙烷

环氧丙烷生产方法包括氯醇法、过氧化物法和共氧化法等，以氯醇法生产环氧丙烷装置为例，装置包括次氯酸化、皂化、精馏三部分。次氯酸化过程是将原

料丙烯、氯气和水从不同部位通往次氯化塔,在次氯化塔反应器中生成中间体氯丙醇及二氯丙烷等有机氯化物的混合液。皂化过程是次氯化塔反应所得的混合液在皂化塔中与氢氧化钙乳液进行皂化反应生成粗环氧丙烷。精馏过程是除去粗环氧丙烷混合液中高低沸点的杂质得到产品环氧丙烷。

氯醇化反应后的工艺尾气经碱洗、水洗处理后放空,废气中含有气态烃、氧气和氮气。气态烃主要为低沸点烃类,其主要成分是丙烯、丙烷、丁烷等,可回收作为液化气。

环氧丙烷装置VOCs污染源分布见图6-15。

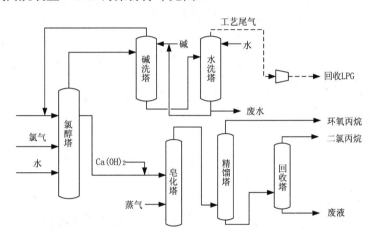

图 6-15　环氧丙烷装置 VOCs 污染源分布

(9)丁辛醇装置

丁辛醇的生产方法主要有醇醛缩合法、高压羰基合成法、低压羰基合成法等。以低压羰基合成法为例,装置包括原料净化、丁醛生产、丁醇生产和辛醇生产。合成气及丙烯首先经过原料净化系统,脱出氯、硫等杂质,然后进入羰基合成反应系统,以铑/三苯基膦为催化剂,生产出混合丁醛,经过闪蒸、蒸发,将丁醛与催化剂分离。铑催化剂溶液循环至羰基合成反应系统,分离出催化剂后的丁醛经过产品稳定部分送至异构物分离。分离出的正丁醛在碱性催化剂的作用下经醇醛缩合,再经辛烯醛气相加氢及液相加氢,生成粗辛醇,最后经精馏提纯得产品辛醇。混合丁醛经气相加氢生成混合丁醇,再经精馏、异构物分离得到产品正丁醇和副产品异丁醇。主要VOCs废气排放分析如下:

① 羰基合成反应系统需定期排出部分驰放气，主要成分为 H_2、CH_4、C_3H_6、C_3H_8，可用作燃料。

② 辛烯醛、丁醛加氢驰放气，主要成分为 H_2、CH_4，送氢气回收装置回收氢气后送火炬。

丁辛醇装置 VOCs 污染源分布见图 6-16。

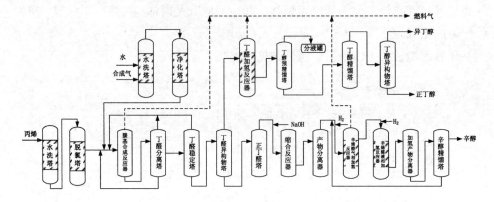

图 6-16　丁辛醇装置 VOCs 污染源分布

（10）苯酚丙酮装置

装置采用异丙苯法生产苯酚、丙酮。装置由异丙苯单元和苯酚单元两个单元组成，苯酚单元又分为氧化分解、苯酚丙酮精制和回收三个部分。异丙苯单元的功能是以苯和丙烯为原料，以烃化、反烃化反应生成粗异丙苯，沉降、水洗、中和后，再经多级精馏，分离出高纯度的异丙苯。在氧化分解部分，异丙苯与空气中的氧反应，生成过氧化氢异丙苯（CHP），提浓后进入分解釜，在硫酸催化剂的作用下，CHP 分解为含苯酚和丙酮的分解液。在苯酚丙酮精制部分，分解液经精馏得到产品苯酚和丙酮。回收部分主要是对苯酚丙酮精制部分切出的含有用成分的馏分进行萃取、精馏、加氢等操作，回收苯酚、丙酮、异丙苯等有用组分，同时进行废水的预处理。主要 VOCs 废气排放分析如下：

① 烃化反应器和反烃化反应器产生的尾气，除了含有氮气外，还含有丙烷、HCl、苯等。经冷凝、洗涤、水洗、碱洗脱除苯、HCl 等物质后，用作燃料。

② 氧化塔的尾气，主要成分是 N_2、少量 O_2 和微量异丙苯。经冷凝除去所含的水、异丙苯、CHP 及有机酸后，仍含有微量的异丙苯，可利用催化燃烧进行处理。

③ 加氢反应未反应的氢气大部分循环使用，由于氢气中含有少量的甲烷等杂

质，部分氢气需经密封罐排出。

苯酚丙酮装置 VOCs 污染源分布见图 6-17。

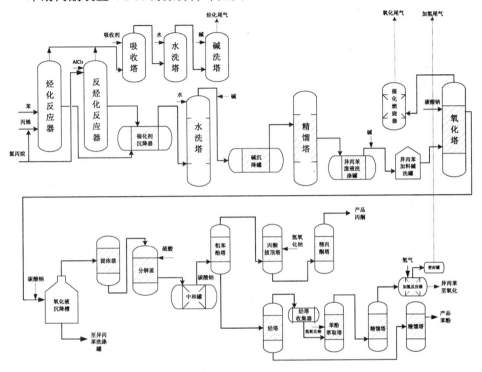

图 6-17 苯酚丙酮装置 VOCs 污染源分布

（11）间甲酚装置

间甲酚生产方法主要有甲苯磺化法和异丙基甲苯法。以异丙基甲苯法为例，装置由烃化、异构、吸附分离、氧化、提浓、分解中和、精制单元组成。烃化单元是以甲苯和丙烯为原料，以固体磷酸为催化剂，进行烷基化反应生成混合异丙基甲苯。异构单元是以三氯化铝为催化剂进行异构化反应，使邻位异丙基甲苯转化为间位异丙基甲苯和对位异丙基甲苯，经吸附分离单元分子筛吸附分离为中间产物间位异丙基甲苯和对位异丙基甲苯。氧化单元是将两个中间产物分别经空气氧化生成相应的过氧化物。提浓单元经预闪蒸，一次、二次汽提脱除氧化液中的异丙基甲苯并将其循环至氧化部分。分解是在中温下采用硫酸催化剂将异丙基甲苯过氧化氢（CHP）分解成初级的甲酚和丙酮，同时中和过量的硫酸催化剂和分解中生成的有机酸。精制单元是通过丙酮分馏和甲酚分馏生成甲酚、丙酮产品。

主要 VOCs 废气排放分析如下：

① 氧化塔顶尾气主要含有异丙基甲苯和水蒸气，经冷凝后液相返回氧化进料罐，气相需经活性炭处理后排放。

② 丙酮精制塔在抽真空时，塔顶含异丙苯和丙酮的废气经水冷、氨冷后液相返回系统，气相排放。

间甲酚装置 VOCs 污染源分布见图 6-18。

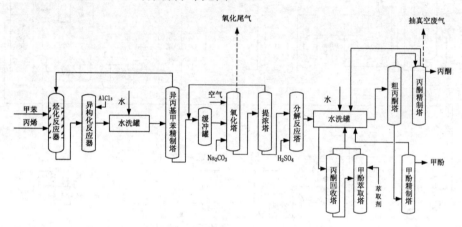

图 6-18 间甲酚装置 VOCs 污染源分布

（12）苯酐装置

苯酐装置以芳烃装置提供的邻二甲苯为原料，采用固定床气相催化氧化法生产工艺。装置由氧化、切换、精馏、包装四个单元组成。在氧化单元，按一定比例的空气和邻二甲苯混合气体进入反应器，在催化剂作用下，邻二甲苯被氧化成苯酐并产生少量副产物，反应生成气在气体冷却器中被冷却，然后进入切换单元。在切换单元，气相苯酐被凝结成固态，固态苯酐又被热熔成液态流入粗苯酐缓冲罐。在精馏单元，废气经水洗涤后排至大气，粗苯酐经过预处理后送入初馏塔，在操作条件下，从塔顶蒸出轻组分及杂质，塔釜液去精馏，从塔顶蒸出纯苯酐送往纯苯酐罐。在包装单元，纯苯酐经切片机制成片状固体产品后，由称重包装机自动称重包装出厂。主要 VOCs 废气排放分析如下：

① 反应尾气经冷凝器捕集后，含有苯酐、顺酐等有机物的废气经过水洗塔洗涤后排空，主要污染物为微量的有机酸。

② 切换冷凝器定期排放含有微量苯酐及副产物的废气。

③苯酐切片包装过程中废气经过滤器过滤后排放，其中含有微量的苯酐。

苯酐装置 VOCs 污染源分布见图 6-19。

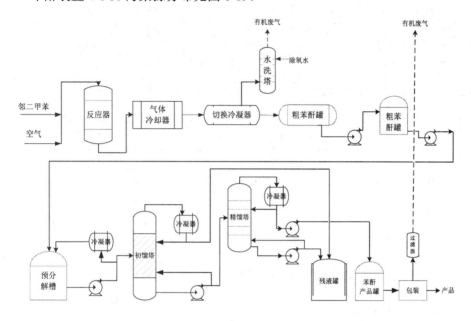

图 6-19 苯酐装置 VOCs 污染源分布

（13）苯乙烯装置

生产苯乙烯通常采用乙苯脱氢的方法。装置包括乙苯、乙苯脱氢和苯乙烯精馏三个单元。乙苯单元是在乙烯和苯催化剂的作用下，发生烃化反应和反烃化反应，生成乙苯的过程。乙苯脱氢单元在乙苯和过热蒸汽混合，在一定的温度和催化剂存在的条件下发生脱氢反应，生成苯乙烯。苯乙烯精馏单元将脱氢混合物在减压条件下分离出苯、甲苯、乙苯、苯乙烯及少量焦油。主要 VOCs 废气排放分析如下：

①脱氢反应产生的尾气中含有大量氢气和少量芳烃，经变压吸附回收大部分氢气后，需排至火炬。

②苯乙烯精馏过程中需要抽真空，真空泵排放的尾气中含有较高浓度的芳烃，需经吸附处理后排放。

苯乙烯装置 VOCs 污染源分布见图 6-20。

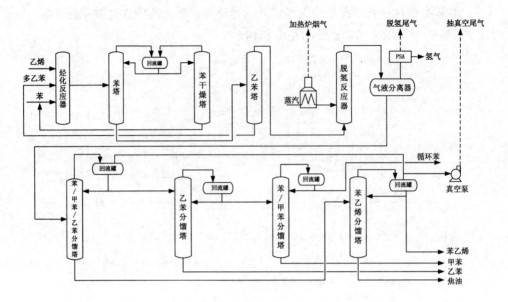

图 6-20　苯乙烯装置 VOCs 污染源分布

（14）氯乙烯装置

装置采用平衡氧氯化法生产氯乙烯，即二氯乙烷法和氧氯化法的组合。装置由直接氯化、氧氯化、二氯乙烷精制、二氯乙烷裂解、氯乙烯精制五个单元组成。在直接氯化单元中，乙烯和氯气通入 FeCl₃ 催化剂二氯乙烷母液中进行加成反应，生成二氯乙烷。在氧氯化单元中乙烯、氯化氢、氧气通过含铜催化剂被氧化生成二氯乙烷。二氯乙烷精制单元是将来自直接氯化单元和氧氯化单元以及来自氯乙烯精制单元的回收二氯乙烷进行精制。二氯乙烷裂解单元是将被净化的二氯乙烷进入裂解炉进行裂解生成氯乙烯单体。氯乙烯精制单元是将二氯乙烷裂解单元来的气体和液体净化获得合格氯乙烯产品和符合氧氯化单元需要的 HCl，同时未转化的二氯乙烷循环到二氯乙烷净化单元重新精制。

二氯乙烷精馏塔脱水器、二氯乙烷低沸物脱除塔中不凝气含有轻组分、乙烯、氯乙烯等，送到废气洗涤塔中洗涤处理后排放。

氯乙烯装置 VOCs 污染源分布见图 6-21。

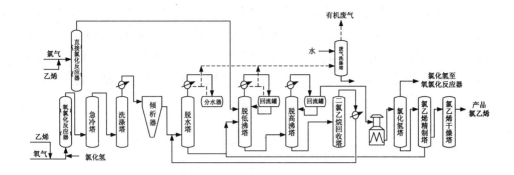

图 6-21　氯乙烯装置 VOCs 污染源分布

（15）丙烯腈装置

丙烯腈装置采用丙烯、氨氧化法生产丙烯腈。装置主要由反应、回收、精制、空压制冷和工艺废水处理五部分组成。反应部分是以丙烯、氨和空气为原料，在催化剂的作用下，经流化床反应器氧化生成主产物丙烯腈及副产物氰氢酸、乙腈等。回收部分是使进入急冷塔的反应气体经喷淋使其骤冷，并将其中的重组分和废催化剂洗涤下来，过量的氨用硫酸中和，生成稀硫铵溶液。在吸收塔用水作为吸收剂完全吸收主产物和副产物，剩下的氮气、一氧化碳、二氧化碳、水蒸气及未参加反应的氧气和烃类由塔顶排气筒排入大气。精制部分是将吸收后的混合物溶液精馏分离出丙烯腈、氰氢酸、粗乙腈，主要 VOCs 废气排放分析如下：

① 吸收塔顶排出的尾气中含有少量的烃类、丙烯腈和氢氰酸等，排至大气。

② 脱氢氰酸塔采用负压操作，真空泵抽出不凝气含氢氰酸浓度高，需送火炬处理。

③ 成品塔顶真空泵排出含有丙烯腈废气，需送火炬处理。

丙烯腈装置 VOCs 污染源分布见图 6-22。

（16）线型低密度聚乙烯装置

以线型低密度聚乙烯装置为例，装置采用气相聚合法，以乙烯、丁烯为主要原料，采用钛系催化剂，生产线型低密度聚乙烯产品。装置包括原料精制单元、催化剂配制单元、聚合反应单元、树脂脱气和排放气回收单元、混炼造粒单元、树脂处理单元六部分。原料精制单元的作用是脱除原料中的微量水、氧等杂质，以满足聚合反应的要求。催化剂配制单元的作用是配制聚合用的催化剂。聚合反应在流化床反应器中进行，聚合用催化剂和各种物料连续不断地加入反应器，反应生成的聚乙烯树脂间断从反应器排出。树脂脱气和排放气回收单元的作用是水解粉料树脂中残留的三乙基铝，脱除粉料树脂吸附的丁烯，并对丁烯进行回收再利用。混炼造粒单元的作用粉料树脂加入添加剂后，制成粒状的聚乙烯颗粒。树脂处理单元将颗粒送往掺混料仓，均化合格后，送往产品储存料仓，然后包装出厂。

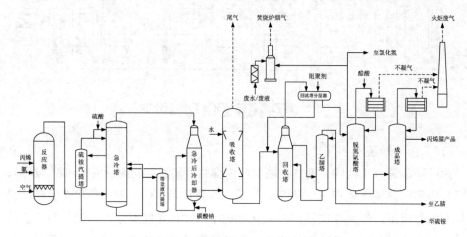

图 6-22 丙烯腈装置 VOCs 污染源分布

为使脱气仓内粉料树脂夹带的三乙基铝水解，需用水解氮气（氮气加蒸汽）吹扫树脂，废气经过滤器排大气。

线型低密度聚乙烯装置 VOCs 污染源分布见图 6-23。

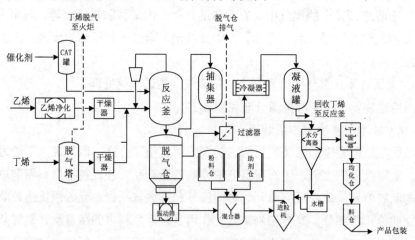

图 6-23 线型低密度聚乙烯装置 VOCs 污染源分布

（17）聚丙烯装置

聚丙烯装置包括催化剂配制单元、聚合反应单元、催化剂脱活及粉料干燥单元、挤压造粒单元等四部分。催化剂配制单元是将己烷与催化剂混合成浆液后，进行催化剂的预聚合。聚合反应单元以丙烯、乙烯为原料，采用经预聚合的高效载体催化剂，在一定的温度、压力操作条件下，聚合生成聚丙烯粉料。催化剂脱活及粉料干燥单元将聚合产物在湿氮作用下脱除粉料中的挥发分，并使粉料中未能完全反应的催化剂失活。挤压造粒单元是在干燥后的聚丙烯粉料中加入一定量的稳定剂，混炼、挤压后在水下切成粒子，经颗粒干燥器脱水干燥，进入掺合料仓均化，然后送包装。主要 VOCs 废气排放分析如下：

① 粉料干燥器中加入热氮气，将粉料夹带的丙烯和少量己烷蒸发出去，连续排放至火炬。

② 向气蒸罐中加入蒸汽，将粉料中夹带的微量丙烯和己烷进一步蒸发出去，并失活粉料中未能反应的催化剂，气体排至大气。

聚丙烯装置 VOCs 污染源分布见图 6-24。

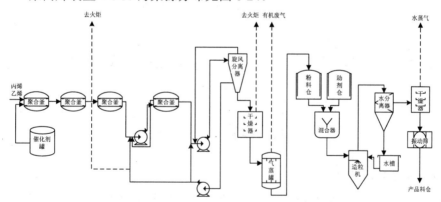

图 6-24　聚丙烯装置 VOCs 污染源分布

（18）聚氯乙烯装置

聚氯乙烯的生产方法一般分为悬浮聚合、溶液聚合、本体聚合、乳液聚合等。以某装置为例，采用悬浮聚合法间歇生产工艺，装置主要由化学品配制单元、聚合单元、氯乙烯回收单元、干燥单元、产品处理单元组成。氯乙烯和热脱盐水以及相应的配制好的化学品助剂由泵加入聚合釜中，未反应的单体从聚合釜顶部排出，经氯乙烯回收单元回收再用于聚合生产。干燥单元是将从聚合釜底部排出的浆料经汽提，离心机除去水分，再进入干燥器。干燥成品经气流输送至产品处理单元，经包装称重后码垛储存于仓库中。主要 VOCs 废气排放分析如下：

①聚合釜内充满了氮气和含水蒸气的氯乙烯单体，可采用带压出料技术，全部回收到气柜中。

②用水蒸气把氯乙烯从浆料中汽提出来，为自然排空。可采用带压出料技术，全部回收到气柜中。

③在干燥器中，经加热把几乎全部的氯乙烯单体从聚氯乙烯产品中汽提回收，废气放空。

聚氯乙烯装置 VOCs 污染源分布见图 6-25。

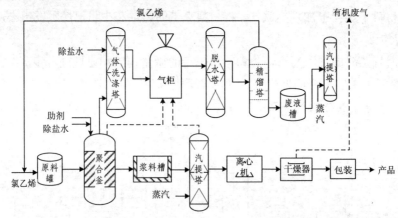

图 6-25 聚氯乙烯装置 VOCs 污染源分布

（19）聚苯乙烯装置

聚苯乙烯装置可采用悬浮法和本体法两种聚合工艺，以本体法聚合工艺为例，装置包括聚合、脱挥发、冷凝及真空、切粒及包装等单元。聚合单元以苯乙烯为原料，以过氧化物为引发剂或采用热引发方式，通过釜式搅拌反应器进行连续本体聚合，生成高分子量的聚苯乙烯。脱挥发单元主要依靠升温和减压来脱出反应产物中携带的溶剂乙苯和未反应的苯乙烯单体。冷凝及真空单元的作用是回收脱挥发单元脱除的溶剂和苯乙烯，并给系统抽真空。切粒及包装单元将脱挥发单元送来的熔融聚合物经模头挤出成条料，再经水浴槽冷却、干燥管抽去表面水分后，进入切粒机，从切粒机出来的粒料经筛选后，由输送风机送至料仓，包装出厂。主要 VOCs 废气排放分析如下：

① 密封液罐尾气主要来源于冷凝及真空单元的不凝气，含有少量的苯乙烯和溶剂乙苯。

② 模头尾气来源于模头挤料时从聚合物中挥发出来的小分子烃物质和粉尘，被引风机抽出排放。

聚苯乙烯装置 VOCs 污染源分布见图 6-26。

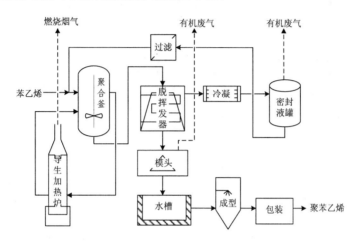

图 6-26 聚苯乙烯装置 VOCs 污染源分布

（20）精对苯二甲酸（PTA）装置

以中温氧化法生产 PTA 为例，装置包括氧化单元和精制单元。氧化单元以二甲苯为原料，醋酸钴为催化剂、四溴乙烷（氢溴酸）为促进剂，在中温下用空气进行氧化生成对苯二甲酸浆料，用过滤机进行液固分离，进入干燥机干燥成粗 TA。精制单元首先将粗 TA 在高温高压下溶于水，通过加氢反应器加氢除去粗 TA 中杂质对甲基苯甲酸（PT 酸），精制后对苯二甲酸经过五个连续结晶器降压冷却、结晶、离心分离除去母液后，固体再打浆，经常压过滤机过滤，进入干燥机干燥后得到精对苯二甲酸产品。主要 VOCs 废气排放分析如下：

① 氧化反应器尾气含对二甲苯、醋酸、醋酸甲酯等，经酸洗、水洗后进入尾气透平，回收能量后进入活性炭单元吸附器处理后排放。

② 氧化单元各塔含醋酸气体，经管线引入常压吸收塔，用水喷淋洗涤后排放。

③ 精制单元结晶排气及产品回收排气由集气管送至尾气洗涤器，用水喷淋洗涤后排放。

④ TA 中间产品、PTA 产品输送气由料仓顶部粉尘捕集器过滤粉尘后排至大气。

⑤ TA、PTA 干燥机蒸发出的气体，经酸洗或水洗后排至大气。

PTA 装置 VOCs 污染源分布见图 6-27。

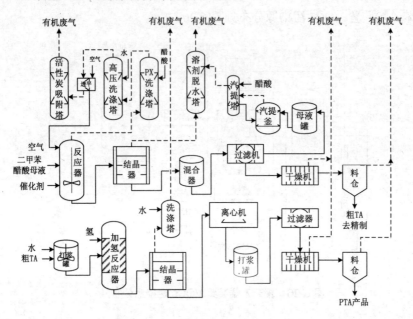

图 6-27　PTA 装置 VOCs 污染源分布

（21）酯交换聚酯装置

酯交换法生产聚酯有两种方式：间歇缩聚方式和连续缩聚方式。以间歇缩聚装置为例，装置由酯交换、缩聚和回收三个单元组成。酯交换单元是将对苯二甲酸二甲酯与乙二醇为原料加入酯交换釜，加入催化剂后再加热进行酯交换反应，反应结束后，加入稳定剂、缩聚反应催化剂及消光剂，并用氮气将生成的单体送入缩聚釜中。缩聚单元将送过来的单体先常压、再真空进行缩聚反应，并在反应过程中不断搅拌，将缩聚过程中产生的乙二醇不断蒸出反应体系，当搅拌功率达到规定值时，出料冷却聚酯熔体后进行切粒和打包。回收单元是将酯交换单元蒸出的甲醇、乙二醇与缩聚单元蒸出的乙二醇分别再进行蒸馏，回收甲醇、乙二醇等有用成分，并将蒸馏剩余的釜残液进行处理。

因装置采用间歇缩聚法，每生产一釜后需放空，其放空废气中大部分为氮气，极少部分是未反应的乙二醇。

酯交换聚酯装置 VOCs 污染源分布见图 6-28。

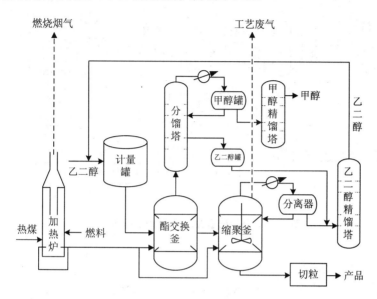

图 6-28 酯交换聚酯装置 VOCs 污染源分布

（22）腈纶装置

以采用水相悬浮聚合和湿法纺丝工艺技术生产腈纶纤维装置为例，装置主要由聚合、原液、纺丝和溶剂回收四部分组成。聚合、原液部分以丙烯腈为第一单体，醋酸乙烯酯为第二单体，甲基丙烯磺酸钠为第三单体，在引发剂、促进剂、链转移剂下水相悬浮聚合生成聚丙烯腈。聚合体经水洗、脱水、浆化、溶解、脱泡、压缩等工序制成纺丝原液。纺丝部分是将纺丝原液通过纺丝成型、溶剂牵伸、水洗、预热、热牵伸、干燥致密、定型等加工工序制成腈纶纤维。溶剂回收是通过溶剂精制过程将溶剂回收利用。主要 VOCs 废气排放分析如下：

① 聚合反应产生的尾气及回收单体真空泵排出的不凝气中主要含有丙烯腈，经洗涤塔处理后排入大气。

② 聚合水洗机和原液脱水机均采用真空过滤机脱水，真空泵不凝气中含有微量的单体，直排大气。

腈纶装置 VOCs 污染源分布见图 6-29。

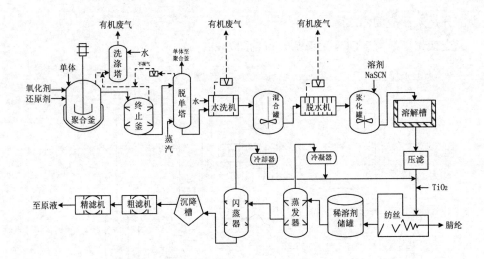

图 6-29　腈纶装置 VOCs 污染源分布

（23）己内酰胺装置

己内酰胺装置的生产方法有苯法、甲苯法。以甲苯法为例，装置由甲苯氧化、苯甲酸加氢、氨氧化、酰胺化、硫铵结晶、己内酰胺萃取、精制等单元组成。甲苯氧化单元的功能是以甲苯为原料与空气中的氧发生反应，生成粗苯甲酸，经精馏分离出高纯度苯甲酸。苯甲酸加氢单元的功能是以苯甲酸为原料与氢气反应生成环己烷羧酸（CCA），经分离蒸发得到较高浓度的环己烷羧酸，作为下一步反应的原料。氨氧化单元是氨与空气中氧进行反应再用硫酸吸收生产亚硝基硫酸。酰胺化单元是将环己烷羧酸与发烟硫酸反应生成混合酸酐，然后在酰胺化反应器内与亚硝基硫酸反应生成己内酰胺硫酸盐，经水解得到己内酰胺的酸溶液（酸团）。硫铵结晶单元是酸团在硫铵结晶器内用氨气中和生成硫铵悬浮液后与酰胺油分离。己内酰胺萃取、精制单元是将酰胺油经氨吸收、苛化、苯蒸馏、三效蒸发、轻副产物蒸馏、重副产物蒸馏等过程进行提纯、精制，最终得到己内酰胺产品。

甲苯氧化反应生成物经分离器分离后，含甲苯、苯的气相经冷凝反回反应器，不凝气经活性炭吸附后直接排至大气。

己内酰胺装置 VOCs 污染源分布见图 6-30。

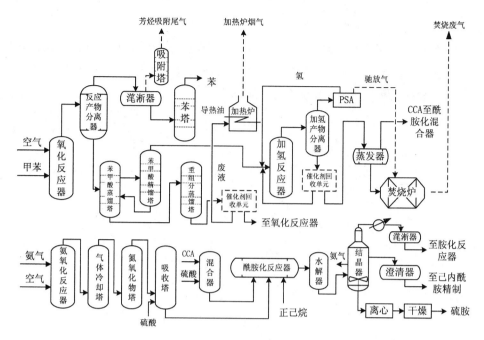

图 6-30　己内酰胺装置 VOCs 污染源分布

（24）顺丁橡胶

以某顺丁橡胶生产装置为例，装置包括聚合、溶剂回收、凝聚和后处理四部分。聚合是将丁二烯聚合成顺丁胶液。溶剂回收是将聚合未反应的丁二烯和溶剂油精馏分离并回收。凝聚过程采用水析法除去胶液中的溶剂油及未反应的丁二烯。后处理过程包括洗胶、干燥、压块、包装等几道工序。洗胶过程是指用水洗法洗去胶粒中残存的催化剂、碱及分散剂等杂质；干燥过程通过挤压脱水机和膨胀干燥机除去胶料中的水分；压块和包装过程是将胶料称重后压制成块型，并进行包装，主要 VOCs 废气排放分析如下：

① 溶剂回收单元的丁二烯回收塔、脱水塔、丁二烯脱水塔塔顶不凝气排入尾气回收设施，经过尾气回收系统（冷凝）回收尾气中的丁二烯后排至大气。

② 后处理部分的油水分层罐和油罐的气相经尾气冷凝器冷却后，油相流入油罐，不凝气从冷凝器放空管线排出，尾气中含有丁二烯。

③ 胶粒进入 1#脱水振动筛时，大量的水蒸气以及热水中残留的游离态油汽化后，通过排气筒直排大气。

④ 从脱水振动筛分离出的热水进入热水罐，热水罐放空口排放尾气中含溶

剂油。

⑤胶料经膨胀干燥机高温高压处理后，从干燥机模头喷出，胶料内部的不饱和油闪蒸出来，被干燥箱热风带出干燥箱，排气中总烃含量高，需处理后排放。

顺丁橡胶装置 VOCs 污染源分布见图 6-31。

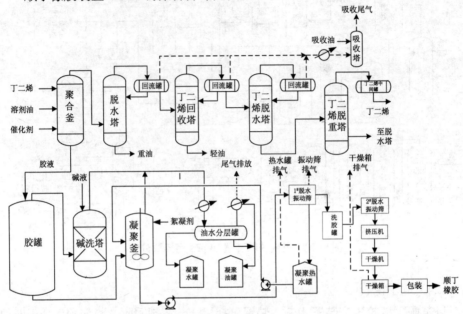

图 6-31　顺丁橡胶装置 VOCs 污染源分布

（25）丁基橡胶装置

以某丁基橡胶装置为例，装置包括制冷、聚合、回收、后处理四部分。制冷部分主要包括乙烯、丙烯压缩机为聚合部分提供−100℃的冷源。聚合部分是以异丁烯和异戊二烯为原料，氯甲烷为稀释剂，无水三氯化铝做催化剂，在−98～−99℃下进行反应，所得的聚合物-胶浆经过脱气、除去氯甲烷及残余异丁烯、异戊二烯。回收主要对未反应的单体和氯甲烷进行回收。后处理为胶浆存储、挤压脱水、干燥、压块包装。主要 VOCs 废气排放分析如下：

①乙烯压缩机入口为负压操作，在操作过程中会吸入不凝气，为防止系统中氧含量过高，需排放不凝气，其中含有乙烯、丙烯，需排至热火炬。

②氯甲烷精馏塔顶不凝气夹带少量氯甲烷，排放至冷火炬。

③碱洗塔干燥再生时，再生氮气中夹带少量氯甲烷，排放至冷火炬。

④丁基橡胶通过挤压后需干燥，干燥箱废气通过旋风分离器排入大气，其中有微量的氯甲烷。

丁基橡胶装置VOCs污染源分布见图6-32。

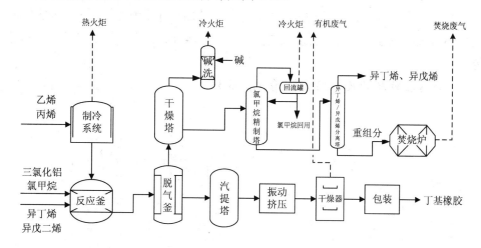

图6-32 丁基橡胶装置 VOCs 污染源分布

（26）丁苯橡胶装置

以低温乳液聚合法生产丁苯橡胶为例，装置以丁二烯、苯乙烯为主要原料，过氧化氢二异丙苯为引发剂，甲醛次硫酸氢钠和乙二胺四乙酸铁钠盐为活化剂，歧化松香酸钾和脂肪酸钠混合皂液为乳化剂，水为分散介质，用共聚方法生产丁苯胶乳，然后经单体回收、胶乳掺合（或充油）、无盐凝聚与后处理生产块状丁苯橡胶。装置分为两部分，即聚合部分和后处理部分。

原料单元负责将新鲜丁二烯和回收丁二烯、新鲜苯乙烯和回收苯乙烯按比例混合后送往聚合单元。配制单元负责聚合单元及凝聚单元所需要的配制液。聚合单元采用低温乳液聚合方法合成丁苯胶乳。丁二烯回收单元采用两级闪蒸的办法回收胶乳内未反应的丁二烯，然后经压缩、冷凝后送往原料单元。苯乙烯回收单元采用水蒸气真空蒸馏的方法回收胶乳内未反应的苯乙烯，然后经冷凝、分离后送往原料单元。掺合单元是将不合格的胶乳进行掺合，同时负责充油胶乳的配制。凝聚单元采用高分子絮凝剂和硫酸，同时加入防老剂和硫化促进剂，对胶乳（充油胶乳）进行凝聚，使橡胶从胶乳中凝聚出来。凝聚出来的胶粒经洗涤、挤压脱水送往后处理单元。后处理单元对凝聚单元送来的胶粒经干燥、压块、包装后成为块状丁苯橡胶。主要VOCs废气排放分析如下：

①回收丁二烯储罐的气相中含有丁二烯、N_2、O_2，通过煤油吸收系统回收其中绝大部分丁二烯后排放。

②干燥箱用于对脱水后的胶粒进行干燥，其加热介质为空气，这部分空气适当循环后就高空排放，其主要组成是空气、少量水分、极少量的丁二烯、苯乙烯等。

丁苯橡胶装置VOCs污染源分布见图6-33。

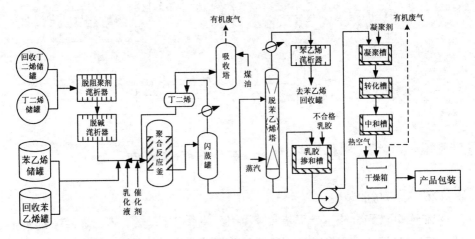

图6-33　丁苯橡胶装置VOCs污染源分布

（27）醋酸乙烯

以乙烯气相合成醋酸乙烯（VAC）为例，装置以乙烯、醋酸、氧气为原料，采用固定床反应器，乙烯气相法制醋酸乙烯。装置包括合成、精馏两个单元。

醋酸乙烯合成单元主要是反应原料乙烯、醋酸、氧气在反应器中混合，在催化剂作用下，合成醋酸乙烯，气体通过循环压缩机增压后循环使用。醋酸乙烯的精馏单元主要是分离、精制醋酸乙烯、醋酸，除去其他杂质。主要VOCs废气排放分析如下：

①循环气体压缩机密封气：密封气主要组成为乙烯和氮气，将密封气送入吸收塔，吸收液再送解吸塔，解吸后气体进入气柜回收利用。

②水洗塔排气：为了不使合成系统中氮气等杂质气体积累，而从水洗塔塔顶排出一部分气体，主要组成为乙烯、二氧化碳，可用作燃料。

③ 第一精馏塔排气：尾气中含有乙烯、醋酸等，去回收系统。

④ 第二精馏塔排气：尾气中含有微量的乙烯、醋酸等，直接排放。

醋酸乙烯装置 VOCs 污染源分布见图 6-34。

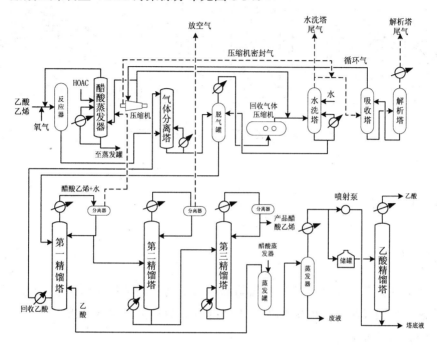

图 6-34　醋酸乙烯装置 VOCs 污染源分布

（28）聚乙烯醇装置

聚乙烯醇装置由精制醋酸乙烯经过聚合、醇解制得聚乙烯醇。装置包括聚合、醇解、回收三个单元。醋酸乙烯（VAC）的聚合是采用浓液聚合的方式，以偶氮二异丁腈的甲醇浓液为引发剂，采用浓液聚合的方式。聚醋酸乙烯的醇解，采用低碱皮带式醇解机，生成聚乙烯醇。回收单元是处理醇解工序的废液，其主要组成为醋酸甲酯和甲醇，并含有少量的醋酸钠和水分等杂质，醋酸甲酯在分解塔中经离子交换树脂的作用，水解成醋酸和甲醇，加以分离，精制进行回收。

醇解第二冷凝器排气：干燥机蒸发出来的甲醇和醋酸甲酯气体经第一冷凝器和第二冷凝器冷却的凝缩液逆流接触而捕集。吸收后余气经水洗喷淋吸收后放空。

聚乙烯醇装置 VOCs 污染源分布见图 6-35。

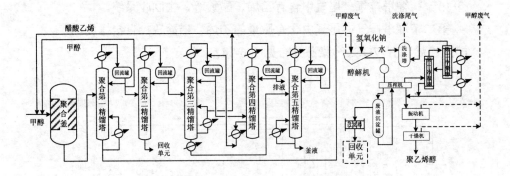

图 6-35 聚乙烯醇装置 VOCs 污染源分布

6.4 估算方法

6.4.1 实测法

实测法是基于对工艺废气的流量和废气中污染物的浓度进行实测的估算方法，测量方法有连续的在线监测（CEMS）和定期的人工采样分析。

（1）估算方法

① 基于 CEMS 监测的方法

石化企业生产装置多数是连续加工过程，通常在排放量较大的污染源排气筒上安装 CEMS。CEMS 每个小时内可连续测量多个流量和污染物的浓度，利用 CEMS 进行污染物排放估算的方法见公式（6-1）。

$$E_{\text{工艺有组织废气}i} = \sum_{n=1}^{N}\left\{ (Q)_n \times \left[1 - (f_{\text{H}_2\text{O}})_n \right] \times \left(\frac{T_0}{T_n} \right) \times \left(\frac{P_n}{P_0} \right) \times (C_i)_n \times \frac{\text{MW}_i}{\text{MVC}} \times H \times 10^{-3} \right\} \quad (6\text{-}1)$$

式中：E_i —— 工艺有组织废气中污染物 i 的排放量，t/a；

N —— 每年测量次数（例如，如果 CEMS 每 15 min 记录 1 次测量值，那么 N=35 040）；

n —— 测量编号，第 n 次测量；

Q_n —— 第 n 次测量时工艺废气的流量（湿基），m^3/min；

$(f_{\text{H}_2\text{O}})_n$ —— 第 n 次测量时工艺废气的含水量，体积分数；

T_0 —— 标准状态下的温度，273.15 K；

T_n—— 第 n 次测量时测流量时的温度，K；

P_n—— 第 n 次测量时测流量时的平均压力，kPa；

P_o—— 标准状态下的平均压力，101.325 kPa；

$(C_i)_n$—— 第 n 次测量时工艺废气中污染物 i 的浓度（干基、标态），体积分数；

MW_i—— 污染物 i 的分子量，kg/kmol；

MVC —— 摩尔体积转换系数，22.4 m³/kmol（标态）；

H—— 两次测量之间间隔的时长，min。

公式在使用中需要注意以下问题：

A. 污染物 i 含义。污染物 i 既可代表单一物质，又可代表混合物，取决于采用的监测方法，比如监测废气中非甲烷总烃的浓度或者监测单一物种 VOC 的浓度。当监测单一物种 VOC 的浓度时，VOCs 排放量应为每一种 VOC 排放量的加和。

B. 小时排放速率的计算。如果 CEMS 连续监测并在 1 h 内得到多个检测值时，废气中污染物的小时流率可以通过两种方式进行计算：一种方法是用废气的平均流量和污染物的平均浓度计算小时平均流率；另一种方法是用每次计算的流率相加得出小时流率。对于连续的、排放稳定的排放源，通常采用第一种方法计算小时平均排放流率；对于排放不稳定的排放源，比如在 1 h 内测量数据变化较大的，可采用第二种方法计算小时排放速率，这样更接近实际情况。

C. 流量与浓度的测量基准应统一。一般情况下，浓度的测量结果以干基、标态表示，流量的测量结果以湿基表示。如果流量计能将湿基流量自动修正为干基流量时，转换系数 $\left[1-\left(f_{H_2O}\right)_n\right]$ 为 1，否则应进行转换。如果流量计能将测试温度和压力下的流量自动修正为标态下的流量时，转换系数 $\left(\dfrac{T_o}{T_n}\right)\times\left(\dfrac{P_n}{P_o}\right)$ 为 1，否则应进行转换。

② 基于定期人工采样分析的估算方法

定期人工采样分析是利于色谱法测量工艺废气中非甲烷总烃的质量浓度（以碳计），采用公式（6-2）计算 VOCs 排放量：

$$E_{\text{工艺有组织废气}i}=\sum_{n=1}^{N}\left\{(Q)_n\times\left[1-\left(f_{H_2O}\right)_n\right]\times\left(\frac{T_o}{T_n}\right)\times\left(\frac{P_n}{P_o}\right)\times(C_i)_n\times H\times10^{-9}\right\} \quad (6\text{-}2)$$

式中：E_i —— 工艺有组织废气中污染物 i 的排放量，t/a;

N —— 每年测量次数（例如，如果每月测量 1 次，那么 N=12）;

n —— 测量编号，第 n 次测量;

Q_n —— 第 n 次测量时工艺废气的流量（湿基），m^3/h;

$(f_{H_2O})_n$ —— 第 n 次测量时工艺废气的含水量，体积分数;

T_0 —— 标准状态下的温度，273.15K;

T_n —— 第 n 次测量时测流量时的温度，K;

P_n —— 第 n 次测量时测流量时的平均压力，kPa;

P_0 —— 标准状态下的平均压力，101.325 kPa;

$(C_i)_n$ —— 第 n 次测量时工艺废气中污染物 i 的浓度（干基、标态），mg/m^3;

H —— 两次测量之间间隔的时长，h。

当废气流量和污染物浓度测量的基准均为干基、标准状态时，公式（6-2）可简化为公式（6-3）。

$$E_{\text{工艺有组织废气}i} = \sum_{n=1}^{N} \left\{ (Q)_n \times (C_i)_n \times H \times 10^{-9} \right\} \tag{6-3}$$

（2）所需基础数据

实测法所需要的基础数据包括工艺废气的流量、污染物或非甲烷总烃的浓度以及与检测系统有关的废气的温度、压力和含水量。

6.4.2 物料衡算法

物料衡算法是以质量守恒定律为基础，对某装置或生产过程中工艺废气排放 VOCs 的估算方法。采用物料衡算法估算 VOCs 排放量时，需要分析生产工艺过程、物料组成、产品（副产品）转化率、污染物控制指标等基本运行参数。

（1）估算方法

$$E_{\text{工艺有组织废气}i} = \left[\sum_{j=1}^{J} (W_{\text{输入}i})_j - \sum_{k=1}^{K} (W_{\text{输出}i})_k \right] \times \left[(1-\eta_1) \times \eta_2 + (1-\eta_2) \right] \tag{6-4}$$

式中：E_i —— 工艺有组织废气中污染物 i 的排放量，t/a;

J —— 污染物 i 输入的环节个数，如原料输入、各类助剂带入等;

j —— 污染物 i 输入的第 j 个环节;

$W_{\text{输入}i}$ —— 系统中污染物 i 输入的量，t/a;

K—— 污染物 i 输出的环节个数，如产品、副产品、废水、固废带出等；

k—— 污染物 i 输出的第 k 个环节；

$W_{输出i}$—— 系统中污染物 i 输出的量，t/a；

η_1—— 污染物 i 的回收或去除效率，%；

η_2—— 回收或去除装置的投用率，%。

（2）所需基础数据

物料衡算法所需要的基础数据包括装置（单元、设备）投入物料（VOCs）量、产品及副产品（VOCs）量、废水及固体废物（VOCs）量等、设施年操作时间、处理设施（冷凝、吸附、吸收、焚烧等）的处理效率及投用率等。

6.4.3　排放系数法

排放系数法适用于延迟焦化装置冷焦将近结束，打开工艺排放口（放空阀）使焦炭塔降至常压过程的 VOCs 排放估算。

（1）估算方法

$$E_{焦炭塔i} = \frac{H}{T} \times \mathrm{EF}_i \times N \qquad (6\text{-}5)$$

式中：$E_{焦炭塔i}$—— 第 i 个延迟焦化装置焦炭塔 VOCs 排放量，t/a；

H—— 延迟焦化装置年运行时间，h；

T—— 焦炭塔切焦周期，h/次；

EF_i—— 排放系数，每次切焦时 1 个焦炭塔排放 VOCs 的量，t；

N—— 每次切焦时焦炭塔的个数。

（2）基础数据

排放系数法基础数据包括延迟焦化装置的年运行时间、切焦周期、每次切焦时焦炭塔的个数，VOCs 排放系数等，VOCs 排放系数取值见表 6-1。

表 6-1　延迟焦化装置有组织污染源 VOCs 排放系数

装置	工艺过程	排放系数/（t/单塔·每次循环）
延迟焦化	冷焦后期工艺放空	2.59×10^{-2}

注：VOCs 以丙烷计。

6.5　报告格式

工艺有组织污染源 VOCs 排查工作结束后应编制排查报告，排查报告的格式及内容见表 6-2。

表 6-2　工艺有组织污染源 VOCs 排查报告

排查项目	工艺有组织污染源 VOCs 排查
排查单位	××公司
监测实施单位	××公司
报告编制单位	××公司
排查时间	××××年××月××日
监测时间	××××年××月××日
工艺装置有组织污染源基本情况（填写模板）	企业在役工艺装置数量，装置规模，采用的工艺技术或生产方法；工艺有组织污染源排放口数量，其中有机废气排放口的数量、废气处理设施数量，采用的工艺技术，处理规模，处理效率，投用率，是否达标排放
工艺装置有组织污染源 VOCs 排放估算结果及评估（填写模板）	企业××年度工艺有组织污染源 VOCs 排放量约为××t
工艺装置有组织污染源 VOCs 排放削减潜力分析（填写思路）	基于装置加工的物料和工艺过程，从生产过程有机废气回收利用、有机废气治理设施、达标排放情况、提高现有设施的处理率及投用率、减少非正常工况排放等方面分析本企业优化的潜力和可实施性
备注	其他需要说明的事项

6.6　管理要求

6.6.1　清洁生产工艺

采用清洁的生产工艺，减少工艺过程 VOCs 的排放：

（1）提高单体的聚合率，降低聚合反应成品中的单体残留量。

（2）尽量使用挥发性低的溶剂、催化剂、发泡剂等，弃用破坏大气臭氧层的物质作为发泡剂。

（3）生产过程特别是原料投入、产品卸出以及废气收集和冷却冷凝等环节提高密闭化、自动化、连续化水平。

6.6.2 污染物排放控制

（1）下列工艺废气应采取措施加以控制，避免直接排入大气：

① 空气氧化反应器产生的含挥发性有机物尾气；

② 序批式反应器原料装填过程、气相空间保护气置换过程、反应器升温过程和反应器清洗过程排出的废气；

③ 有机固体物料气体输送废气；

④ 用于含挥发性有机物容器保持真空的真空泵排气；

⑤ 非生产工况下设备通过安全阀排出的含挥发性有机物的废气。

（2）在选择工艺有机废气处理措施时，应优先选择在装置内回收利用，或设置冷凝、吸收、吸附设施对未反应单体和溶剂进行回收并循环使用，不能回收利用的有机废气再采用焚烧方法削减 VOCs 排放。

6.7 建议

石油炼制装置排放的 VOCs 中大部分为烷烃、烯烃和芳烃，是烃类有机混合物，因此现阶段用非甲烷总烃进行监测和估算 VOCs 排放量是相对合适的；但石油化工装置排放的 VOCs 中除了烃类，还包含有含氯、硫、氮的有机化合物以及各类单物质 VOCs，而且由于装置的不同，排放带有明显的特征污染物的特性，在这种情况下只用非甲烷总烃来衡量 VOCs 的排放是不全面的，也不利于分类监管。因此，鼓励有条件的企业开展单物质排放量的监测和核算。

6.8 估算方法案例

案例一：用实测法估算工艺废气 VOCs 排放量

某生产装置排放工艺废气，监测方式为定期人工采样分析，监测频次为每季度监测一次，每次连续三天进行监测，第一季度到第四季度 VOCs 监测数据分别为：

第一季度：废气量 6 000 m³/h、浓度 60 mg/m³
第二季度：废气量 6 200 m³/h、浓度 75 mg/m³
第三季度：废气量 6 500 m³/h、浓度 80 mg/m³
第四季度：废气量 6 000 m³/h、浓度 55 mg/m³

装置为连续、稳定运行，年运行时间 8 760 h，核算该装置工艺废气中 VOCs 年度排放量。

解：计算平均废气量、平均浓度：

$$平均废气量 = \frac{6\,000+6\,200+6\,500+6\,000}{4} = 6\,175\ m^3/h$$

$$平均浓度 = \frac{60+75+80+55}{4} = 67.5\ mg/m^3$$

该装置年度 VOCs 排放量计算：

$$E_{工艺有组织废气i} = \sum_{n=1}^{N}\left\{(Q)_n \times (C_i)_n \times H \times 10^{-9}\right\}$$
$$= 6\,175 \times 67.5 \times 8\,760 \times 10^{-9}$$
$$= 3.65\ t/a$$

案例二：用物料衡算法估算工艺废气 VOCs 排放量

某化工装置为连续、密闭生产过程，装置年运行时间 8 760 h。原料及产品均为挥发性有机物，原料 A 消耗量 76 600 t/a，原料 B 消耗量为 213 950 t/a，生产产品 289 050 t/a、副产品 500 t/a、产生废油 950 t/a 和废气，废气经焚烧设施处理后高空排放，焚烧装置去除率为 98%，与主体装置同时开停，核算该装置工艺废气中 VOCs 年度排放量（假设废气全部为 VOCs，其他排放可忽略不计）。

解：该装置年度 VOCs 排放量计算：

$$E_{工艺有组织废气i} = \left[\sum_{j=1}^{J}(W_{输入i})_j - \sum_{k=1}^{K}(W_{输出i})_k\right] \times [(1-\eta_1)\times\eta_2 + (1-\eta_2)]$$
$$= [(76\,600+213\,950)-(289\,050+500+950)]\times[(1-98\%)\times100\%+(1-100\%)]$$
$$= 1\ t/a$$

案例三：用排放系数法估算延迟焦化工艺废气 VOCs 排放量

某厂延迟焦化装置加工规模为 200 万 t/a，采用"二炉四塔"方案，两塔一组切换操作，一组生焦，同时另一组冷焦和切焦，生焦周期 24 h，装置连续、稳定运行，年运行时间 8 760 h，核算该装置焦炭塔有组织工艺废气中 VOCs 年度排放量。

解：计算延迟焦化装置焦炭塔有组织工艺废气中 VOCs 年排放量：

$$E_{\text{焦炭塔}i} = \frac{H}{T} \times \text{EF}_i \times N$$

$$= \frac{8\,760}{24} \times 0.025\,9 \times 2$$

$$= 18.91 \text{ t/a}$$

7 冷却塔、循环水冷却系统释放

7.1 概述

本章所述的循环水冷却系统污染源是指由于回用水处理不彻底、添加水质稳定剂和工艺物料泄漏将污染物带入循环冷却水中，污染物通过循环水冷却塔的闪蒸、汽提和风吹等作用释放到大气中，该源项通过高 15 m 以上冷却塔顶排放的视为有组织排放源，通过其他方式等逸散的视为无组织排放源，这是一种正常工况下连续不稳定的排放。石化行业循环水用量大、物料性质及冷却介质复杂多样，循环水系统设备及材质老化、生产操作不稳定等问题均易造成换热器泄漏，影响冷却水水质，因此，循环水泄漏排查和修复已经成为循环水场重要的管控部分。《美国炼油厂排放估算协议》（EPA，2011）中推荐了五级估算循环水冷却系统 VOCs 逸散方法，包括汽提废气监测法、物料衡算法和排放系数法。基于物料衡算法，由于要了解冷却水中 VOCs 种类和数量，目前实现起来有一定的困难，因此，基于物料衡算的原理，引入"逸散性可挥发性有机物"的概念，以此代表循环水中总 VOCs，用于计算循环水冷却系统中 VOCs 的排放量。

7.2 循环水冷却系统介绍

7.2.1 冷却水系统

石化企业冷却水系统可分为直流水冷却系统和循环水冷却系统。在直流水冷却系统中，冷却水只经换热器一次利用后被排掉，通常用水量大，水经换热器后的温升较小，排出水的温度较低，水中含盐量基本不浓缩。直流水冷却系统一般适用于具有可供大量低温水，并且水费便宜的地区，但由于排水对环境的污染问题，现在即使在水量丰富的地区也不提倡采用直流水冷却系统。循环水冷却系统中，水经换热器后温度升高，由冷却塔或其他冷却设备将水温降低，再由泵将水送往用户，在不断重复使用过程中提高水的重复利用率。

循环水冷却系统可分为密闭式循环水系统和敞开式循环水系统。在密闭式循环水系统中，水不暴露于空气中，水的冷却是通过一定类型的换热设备用其他的冷却介质（如空气、冷冻剂）进行冷却。密闭式循环冷却水损失小，不需要大量补充水，没有水被蒸发或浓缩。敞开式循环水冷却系统中的热水是经过冷却塔或冷却池与空气直接接触被冷却变为冷水，再返回系统循环使用。敞开式循环水冷却系统一般又叫冷却塔系统，是目前应用最广、类型最多的一种冷却系统，见图7-1。

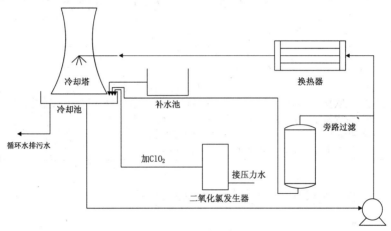

图 7-1 敞开式循环冷却水处理工艺流程

7.2.2 冷却塔

冷却塔是塔形建筑物，水气热交换在塔内进行，可以通过自然通风或机械通风控制空气流量加强空气与水的对流作用以提高冷却效果。逆流式自然通风冷却塔为钢筋混凝土结构，风筒高，塔体高大，不需要动力，单塔处理量大，可达到每小时水量数千立方米。机械通风冷却塔利用风机通风，需要动力，冷却效果好，多为方形或长方形结构，可以多塔并列布置，节省占地面积。机械通风冷却塔又分鼓风式与抽风式两种，鼓风式冷却塔的风机设在塔的旁侧进风口内，只用于冷却水腐蚀性较大的情况；抽风式冷却塔的风机设在塔顶排风口内，是目前应用最广泛的塔型，尤以石油、化工企业最常用。各种冷却塔的优缺点及适用条件比较见表7-1。

表 7-1　各冷却塔的优缺点及适用条件

名称	优点	缺点	适用条件
开放式冷却塔	1. 设备简单，维护方便 2. 造价较低，用材易得	1. 冷却效果受风速、风向影响 2. 冷却幅度较低 3. 风吹损失率较大，冬季形成水雾，污染环境，在大风多沙地区不宜采用 4. 占地面积较大	1. 气候干燥，具有稳定风速的地区 2. 建造场地开阔 3. 冷却水量 Q 较小，喷水式 $Q<100\ m^3/h$，点滴式 $Q<500\ m^3/h$ 4. 对冷却后的水温要求不高
风筒式自然通风冷却塔	1. 效果稳定，受风的影响小 2. 风吹损失率小 3. 风筒高，空气回流和水雾影响小 4. 无风机，运行费用低	1. 施工周期长，造价高 2. 冬季防冻维护较复杂 3. 冷却幅度偏大，在高温、高湿、低气压地区不宜采用 4. 占用面积较大	1. 冷却水量大 2. 建造场地较开阔 3. 北方湿度较低地区及其他湿球温度不高（小于 22℃）的地区
机械通风冷却塔	1. 效果好，稳定，可达到较高的冷却幅宽和较低的冷却幅高 2. 风吹损失率小 3. 布置紧凑，可设在厂区建筑物和泵站附近 4. 施工期短，造价较风筒式低	1. 有风机，比风筒式耗电多、运行费用高 2. 机械设备维修较复杂 3. 鼓风式冷却塔的冷却效果易受塔顶排出湿热空气回流的影响 4. 噪声较大	1. 适合不同冷却水量 2. 适合不同地区，并适合气温、湿度较高地区 3. 对冷却后的水温及其稳定性要求严格的工艺 4. 建筑场地狭窄

逆流式和横流式冷却塔的优缺点比较见表 7-2。

表 7-2　逆流式和横流式冷却塔的优缺点

项目	逆流式冷却塔	横流式冷却塔
效率	水与空气逆流接触，热交换效率高（可保持最冷的水与最干燥、温度低的空气接触，最热的水与最潮湿、温度高的空气接触）	如水量和容积散质系数相同，填料容积要比逆流塔大 15%~20%
配水设备	对气流有阻力，配水系统维护检修不便	对气流无阻力影响，维护检修方便
风阻	因水气逆向流动，加上配水对气流的阻挡，风阻较大，为减少进风口的阻力降，往往提高风口高度，以降低进风速度	比逆流塔低，进风口高度即为淋水填料高度，故进风风速低，风阻较小
塔高度	因进风口高度和除水器水平布置等因素，塔总高度较高	填料高度接近塔高，除湿器不占高度，塔总高度低。相应进塔水压较低
占地面积	淋水填料平面面积基本同塔面积，故占地面积比横流塔小	平面面积较大
空气回流	排出空气回流比横塔小	因塔身低，进风窗与排风口近，风机排气回流影响较大

7.3 排查工作流程

循环水冷却系统排查工作流程包括资料收集、源项解析、合规性检查、统计核算、格式上报五部分，见图 7-2。

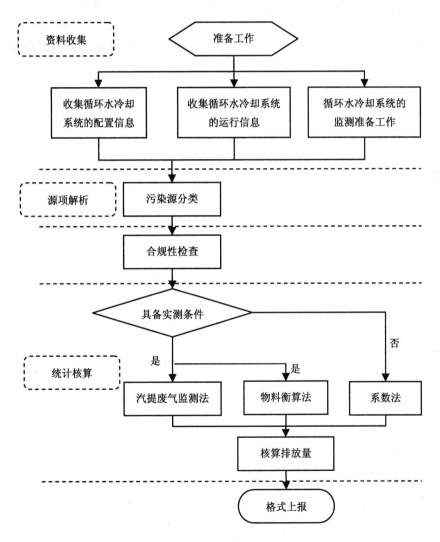

图 7-2 循环水冷却系统排查工作流程

7.4　源项解析

石化行业冷却水用量大，冷却介质复杂多样，物料性质、循环水系统的设备及材质老化、生产操作不稳定等问题均易造成换热器泄漏，另外，回用水处理不彻底、添加水质稳定剂等因素也会影响冷却水水质，产生严重的后果。当石化企业工艺装置内换热器或冷凝器发生泄漏时，含 VOCs 的工艺物料通过换热器裂缝从高压侧泄漏并污染冷却水。由于循环水冷却塔的闪蒸、汽提作用和风吹逸散，VOCs 会从冷却水中逸散到大气中，该源项通过高 15 m 以上冷却塔顶排放的视为有组织排放源，通过其他方式等逸散的视为无组织排放源，这是一种正常工况下连续不稳定的排放，见图 7-3。

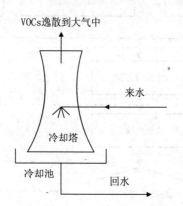

图 7-3　冷却塔 VOCs 逸散源项分析

7.5　操作规范和要求

循环水系统按照《中华人民共和国建设部循环水系统设计规范》设计，各企业根据自身实际情况制定循环水冷却系统的操作指南，遵守指南要求，根据产品质量要求供应优质合格的冷却水。控制合理的余氯、药剂含量、pH 值和浓缩倍数；根据水温情况和气象条件适当开停风机，保证冷水温度适合主体装置的生产；适时调整各配水间液位及塔池液位、压差，保证水量平衡、冷却效果良好，做到冷却塔运行经济合理；适时反洗各滤池和调整排污水量，保证循环水浊度和浓缩倍数在控制指标范围内；加强巡回检查，观察风机水泵旁滤池等设备的运行情况以保证安全生产；维护好加药、加酸、加氯系统的正常运行；注意观察中控机各指示数据，根据现场实际情况，采取处理措施；做好工艺管线、阀门等的检查维护；做好本岗位的交接班和原始数据记录，做到数据真实准确，内容详细可靠，系统出现波动要及时汇报和处理，确保装置平稳运行。

循环水系统若不发生物料泄漏，除冷却塔喷淋及加药操作会对水质产生一些影响外，水质基本上较稳定。但当系统发生物料泄漏时，无论泄漏何种介质、形态如何、漏量大小，都会以某种形式表现出来，因此，需根据系统的表观特征来判断是否发生了泄漏，泄漏的物质种类，以尽快查找到泄漏设备。循环水系统查漏原则先装置总出口、后各换热器、水冷器等出口。

7.5.1 泄漏排查方法

（1）直接观察法

炼油富气、液化气等冷却器泄漏检查，打开放空点出现大量的气泡，呈现"开锅"状态；轻柴油泄漏时，不溶于水，但遇水易乳化，从循环水中析出黄色的油沫，水的颜色为灰白色；汽油泄漏时，由于含有一定量的轻组分，放空点也会有气泡，随着泄漏量的增加，循环水的颜色会变成黑红色，此外，汽油的挥发性强，冷却塔会发出较浓的汽油气味；苯类物料发生泄漏后，表现为循环水水质变红，各项水质指标如浊度、悬浮物、COD、腐蚀速率等相应上升；酸性气或酸性水汽提部分水冷器发生泄漏后，最初阶段表现为碱度、pH 值上升，但泄漏一段时间后，水中的硫细菌将循环水中的硫化物转化为硫酸，硝化细菌将循环水中的氨态氮转化为硝酸。

（2）装置区域排查

通过对污染的循环水水质进行全面的分析后，确定发生物料泄漏生产装置。通常是通过循环水岗位认真细致巡检，发现循环水水质直观状态异常、水面漂浮物异常、加药后特征指标变化立即报告，跟踪发生在每日最新分析数据的异常变化，对泄漏概率高的设备可以经常随机采样观察或在固定通氯时间里定时抽查。

7.5.2 泄漏修复方法

发生泄漏后，有关人员应以最快速度查找泄漏点，及时关闭，尽可能减少由于介质泄漏对循环水的冲击；对系统内的循环水进行置换，观察浊度、悬浮物、含油量、COD 等数据变化；投加除油清洗剂进行清洗；增加杀菌剂投加频率及计量，加大杀菌力度；增加缓蚀阻垢剂用量，防止因黏泥吸附造成垢下腐蚀；在泄漏点关闭后及时投加除油清洗剂和黏泥剥离剂，对冷却器内表面附着的污油和生物黏泥进行清洗剥离，提高冷换设备的换热效果，减少设备腐蚀结垢；每年定期对循环水系统进行一次清洗预膜处理；加强对装置冷换设备的管理，避免设备超期服役，确保检修质量，尽可能地减少冷换设备泄漏问题。

7.6 推荐估算方法

循环水冷却污染源排放的推荐估算方法包括汽提废气监测法、物料衡算法和排放系数法，其中，汽提废气监测法和排放系数法主要采用《美国炼油厂排放估算协议》（EPA，2011）中冷却塔估算 1 级、2 级、5 级方法，物料衡算法除采用《美国炼油厂排放估算协议》（EPA，2011）中冷却塔估算 3 级和 4 级方法外，还可利用基于"逸散性可挥发性有机物"的物料衡算法。由于所使用技术方法的不同，准确性和适用性有所差别，石化企业可根据实际情况选择排放估算方法。一般情况下，冷却塔的年排放量应考虑冷却塔的年操作时间，可利用各监控期间的检测浓度求出其排放量后加和获得，或者使用冷却塔全年运行操作时间的排放系数进行估算。

7.6.1 汽提废气监测法

汽提废气监测法采用《美国炼油厂排放估算协议》（EPA，2011）中冷却塔估算 1 级、2 级方法。该方法基于实验方法——EI Paso 法（TCEQ，2003），采用直流系统汽提水样，在汽提塔的空气出口，通过使用现场 FID 分析仪测得废气中总 VOCs 浓度（冷却塔 2 级方法），或采用 TO-14A、TO-15、EPA 方法 18 或 GC/FID 气相色谱/离子火焰检测器等方法，测得废气中各挥发性有机物的浓度再计算总 VOCs 浓度（冷却塔 1 级方法），从而计算水中可汽提 VOCs 的浓度。

EI Paso 法（TCEQ，2003）采用直流系统汽提水样，使用 FID 分析汽提后气体中的 VOCs。此方法可测量冷却水中沸点低于 $140°F$ 的易于汽提组分的含量。在此方法中，冷却水连续通过管道或弹性管后送入汽提塔装置。在汽提塔中空气流与冷却水逆流接触，从水中带出 VOCs。测量离开汽提塔后空气中的污染物浓度及流向汽提塔装置的空气和水的流量，从而估算冷却水中可汽提 VOCs 的浓度。

在汽提塔的空气出口，通过使用现场 FID 分析仪（冷却塔 2 级方法），或用在线便携式气相色谱仪（GC）（冷却塔 1 级方法），或通过样品罐收集样品送到实验室分析废气污染物的形态（提要法 TO-14A、提要法 TO-15 或 EPA 方法 18[都是 1 级方法]），从而测量 VOCs 浓度以确定总的可汽提 VOCs。

采用冷却塔 1 级和 2 级方法所需要的数据包括：冷却塔汽提空气出口 VOCs 浓度（1 级方法是汽提法 VOCs 单物质浓度，2 级方法是汽提 VOCs 总浓度）、汽提塔的操作参数和冷却水流量，汇总了 1 级和 2 级方法需要的数据。

对服务于多组分工艺物流的冷却塔，最好确定冷却水中可汽提化合物的生成物质。对服务于单组分工艺物流的冷却塔，使用 FID 分析仪就足够。使用公式（7-1）计算汽提塔出口检测冷却水中可汽提组分的浓度。

$$C_{水,i} = \frac{C_{空气,i} \times \mathrm{MW} \times P \times b_{汽提空气流}}{R \times (T + 273) \times a_{样品水流} \times \rho_水} \qquad (7\text{-}1)$$

式中：$C_{水,i}$ —— 可汽提组分 i 在原料水中的浓度，mg/kg；

$C_{空气,i}$ —— 汽提气中组分 i 的浓度，μmol/mol；

MW —— 化合物的分子量，g/mol；

P —— 汽提塔的压力，atm；

$b_{汽提空气流}$ —— 汽提塔的汽提空气流量，mL/min；

R —— 气体常数，82.054 mL·atm/mol·K；

T —— 汽提塔温度，℃；

$a_{样品水流}$ —— 汽提塔样品水流量，mL/min；

$\rho_水$ —— 样品冷却水的密度，g/mL。

当使用 EI Paso 法（TCEQ，2003）时，计算的原料水中化合物的浓度代表被汽提的浓度，而不是汽提前原料水中化合物的总浓度。因此，这个计算的浓度应称作冷却水中"可汽提污染物浓度"。总之，当利用 FID 分析仪估算总 VOCs 时，要使用标气的摩尔质量（MW）。通常使用 CH_4 作为标气，因此将用 CH_4 的摩尔质量（16 g/mol）估算水中 VOCs 浓度和排放速率（以 CH_4 报告）。即使使用不同的标气，也可以根据需要用 CH_4 的含量以 mg/kg 或 μl/L（以甲烷计）为单位定义泄漏阈值。

通常，当工艺物流是单一组分时，可将 FID 测得的以甲烷为基准的浓度转换为以 C 计的特定化合物。对于多组分工艺物流，最好使用便携式 GC/FID、TO-14A、TO-15 或方法 18 确定分物种化合物。对于便携式 GC 的检测结果，除了用标准化合物（甲烷或丙烷）进行标定外，对汽提物流中可能存在的典型化合物，还要确定仪器的响应系数。对于场外实验室分析的分物种化合物，可以使用各自化合物的摩尔质量（例如，苯的摩尔质量为 78 g/mol）估算水中特定化合物的浓度。当进行以制定排放清单为目的的排放量估算时，应使用这些分物种浓度（使用特定化合物的摩尔质量）。但是，应着重注意如果为了监管目的，这些浓度必须转化为以甲烷计（使用甲烷的摩尔质量）以便与以甲烷为基准的泄漏阈值对比（参见 7.9.1 中的案例一）。

使用公式（7-2）估算冷却水中可汽提总 VOCs 的排放量：

$$E_i = \frac{C_{水,i}}{10^6 \, \mathrm{ppm}} \times \mathrm{Flow}_{冷却水} \times \rho_水 \times H_年 \times 10^{-3} \tag{7-2}$$

式中：E_i —— 冷却水中可汽提污染物 i 的排放量，t；

　　　$\mathrm{Flow}_{冷却水}$ —— 冷却水流量，$\mathrm{m^3/h}$；

　　　$\rho_水$ —— 水的密度，$10^3 \, \mathrm{kg/m^3}$；

　　　$H_年$ —— 监控周期的时长或泄漏发生的时长，h。

如果 $C_{空气,i}$ 是基于 FID 分析仪的总 VOCs 结果（冷却塔 2 级方法），污染物 i 就是 VOCs。

如果 $C_{空气,i}$ 是基于 GC 各组分的分析结果（冷却塔 1 级方法）或基于特定点或默认组分组成数据（冷却塔 2 级方法），污染物 i 就是各污染物。

如果进行常规或定期检测或采样（如每月或每季度），则可以使用连续检测的浓度结果估算检测期间的平均排放速率，把每个检测浓度分配到检测/采样前后各一半时间。如果在冷却水中检测到非常高的有机物浓度（如检测到泄漏），则可以认为测量浓度表示的时间跨度为从发现泄漏到修复完成。当使用定期检测时，该方法与设备泄漏排放所用的"中点法"极为类似。提到设备泄漏估算，当进行冷却水的定期检测时，也可以使用"修改的不规则四边形法"或"平均期法"估算冷却塔的年度排放量。

如果不实施常规或定期检测或采样，假设全年的浓度是常数，所有测得浓度都应用于计算冷却塔的平均排放速率。在这种情况下，如果浓度测量值有建议后续需要修复的泄漏，则在年度报告中使用初始确定的泄漏浓度，直到泄漏被修复为止。

7.6.2 物料衡算法

物料衡算法包括《美国炼油厂排放估算协议》（EPA，2011）中冷却塔 3 级、4 级方法和基于"逸散性可挥发性有机物"代表循环水中总的 VOCs 的方法。冷却塔 3 级方法是利用冷却水暴露到空气前后各组分浓度的变化和冷却水循环量估算冷却水污染物排放量，4 级方法是冷却水暴露到空气前各组分浓度全部逸散到大气中估算冷却水污染物排放量。基于"逸散性可挥发性有机物"的物料衡算法是利用冷却水暴露到空气前后逸散性可挥发性有机物浓度的变化和冷却水循环量估算冷却水污染物排放量。

（1）基于 VOCs 检测的物料衡算法：冷却塔估算 3 级和 4 级方法

用 3 级方法估算冷却塔的排放，此方法使用基于冷却塔采样前后的质量平衡。尽管用于大型泄漏时，3 级方法与 1 级和 2 级方法同样可靠，但 3 级方法受限于水采样技术的检测限问题。因此，这种检测方法不可能检测到对 VOCs 排放有明显贡献的较小泄漏。

通常，冷却水中的污染成分浓度低、体积流量大，因此直接采水样需要分析低水平浓度的技术。冷却水采样一般使用 8260B 方法，在该方法中，把样品导入气相色谱/质谱（GC/MS）系统，采用 GC 柱升温程序分离各组分，用 MS 检测组分。此方法的检测结果是冷却水中各组分的浓度。一般分析两个冷却水水样以估算排放量：一个样品是冷却水暴露在大气之前，一个样品是冷却水暴露在大气之后。冷却水各组分的浓度变化量乘以冷却水循环量就得到了泄漏期间排入大气的量。采用冷却塔 3 级方法需要的数据包括冷却水中各类物质的浓度和冷却水流量。

利用冷却水暴露到空气前后各组分浓度的变化和冷却水循环量估算冷却水污染物排放量。公式（7-3）可以用于计算冷却水中组分的排放量。值得注意的是，此处假设补水抵消了所有的蒸发损失和排污损失；因此，无论在何处测量，冷却塔"流进"和"流出"水量相同，并可以根据水的再循环速度求出。

$$E_i = \frac{\left(C_{i,进口} - C_{i,出口} \right)}{10^6 ppm} \times \text{Flow}_{冷却水} \times \rho_水 \times H_年 \times 10^{-3} \qquad (7\text{-}3)$$

式中：$C_{i进口}$ —— 冷却水暴露于大气前 i 组分的浓度，mg/kg；

$C_{i出口}$ —— 冷却水暴露于大气后 i 组分的浓度，mg/kg。

如公式（7-4）所示，冷却水总污染物排放量是所有组分排放量的和，可以针对 VOCs 加和。

$$E_{总} = \sum_{i=1}^{n} E_i \tag{7-4}$$

4 级方法与 3 级方法一样,直接对冷却水采样送实验室分析其中所含的 VOCs。根据冷却塔 4 级方法,在暴露大气之前仅取一个样品估算排放量。在该方法中,假设冷却塔中的污染物 100%被排放。因此,该方法会高估冷却水向大气的污染物排放量,是一种保守的估算。

采用冷却塔 4 级方法需要的数据包括在冷却水中各类化合物浓度和冷却水流量。利用冷却水暴露到大气之前冷却水中污染物各组分的浓度和冷却水流量来估算冷却水的排放量。公式 (7-5) 用于计算从冷却水向大气的污染物排放量。

$$E_i = \frac{C_{i,进口}}{10^6 \, \mathrm{ppm}} \times \mathrm{Flow}_{冷却水} \times \rho_水 \times H_年 \times 10^{-3} \tag{7-5}$$

式中:$C_{i进口}$ —— 冷却水暴露于大气前 i 组分的浓度,mg/kg。

当 $C_{i,出口}$ 等于 0 时,公式 (7-5) 等于公式 (7-3),因此,使用冷却塔 4 级方法实质上与冷却塔 3 级方法相同。可以使用公式 (7-4) 计算从冷却水排放的总 VOCs 排放量。

(2) 基于 EVOCs 检测的物料衡算法

冷却塔估算 3 级和 4 级方法需要了解冷却水中 VOCs 的种类和数量,目前实现起来有一定的困难,因此,利用其方法原理,本书引入"逸散性可挥发性有机物"的概念,以此代表循环水中总的 VOCs,采用国家标准《水质　总有机碳的测定　燃烧氧化-非分散红外吸收法》(HJ 501) 中可吹出有机碳 (POC) 替代"逸散性可挥发性有机物"浓度估算冷却水污染物排放量。

物料衡算法通过监测冷却塔中冷却水暴露到空气前后逸散性挥发性有机物浓度 (EVOCs) 的变化和冷却水循环流量,计算冷却塔 VOCs 排放量,如公式 (7-6);若有多次监测数据,取其平均值进行计算。该方法假设冷却水补水与蒸发损失、风吹损失相等,冷却塔的进出流率不变。

$$E_i = Q_i \times \left(\mathrm{EVOC}_{入口i} - \mathrm{EVOC}_{出口i} \right) \times H \times 10^{-6} \tag{7-6}$$

式中:E_i —— 冷却塔 VOCs 排放量,t/a;

Q_i —— 循环水流量,m³/h;

$\mathrm{EVOC}_{入口i}$ —— 冷却水暴露空气前 EVOCs 的浓度,mg/L;

$\mathrm{EVOC}_{出口i}$ —— 冷却水暴露空气后 EVOCs 的浓度,mg/L;

H —— 冷却塔年运行时间，h/a。

7.6.3 排放系数法

排放系数法采用《美国炼油厂排放估算协议》（EPA，2011）中冷却塔估算 5 级方法，排放系数使用 AP-42（美国环保局，1995，5.1 节）给出的不受控的 VOC 排放系数 6 lb 总 VOC/MM gal 水（7.19×10^{-7} t/m^3，相当于水中 VOC 浓度 0.719 mg/kg）。表 7-3 总结了允许在冷却塔 5 级方法中使用的 AP-42 排放系数。

表 7-3　冷却塔 5 级方法默认的排放系数

冷却塔类型	VOC 排放系数 [a]/（t/m^3）	冷却塔类型	VOC 排放系数 [a]/（t/m^3）
引风，逆流	7.19×10^{-7}	未规定的通风或流型	7.19×10^{-7}
引风，横流	7.19×10^{-7}	自然通风	7.19×10^{-7}

注：a 来源：美国环保局，1995。

计算时不使用 AP-42 提供的受控的排放系数，受控的排放系数仅仅应用于直接检测烃类并在发生泄漏时即修复泄漏时的炼油厂，在这种情况下，炼油厂应有检测数据，可用冷却塔 1 级、2 级、3 级或 4 级方法进行排放估算。采用冷却塔 5 级方法所需的数据包括 AP-42 不受控的 VOC 排放系数、冷却水流量和工艺物流组成。

利用公式（7-7）估算 VOC 排放量：

$$E_{VOC} = EF_{Unc} \times Flow_{冷却水} \times H_{年} \qquad (7-7)$$

式中：EF_{Unc} —— 来自 AP-42 的不受控冷却塔排放系数；取 7.19×10^{-7} t/m^3。

利用公式（7-8）估算特定组分的排放量：

$$E_{VOC} = EF_{Unc} \times Flow_{冷却水} \times H_{年} \times WtF_{rac_i} \qquad (7-8)$$

式中：WtF_{rac_i} —— 冷却水中组分 i 的近似重量分数。

7.7　报告格式

循环水冷却系统 VOCs 污染源排查报告见表 7-4。

表 7-4　循环水系统 VOCs 污染源排查报告表

排查项目	企业其他源项 VOCs 污染源排查		
排查单位	××公司		
监测实施单位	××公司		
排查时间	××××年××月××日		
监测时间	××××年××月××日		
循环水场基本情况	循环水场名称	规模	服务范围
	循环水场 1		
	循环水场 2		
	……		
循环水系统 VOCs 排放估算结果及评估	选用方法：　　　　　　□汽提废气监测法　　　□物料衡算法 □排放系数法 实测记录是否符合要求：　□是　　　　　　　□否 检测报告、检测记录值与计算时所用数据：　□一致　　　□不一致 核算过程：　　　　　□正确　　　　□不正确 估算本企业××年度循环水系统 VOCs 排放量约为×× t。		
备注	其他需要说明的排查结果		

7.8　管理要求

（1）消除泄漏源

加强泄漏检查，相关装置工艺人员积极配合采样分析，查找漏点，在最短的时间内发现漏点，避免影响循环水水质。查找出的泄漏设备应立即从系统中切出，如确实无法切出的，应让其循环回水就地排放，避免影响其他换热设备和整个循环水系统。

（2）降低浓缩倍数运行

由于泄漏后水质严重恶化，为了尽量降低微生物黏泥在循环水中的浓度，减轻水质恶化对水冷器的危害，应增大排污水量和补水量。

（3）更新水处理理念

根据近年来国内外出现的先进的水处理技术和水处理设施，应更新水处理理念，随着现场监测设备和杀菌剂的发展，根据需要适当投用黏泥、腐蚀等监测设备，使我们可以从多方位、多角度来衡量和判断系统的运行状况及出现的问题。

（4）完善循环水管理制度

水质专业管理部门加大管理力度，投用循环水水质监测设备，加强药剂检定工作，同时对各装置的换热器、水冷器进行不定期监测。制订相应的奖惩措施，提高装置管理人员的水质管理意识。采取多种形式向装置人员灌输循环水水质对装置生产的影响，使装置人员对循环水水质管理意识提高，积极主动参与循环水水质的管理，不随意排放循环水，出现问题积极主动解决。

7.9 估算方法案例

7.9.1 汽提废气监测法

案例一：如何将分物种浓度结果与以甲烷为基准定义的泄漏进行对比

某企业实施 EI Paso 监控并提供了分物种结果，为了达到监管目的，必须把这些结果转化为以 CH_4 为基准的结果以便于与定义的泄漏对比。

已知：分物种 EI Paso 监视发现汽提空气中己烷浓度是 5 µmol/mol。以甲烷计的浓度是多少？

解：在这个案例中，汽提空气中己烷浓度是 5 µmol/mol。应使用下列公式把浓度转化为以甲烷为基准的浓度：

$$5\,\mu mol/mol己烷=\left(\frac{5\,mol己烷}{10^6\,mol空气}\times\frac{6\,mol\,C}{1\,mol己烷}\times\frac{1\,mol甲烷}{1\,mol\,C}\right)=30\,\mu mol/mol(以甲烷计)$$

如果泄漏定义是 6.2 µmol/mol（以甲烷计），由于己烷的浓度是 30 µmol/mol 当量的甲烷，则已检测出泄漏。

案例二：冷却塔 1 级方法的计算

已知：使用 EI Paso 检测方法每季度检测一座水循环流量为 7 268 m^3/h 的冷却塔。在第二季度检测过程中检测到汽提空气中己烷浓度为 5.0 µmol/mol，表示"泄漏"。在这次检测过程中 EI Paso 汽提塔的参数如下：压力为一个标准大气压；汽提塔汽提空气流量为 2 500 mL/min；温度为 32 ℃；汽提塔样品水流量为 125 mL/min。泄漏修复从检测到完成用了 45 天。假设所有其他检测中己烷没有达到可检出的浓度，己烷的年度排放量是多少？

解： 首先使用公式（7-1）计算水中可汽提化合物的浓度如下：

$$C_{水,己烷} = \frac{5.0\,\mu l/L \times 86.17\,g/mol \times 1\,atm \times 25\,00\,ml/min}{82.045\,mL \cdot atm/mol \cdot K \times (32+273) \times 125\,ml/min \times 1\,g/ml}$$

$$= 0.34\,mg/kg 己烷$$

因此，空气物流中 5 μmol/mol 的己烷浓度转换为冷却水中 0.34 mg/kg 的可汽提己烷浓度。

接着，估算第一季度至第二季度检测区间的排放量。应记录和使用准确的检测时间，但给出的信息是季度检测，假设检测间隔 91 天（2 184 h）。可以使用中点法、修改的不规则四边形法或平均期法。使用修改的不规则四边形法或平均期法应注意第一次检测的有效水浓度是 0 μmol/mol 己烷，第一次至第二次检测之间的排放量为：

$$E_{i,1} = \frac{(0.34-0)/2}{10^6} \times 7\,268\,m^3/h \times 1\,000\,kg/m^3 \times 2\,184\,h \times 10^{-3} = 2.70\,t 己烷$$

同样，估算第二季度监视到泄漏修复之间的排放量。这个区间是 45 天（或 1 080 h）。

$$E_{i,1} = \frac{0.34}{10^6} \times 7\,268\,m^3/h \times 1\,000\,kg/m^3 \times 1\,080\,h \times 10^{-3} = 2.67\,t 己烷$$

由于这些仅是可测的年排放，年度排放量为 $E_i = E_{i,1} + E_{i,2} = 2.70 + 2.67 = 5.37\,t$。

注意：中点法的优点是它在检测到泄漏至修复这段时间使用的浓度与检测前半个周期使用的浓度相同。随后，从检测开始至泄漏修复这段时间加上检测之前的"半"个周期（91 天/2=1 092 h）计算泄漏的总时间，并进一步计算累积排放量，步骤如下：

$$E_{i,1} = \frac{0.34}{10^6} \times 7\,268\,m^3/h \times 1\,000\,kg/m^3 \times (1\,080+1\,092)h \times 10^{-3} = 5.37\,t 己烷$$

案例三：使用冷却塔 2 级方法计算 VOCs 排放量

已知：使用 EI Paso 检测方法每季度监视一座水循环流量为 5 700 m³/h 的冷却塔（与案例二中的汽提塔参数相同），在 2009 年 2 月 1 日测得汽提空气中 VOC 浓度是 14 μmol/mol（以甲烷计）。在 2009 年 3 月 4 日修复了泄漏（31 天后）。在以前和随后检测中汽提空气中 VOC 浓度都是 1 μmol/mol。这个冷却塔在 2009 年的年度 VOC 排放量是多少？

解： 使用公式（7-1）计算冷却水中以甲烷计的可汽提 VOC 的浓度。对应于汽提空气中 VOC 浓度 14 μmol/mol 的水中 VOC 浓度是：

$$C_{水,VOC} = \frac{14\,\mu l/L \times 16.04\,g/mol \times 1\,atm \times 2\,500\,ml/min}{82.045\,mL \cdot atm/mol\text{-}K \times (32+273) \times 125\,ml/min \times 1\,g/ml}$$

$$= 0.179\,mg/kg\ VOC(以甲烷计)$$

用同样的方法，计算对应于汽提空气中 VOC 浓度 1 μmol/mol 的水中 VOC 浓度是 0.012 8 mg/kg（以甲烷计）（0.179/14）。

尽管 2008 年和 2009 年的总排放量是相同的，由于在第一季度检测过程中确认了泄漏，估算检测周期之间排放所采用的方法（如中点法、修改的不规则四边形法或平均期法）会造成 2009 年年度排放量结果略有差异。修改的不规则四边形法是最复杂的，计算 1 月 1 日至 2 月 1 日之间的排放量之前，需要插值求出 2009 年 1 月 1 日的有效泄漏率。由于中点法使用简便，一般被推荐使用，但对所有的年清单和所有冷却塔都应使用相同的方法。

使用中点法，在 2009 年（1 月 1 日至 3 月 4 日）持续 62 天（或 1 488 h）水中 VOC 浓度（以甲烷计）是 0.179 mg/kg。该期间的排放量是：

$$E_{VOC,1} = \frac{0.179}{10^6} \times 5\,700\,m^3/h \times 1\,000\,kg/m^3 \times 1\,488\,h \times 10^{-3} = 1.52\,t\ VOCs$$

该年度其他时间（8 760−1 488=7 272 h）排放量是：

$$E_{VOC,2} = \frac{0.012\,8}{10^6} \times 5\,700\,m^3/h \times 1\,000\,kg/m^3 \times 7\,272\,h \times 10^{-3} = 0.53\,t\ VOCs$$

因此，2009 年该冷却塔 VOC 排放量=1.52+0.53=2.05 t VOCs。

7.9.2　物料衡算法

案例四：冷却塔 3 级方法的计算

已知：半年检测一次冷却水中总二甲苯的浓度。第一次测量期间，冷却水返回线暴露空气前二甲苯浓度是 0.220 mg/kg，暴露大气后流向换热器的冷却水二甲苯浓度是 0.080 mg/kg。第二次采样检测期间，冷却塔暴露空气之前二甲苯浓度是 0.320 mg/kg，暴露之后是 0.100 mg/kg。冷却水平均循环流量是 12 500 m³/h，最大循环流量是 14 500 m³/h。该冷却塔年操作时间为 8 000 h。冷却塔年度和小时最大二甲苯排放量是多少？

解：半年检测一次排放量或检测频率更低，会使检测之间及日历年中的排放量计算较为麻烦。当未实施泄漏修复时，可以假设两次检测都同样代表这一年。使用公式（7-3）计算每次检测的二甲苯平均小时排放量如下：

$$E_{i,2} = \frac{(0.22-0.08)}{10^6\,\text{ppm}} \times 12\,500\,\text{m}^3/\text{h} \times 1\,000\,\text{kg/m}^3 = 1.75\,\text{kg/h}$$

$$E_{i,2} = \frac{(0.32-0.10)}{10^6\,\text{ppm}} \times 12\,500\,\text{m}^3/\text{h} \times 1\,000\,\text{kg/m}^3 = 2.75\,\text{kg/h}$$

用这两个小时估算的算术平均值可以计算一年的平均小时排放速率，是 2.25 kg/h=（1.75+2.75）/2。然后基于操作时数计算年度排放量为：2.25 kg/h×8 000 h= 18 t 二甲苯。

使用最高测量浓度和最大循环流量计算二甲苯的最大小时排放量如下：

$$E_{i,\text{最大}} = \frac{(0.32-0.10)}{10^6\,\text{ppm}} \times 14\,500\,\text{m}^3/\text{h} \times 1\,000\,\text{kg/m}^3 = 3.19\,\text{kg/h}$$

案例五：物料衡算法计算循环水厂 VOCs 排放量

已知某炼油循环水厂，循环水流量是 10 000 m³/h，冷却水暴露空气前 EVOCs 的浓度为 0.22 mg/L，暴露大气后流向换热器的冷却水 EVOCs 的浓度是 0.08 mg/L，该冷却塔年操作时间为 8 400 h，估算该循环水厂年度 VOCs 排放量。

解：$\Delta\text{EVOC}_{\text{冷却塔}i} = Q_i \times (\text{EVOC}_{\text{入口}i} - \text{EVOC}_{\text{出口}i}) \times H \times 10^{-6}$

$$= （0.22-0.08）\times 10\,000 \times 10^{-6} \times 8\,400 = 11.76\,\text{t/a}$$

7.9.3　排放系数法

案例六：冷却塔 5 级方法的计算

已知：一台水循环流量为 10 000 m³/h 的未检测的冷却塔，服务于冷却重整汽油物流的换热器。估算这台冷却塔年度 VOCs 排放量。

解：用公式（7-7）计算年度 VOCs 排放量，E_{VOCs}。

$$E_{\text{VOCs}} = 7.19 \times 10^{-7}\,\text{t/m}^3 \times 10\,000\,\text{m}^3/\text{h} \times 8\,760\,\text{h} = 62.98\,\text{t VOCs}$$

8　非正常生产工况（含开停工及维修）排放

8.1　概述

在开车、停车、检维修过程中，工艺操作并非正常状态。开车过程中，反应器温度可能不满足发生反应的需要，或工艺物料流量低于正常操作条件。在这些情况下，正常不排气的工艺过程可能会有大量的排放。多数控制装置在较低排放速率时运行良好，有些控制装置（像文丘里洗涤器）需要小的流量以便有效运行。开车、停车过程中的 VOCs 排放是石化行业 VOCs 排放源的重要组成部分，前面的排放估算方法依据正常操作条件（如多数特定污染源排放系数和默认排放系数），但开车、停车过程中的 VOCs 排放在工艺过程的排放特性与正常操作过程显著不同。专门估算开、停车过程的排放是极其重要的，并且企业的年度排放总量应包含这些排放量。

开车、停车过程产生的污染物主要包括苯系物、烃类化合物等。频繁开车、停车将导致大量 VOCs 排放，对环境和人群健康造成极大伤害。

本章主要结合估算案例分析，介绍石化行业开车、停车和检维修过程，对 VOCs 排放源项进行分析，提出排查工作流程、推荐估算方法和管控要求，以及相应的建议。

8.2　开停车、检维修过程简介

8.2.1　开工过程

装置开工流程主要包括：

（1）开工准备：准备好消防器材及安全防护用具、清理现场、全面检查、培训与考试、对外联系、系统试压；按颁布的检修标准进行详细检查，对检修的设备验收，必须达到检修标准要求；由专人负责详细检查动力系统：水、电、气、风、系统管线。

（2）吹扫并置换空气：吹扫、氮气置换空气；氮气置换空气结束，系统氧气含量合格，具备投料开工条件。

（3）投料开工：出料合格、操作平稳后，装置正常运行。

8.2.2　停工过程

装置停工流程主要包括：

（1）停工前准备工作：准备好检修工具及安全防护用具、系统设备管线等检查，保证完好，联系各单位做好停工准备，与化验室、仪表、钳工、电工等做好联系。

（2）停工退料：物料全部退完，设备、管线内压力常压。

（3）停工后处理：水洗、拆盲板、系统管线处理。

（4）吹扫：集合管引蒸汽、设备引汽吹扫、维持吹扫 48 h、停止吹扫。

（5）水洗降温：向集合管引水、通过吹扫线向各容器引水、用回流泵向各塔打水，塔底排空、停止水洗。

（6）装置退料干净：设备管线内吹扫、卸压干净，系统管线全部盲板隔离，装置卫生打扫，符合检修规定要求，交付施工单位施工检修。

8.2.3　检维修过程

检维修流程主要包括：

（1）检维修准备：按颁布的检修标准进行详细检查，对检修的设备验收，必须达到检修标准要求；由专人负责详细检查，有关设备经检查确认无问题。

（2）吹扫并置换空气：氮气置换空气结束，系统氧气含量合格，具备投料开工条件。

（3）投料开工：出口合格，操作平稳，装置正常运行。

8.3　排查工作流程

具体工作流程见下图。

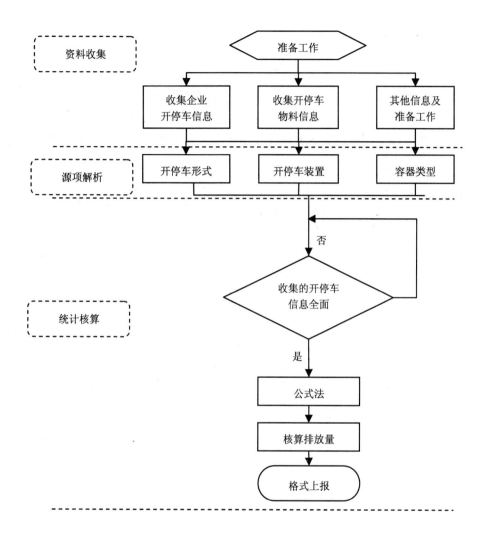

开停工 VOCs 污染源排查工作流程

8.4 源项解析

在石化企业装置开停车、检维修过程中 VOCs 排放量主要为：初期泄压、吹扫过程排放的 VOCs 排放源。

8.5 推荐估算方法

为非正常操作的状态，采用公式法进行估算，并与火炬设施相结合。正常情况下，装置开停工及检维修时的初期泄压、吹扫气首先导入火炬系统，达到一定要求后，泄压到大气。如果火炬使用基于火炬气流量、气体组成、气体热值监测的方法计算 VOCs 排放量，则开停工及检维修过程可不重复计算；如果火炬使用排放系数估算方法或没有投用时，单独估算这部分 VOCs 排放量。

（1）气体加压容器泄压和吹扫 VOCs 排放量核算

气体加压容器开停工及检维修排放的 VOCs 可通过公式法估算。

$$E_i = \frac{(0.145P_v + 14.7)}{14.7} \times \frac{492}{492 + 1.8T} \times (V_v \times f_{空置}) \times \frac{MW_i}{MVC} \times MF_i \quad (8\text{-}1)$$

式中：E_i —— 开停工、检修过程污染物 i 的排放量，kg/事件；

P_v —— 泄压气体排入大气时容器的表压，kPa；

T —— 泄压气体排入大气时容器的温度，℃；

V_v —— 容器的体积，m^3；

$f_{空置}$ —— 容器的体积空置分数，除去填料、催化剂或塔盘等所占体积后剩余体积的百分数，在容器中不存在内构件时，取 1；

MW_i —— 污染物 i 的分子量，kg/kmol；

MVC —— 摩尔体积转换系数，22.4 m^3/kmol；

MF_i —— 容器内气体中污染物 i 的体积分数。

（2）液体加压容器泄压和吹扫 VOCs 排放量核算

液体加压容器开停工及检维修排放的 VOCs 可通过公式法估算。

$$E_{VOCs} = (V_v \times f_{空置}) \times K \times d \times (1 - F_{火炬}) \quad (8\text{-}2)$$

式中：E_{VOCs} —— 停工、检修过程 VOCs 的排放量，kg/事件；

V_v —— 容器的体积，m^3；

$f_{空置}$ —— 容器的体积空置分数。在容器中不存在填料或塔盘时，取 1；

K —— 液体薄层占容器内液体体积的百分数，取值在 0.1%～1%；

d —— 液体的密度，kg/m^3；

$F_{火炬}$ —— 液体薄层被吹扫至火炬的质量百分数，%。

8.6　报告格式

开停车 VOCs 污染源排查报告

排查项目	企业开停车源项 VOCs 污染源排查
排查单位	××公司
监测实施单位	××公司
报告编制单位	××公司
排查时间	××××年××月××日
监测时间	××××年××月××日
企业或装置开停车、检维修情况	企业装置的开停车、检维修信息，包括开停车、检维修频次、规模、方式等；开停车、检维修装置的物料信息、装置容器形式，开停车、检维修装置的状态信息：装置温度、压力等。同时，收集企业火炬的服务范围等
开停车源项 VOCs 排放估算 结果及评估 （填写模板）	根据开停车源项 VOCs 污染源排查工作指南，××公司对企业工艺装置、动力站、火炬、循环水场进行 VOCs 污染源排查工作。 依据《石化行业 VOCs 污染源排查工作指南》估算本企业××年度开停车源项 VOCs 排放量约为×× t
开停车源项 VOCs 排放削减 潜力分析	达标性分析：　　达标□　　　　不达标□，削减潜力：×× t/a 国内平均水平：已满足□　　　未满足□，削减潜力：×× t/a 国内先进水平：已满足□　　　未满足□，削减潜力：×× t/a
备注	其他需要说明的排查结果

8.7　管理要求

优化全厂生产组织管理，降低开停车和检维修频率。

严格按开工方案要求，做好开工工作，开工前对关键部位进行认真检查，确保开工安全。

氮气充压时，防止氮气窒息。引瓦斯过程中关闭无关阀门，严防串瓦斯，瓦斯充压及排凝注意防中毒。

8.8 建议

吹扫每条管线及设备都应有专人负责，记录吹扫时间，吹扫人签字。吹扫前应放净管线和设备中的存水，以防水击，关闭无关的连通阀，防止串汽、串风、串水，每条管线要做到扫净，不留死角。冷却器先将上水切断，并由上水后放空，将水放净换热器先扫副线后扫正线，并防止另一程密闭加热。控制阀先扫副线后扫阀门。集中汽量，阀门节流，憋压吹扫计量表一律经副线吹扫。吹扫前应先与有关岗位和装置部门联系，以便配合吹扫。

采用密闭吹扫方式，吹扫后气体进火炬系统。

泄压气体进入火炬系统，首先考虑气柜回收，不能回收时送火炬焚烧处理。

8.9 估算方法案例

案例一：气体加工容器泄压过程计算 VOCs 排放量

某连续重整装置需要检修，反应器泄压并首先吹扫到火炬系统，吹扫后反应器内没有液体物料存在。然后反应器泄压到大气。反应器的总体积是 566 m^3，催化剂占反应器总体积的 40%。当吹扫到大气时容器的温度和压力分别是 250℃和 68.9 kPa，反应器内气体的组成（体积分数）如下：苯=1.2%；己烷=0.5%；甲苯=1.4%；二甲苯=0.8%；其他 VOC=2.1%；氮气=94%，计算该过程中 VOCs 的排放量。

解：在该检维修事件中 VOCs 的排放量计算公式如下：

$$E_i = \frac{(0.145P_V + 14.7)}{14.7} \times \frac{492}{492 + 1.8T} \times (V_V \times f_{空置}) \times \frac{MW_i}{MVC} \times MF_i$$

根据提供的资料，空置分数是催化剂颗粒未占的体积分数：1-0.4=0.6。苯分子量 78，己烷分子量 86；甲苯分子量 92；二甲苯分子量 106.16；假设其他 VOC 有相似的分子量，用已知有机组分的平均分子量代替，则其他 VOC 分子量为（1.2×78+0.5×86+1.4×92+0.8×106）/4.9=90。

以苯为例，计算 VOCs 得：

$$E_i = \frac{(0.145P_v + 14.7)}{14.7} \times \frac{492}{492 + 1.8T} \times (V_v \times f_{空置}) \times \frac{MW_i}{MVC} \times MF_i$$

$$= \frac{(0.145 \times 68.9 + 14.7)}{14.7} \times \frac{492}{492 + 1.8 \times 250} \times (566 \times 0.6) \times \frac{78}{22.4} \times 0.012$$

=12.44 kg/事件

同理，通过该公式估算的其他有机组分的排放量分别是：己烷=5.72 kg/事件；甲苯=17.15 kg/事件；二甲苯=11.29 kg/事件；其他 VOC=25.13 kg/事件。

VOCs 排放量为以上各污染物排放量之和，合计 71.73 kg/事件。如果该事件一年发生两次，则年度 VOCs 排放量是 143.46 kg/a。

案例二：液体加工容器泄压过程计算 VOCs 排放量

某连续重整装置需要检修，反应器的总体积是 566 m³，催化剂占反应器总体积的 40%。反应器内重整物料的质量分数为苯=4.6%；己烷=3.9%；甲苯=14.5%；二甲苯=13.8%；其他 VOC=63.2%。假设液体薄层的 90% 被吹扫到火炬，其他吹扫进入大气。计算该检修过程中 VOCs 及各污染物的排放量。

解：假设液体薄层是液体体积的 0.5%。最大液体体积是 566 m³×（1−0.4）=340 m³，经计算，反应器内液体体积为 1.7 m³（340×0.005），质量为 1 360 kg（1.7 m³×800 kg/m³ 物料密度）。

假定 90%的薄膜液体被吹扫到火炬，则 1 224 kg 物料被送到火炬，136 kg 被直接吹扫向大气。假设火炬的燃烧效率为 98%，火炬未燃烧的排放是 24.48 kg。

因此，包含火炬和吹扫气排放在内，合计 VOCs 排放 160.48 kg。

各污染物的排放量如下：

苯= 160.48×0.046 =7.38 kg/事件；己烷= 160.48×0.039 =6.26 kg/事件；

甲苯= 160.48×0.145 =23.27 kg/事件；二甲苯= 160.48×0.138 =22.15 kg/事件；

其他 VOC= 160.48×0.632 = 101.42 kg/事件。

9 火炬排放

9.1 概述

火炬系统主要用于处理石化企业工厂内正常生产以及非正常生产（包括开停工、检维修、设备故障超压等）过程中工艺装置无法回收的工艺废气、过量燃料气以及吹扫废气中的可燃有机化合物。这些可燃的有机化合物中绝大多数为挥发性有机物（VOCs），在火炬系统设计和操作条件不能满足充分燃烧条件时，燃烧废气中即可不同程度地排放 VOCs。因此，火炬也是工厂 VOCs 排放的一个固定点源之一。

本章主要介绍火炬系统 VOCs 污染源排查的范围、工作流程、源项解析、管控要求、VOCs 排放估算方法及案例。对于固定点源，通常是采用实际测量废气流量和污染物浓度的实测法估算污染物排放量。但对于火炬而言，由于工况复杂，无法使用传统的测试技术进行测量，并且针对火炬排放性质的研究也比较少，因此，对火炬废气 VOCs 排放量的精确估算很难实现。本书提供了三种火炬废气 VOCs 估算方法，均为《美国炼油厂排放估算协议》中推荐的方法，它建立在有关的研究和测试数据之上，实际工作中可根据具体情况选用。

9.2 排查工作流程

火炬系统污染源排查的范围包括石化企业工厂内服务于工艺装置、储存设施的操作火炬和事故火炬。工作流程包括资料收集、源项解析、合规性检查、统计核算、格式上报五部分，具体工作流程见图 9-1。

根据收集到的石化企业火炬的配置信息、装置或设施开停工及检维修、设备超压等非正常工况排放火炬的信息、火炬运行参数和火炬气监测数据等,全面梳理、筛查火炬的数量、火炬服务的对象、处理规模、运行情况、达标排放情况等,最后完成统计核算和数据上报工作。

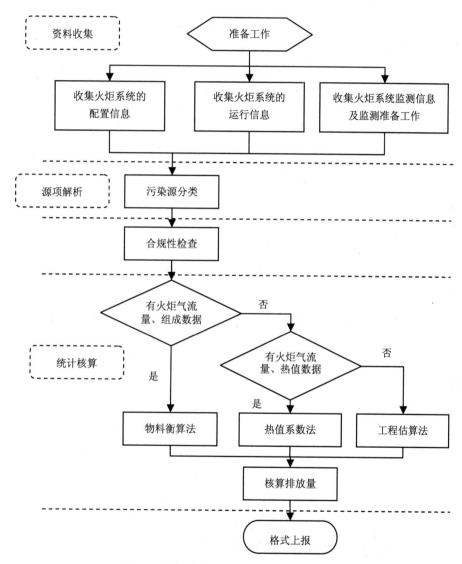

图 9-1　火炬废气 VOCs 污染源排查工作流程

9.3   源项解析

9.3.1   火炬类型

火炬按处理正常生产排放可燃废气和事故排放可燃废气分为操作火炬和事故火炬；按燃烧器设置位置分为高架火炬和地面火炬。地面火炬按燃烧器是否封闭分为开放式地面火炬和封闭式地面火炬（图 9-2 至图 9-4）。

图 9-2   高架火炬

图 9-3   开放式地面火炬

图9-4 封闭式地面火炬

在高架火炬中,废气通过设置在一定高度的火炬筒体上的燃烧器进行燃烧,其处理量较大,应用较多。地面火炬比较复杂,可根据火炬进气量的大小,通过分级控制阀组,将火炬气分配到火炬的一级或多级燃烧器中进行燃烧。

9.3.2 火炬系统

火炬系统由火炬支管和总管、分液设施、阻火设施、燃烧器、点火系统、吹扫系统组成,对于消烟火炬还配有助燃蒸汽或助燃空气系统。

废气处理过程为:来自工艺装置的废气由火炬支管汇入火炬总管,经过分液罐分离携带的液滴后进入水封罐,当气体的压力超过水封设置的压力后,气体进入燃烧器,由火种(长明灯)引燃后燃烧。

9.3.3 污染源分析

石化行业工厂内火炬的设置根据工艺装置的操作性质(连续或间断)、废气的种类(组成)、废气排放量等因素综合考虑设置,可根据火炬服务装置类别集中设置,如炼油火炬、化工火炬,也可以单独服务于特定装置或设施,如酸性气火炬、压力储罐火炬等。

火炬排放 VOCs 的种类、排放量与处理的工艺废气的组成及燃烧效率有关。炼油火炬和乙烯火炬处理的工艺废气中大部分为 C_4 及以下的烃类物质，表 9-1 和表 9-2 给出了某石化企业某炼油火炬和乙烯火炬气的组成，因此，这类火炬燃烧不好时，废气中可能含有烃类物质。对于石化厂内的化工火炬，处理的工艺废气通常为反应尾气，包括未反应的单体、反应中间体等，废气中可能含有其他有机物。

表 9-1 某石化企业炼油火炬气的组成

序号	火炬气成分	组成/%（体积分数）
1	O_2	1.74
2	N_2	22.69
3	H_2S	0.000 2
4	CO_2	0.38
5	H_2	13.64
6	甲烷	10.56
7	乙烷	15.1
8	乙烯	15.71
9	丙烷	1.55
10	丙烯	0.03
11	异丁烷	16.9
12	正丁烷	0.36
13	反丁烯	0.25
14	正丁烯	0.57
15	异丁烯	0.22
16	顺丁烯	0.17
17	C_5	0.13
总和		100

注：火炬服务装置为常减压、催化、气分、重整等。

表 9-2 某石化企业化工火炬气的组成

序号	火炬气成分	组成/%（体积分数）
1	氧气	0.31
2	氮气	8.62
3	硫化氢	0.001
4	H_2	0.53
5	甲烷	87.90
6	乙烷	0.21
7	乙烯	1.20
8	丙烷	0.20
9	丙烯	0.22
10	异丁烷	0.10
11	正丁烷	0.09
12	正丁烯	0.11
13	异丁烯	0.04
14	反丁烯	0.03
15	顺丁烯	0.05
16	C_5	0.39
总和		100

注：火炬服务装置为乙烯裂解、己二醇装置。

气体的热值取决于气体的组成，如果气体的热值过低而无法燃烧，或气体可以燃烧但热值小于 7 800 kJ/m³ 而无法维持自行燃烧，并且没有补充燃料气时，都会排放大量的 VOCs。燃烧效率取决于供给的空气量是否充足、火炬气与空气的混合程度、火炬气速率以及火焰可维持的燃烧温度。当烃类物质完全燃烧时会产生二氧化碳和水，如果烃类物质不完全燃烧，则会产生燃烧中间产物，如一氧化碳、颗粒物和小分子的烃（VOCs），会随着燃烧最终产物排入大气。

除甲烷以外的烷烃、烯烃和芳香烃燃烧时会产生黑烟，通常采用加入助燃蒸汽或助燃空气的方式来增加气体和空气的混合和湍动，以达到无烟的目的。

此外，为了保证火炬点火的可靠性，火炬设置有长明灯，长明灯使用的燃料一般为燃料气或天然气，其流量大约为 4 m³/h，在火炬运行时段内保持燃烧状态，也是一个 VOCs 排放源。

高架火炬和开放式地面火炬都是在开放式的大气中燃烧，燃烧废气直接排向大气，封闭式地面火炬设有燃烧室和烟囱，燃烧废气经过烟囱排向大气。

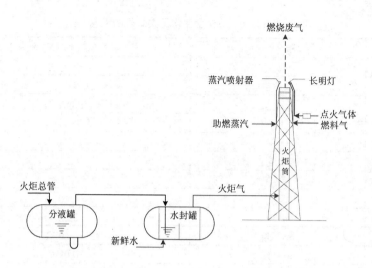

图 9-5　高架火炬系统工作流程及 VOCs 污染源示意

9.4　推荐估算方法

本节给出了物料衡算法、热值系数法、工程估算法以及火炬非正常操作或故障时火炬废气中 VOCs 的估算方法。

9.4.1　物料衡算法

物料衡算法是基于火炬气 VOCs 的进入量及火炬燃烧效率的一种方法。需要对进入火炬的气体的流量、组成进行连续监测（或在排放事件中火炬燃烧时至少每 3 h 进行 1 次人工采样的组成分析）。火炬的燃烧效率可以是用直接测试数据，也可以是假设的默认燃烧效率。

（1）估算方法

$$E_{火炬i} = \sum_{n=1}^{N} \left\{ (Q)_n \times \left[1 - \left(f_{H_2O} \right)_n \right] \times \left(\frac{T_o}{T_n} \right) \times \left(\frac{P_n}{P_o} \right) \times (1 - F_{eff}) \times (C_i)_n \times \frac{MW_i}{MVC} \times 10^{-3} \right\} \quad (9\text{-}1)$$

式中：$E_{火炬i}$ —— 火炬燃烧废气中污染物 i 的排放量，t/a 或 t/排放事件；

　　　　N —— 每年或每排放事件中测量次数，次/a 或次/排放事件；

　　　　n —— 测量编号，第 n 次测量；

$(Q)_n$ —— 第 n 次测量时送入火炬的气体的体积（湿基），m^3；

$(f_{H_2O})_n$ —— 第 n 次测量时火炬进气中的含水量，体积分数；

T_0 —— 标准状态下的温度， 273.15 K；

T_n —— 第 n 次测量时测流量时的温度，K；

P_n —— 第 n 次测量时测流量时的平均压力，kPa；

P_0 —— 标准状态下的平均压力， 101.325 kPa；

F_{eff} —— 火炬的燃烧效率，%；

$(C_i)_n$ —— 第 n 次测量时火炬进气中污染物 i 的浓度（干基、标态），体积分数；

MW_i —— 污染物 i 的分子量，kg/kmol；

MVC —— 摩尔体积转换系数，22.4 m^3/kmol（标态）。

公式在使用中需要注意以下问题：

A. 污染物 i 的含义。污染物 i 既可代表单一物质，又可代表混合物，取决于采用的监测方法，比如监测火炬气中非甲烷总烃的浓度或者监测单一物种 VOC 的浓度。当监测单一物种 VOC 的浓度时，VOCs 排放量应为每一种 VOC 排放量的加和。

B. 小时流率的计算。如果连续监测了 1 h 内的多个检测值时，火炬气中污染物的小时流率可以通过两种方式进行计算：一种方法是用平均流量和污染物的平均浓度计算小时平均流率；另一种方法是用每次计算的流率相加得出小时流率，选取哪一个值用于年排放量的计算，取决于火炬的工作时长以及工艺装置产生的进入火炬的气体种类。如果火炬气组成及流量稳定且长时间连续工作可用小时平均值，如果火炬气组成及流量变化较大或者短时间、间断操作可用小时内每次的加和值。

C. 流量与浓度的测量基准应统一。一般情况下，浓度的测量结果以干基、标态表示，流量的测量结果以湿基表示。如果流量计能将湿基流量自动修正为干基流量时，转换系数 $\left[1-\left(f_{H_2O}\right)_n\right]$ 为 1，否则应进行转换。如果流量计能将测试温度和压力下的流量自动修正为标态下的流量时，转换系数 $\left(\dfrac{T_0}{T_n}\right)\times\left(\dfrac{P_n}{P_0}\right)$ 为 1，否则应进行转换。

（2）所需基础数据

物料衡算法所需基础数据包括进入火炬的气体流量、组成以及火炬的燃烧效率。火炬的燃烧效率可以用直接测试数据，也可以是假设的默认燃烧效率。当由于条件限制，无法获得直接测试数据时，可选用默认的燃烧效率。由国外相关的测试数据和资料表明，烃类火炬在设计合理，并在设计参数范围内操作运行良好时，其燃烧效率可以达到98%以上，默认的燃烧效率取98%。

9.4.2 热值系数法

热值系数法是基于火炬气体热值的排放系数法（排放系数中已包含了火炬的燃烧效率），需要对进入火炬的气体的流量、热值进行连续监测（或在排放事件中火炬燃烧时至少每3 h进行1次人工采样分析）。火炬的燃烧效率可以是用直接测试数据，也可以是假设的默认燃烧效率。

（1）估算方法

$$E_{火炬i} = \sum_{n=1}^{N} \left(Q_{std,n} \times LHV_n \times EF_i \times 10^{-3} \right) \tag{9-2}$$

式中：$E_{火炬i}$——火炬燃烧废气中污染物 i 的排放量，t/a 或 t/排放事件；

N——每年或每排放事件中测量次数，次/a 或次/排放事件；

n——测量编号，第 n 次测量；

$Q_{std,n}$——第 n 次测量时进入火炬的气体的体积，m^3，干基，标态；

LHV_n——第 n 次测量时进入火炬的气体的低热值，MJ/m^3，干基，标态；

EF_i——污染物 i 的排放系数，kg/MJ。

（2）所需基础数据

热值系数法所需基础数据包括进入火炬的气体流量、热值以及基于热值的火炬排放系数。火炬的排放系数见表9-3。使用基于热值的排放系数法时，火炬应满足正常操作条件且满足98%的燃烧效率，否则会低估烃的排放量。

表9-3 基于火炬气热值的火炬排放系数 [a]

成分	排放系数/（kg/MJ）
总烃 [b]	6.02×10^{-5}

注：a 以低热值为基础的假定热值，来源于美国 EPA（1995）。

b 表中"VOCs"排放系数是基于总烃的监测数据，以甲烷当量测得。

9.4.3　工程估算法

工程估算法是基于已知与火炬相连的工艺装置或设施的工艺参数的背景下的一种估算方法，工艺参数包括排入火炬的气体的体积、成分、温度和压力等。估算方法取决于火炬服务的装置以及火炬的用途，如用于正常操作还是用于事故排放。

对于接收常规性气体的操作火炬，比如用于处理特定装置或特定设施的排气，其排入火炬的 VOCs 量可根据装置或设施的工艺条件进行计算。对于接收工艺装置事故或故障状况下废气排放的事故火炬，由于潜在发生的事故或故障的情形非常复杂，所以无法对每种故障情形都提供详细的估算方法。企业技术人员应根据具体发生的事件，具体分析每一件事故或故障的情形，并结合相关装置已有的检测数据确定排放条件。

事故火炬或带有火炬气回收系统（或其他在正常操作状态下配有水封）的火炬，可通过监控火炬水封的压降来判断火炬排放情况。另外，使用分液罐上的压力监视器也可以检测火炬管线的压力变化。

通过对火炬进气采样分析或根据与火炬相连的各工艺单元送入火炬的废气的组成可以获得 VOCs 的浓度。使用 VOCs 的浓度、气体流率以及假定的火炬燃烧效率即可进行火炬排放量的计算。

当使用工程估算法进行火炬排放量估算时，应将计算方法、假设条件以及具体的数据信息进行详细的记录并保存，以便统一每次计算的一些基础数据。

典型的工艺装置的非正常排放包括开停工、检维修和设备超压泄放。开停工及检维修工况排入火炬的 VOCs 计算可参考第 8 章的估算方法，设备超压排放估算方法见公式（9-3）至公式（9-5）。如果这些废气排入火炬系统进行处理时，在计算其 VOCs 排放量时应考虑火炬的燃烧效率的削减量。

（1）估算方法

由公式（9-3）计算气体排放达到音速时容器的临界压力。当容器内气体的压力大于临界压力时，排放气体为"节流"，否则为"不节流"。

$$P = P_0 \left(\frac{k+1}{2} \right)^{\frac{k}{k-1}} \qquad (9\text{-}3)$$

式中：P——达到"音速"时容器的临界压力，Pa；

P_0——排放口的排放压力，Pa；

k——等压热容与等体积热容的比值。

表 9-4　不同气体的 k 值

化合物	k	化合物	k
甲烷	1.30	空气	1.40
天然气	1.27	氢气	1.40
乙烷	1.22	氮气	1.40
乙烯	1.20	氧气	1.40
丙烷	1.14	一氧化碳	1.40
n-正丁烷或异丁烷	1.11	二氧化碳	1.28
戊烷	1.09	硫化氢	1.32
己烷或环己烷	1.08	二氧化硫	1.26
苯	1.10		

注：$k = C_p/C_v$，等压热容与等体积热容的比值。

由公式（9-4）计算排放气体的马赫数：

$$M = \sqrt{\frac{2}{k-1} \times \left[\left(\frac{P_v}{P_o}\right)^{\frac{k-1}{k}} - 1\right]} \tag{9-4}$$

式中：k —— 等压热容与等体积热容的比值；

　　　P_v —— 容器中气体的压力，Pa；

　　　P_o —— 排放出口的压力，Pa。

由公式（9-5）计算容器超压排至火炬的污染物的质量流率。当排放气体为"节流"时，M 取 1，否则按公式（9-4）计算的 M 值代入公式（9-5）计算。

$$E_{超压 i} = C_i \times A \times P_V \times \sqrt{\frac{k \times MW}{R \times T_V}} \times \frac{M}{\left[1 + \frac{M^2(k-1)}{2}\right]^{\frac{k+1}{2(k-1)}}} \tag{9-5}$$

式中：$E_{超压 i}$ —— 超压排放污染物 i 的质量流率，kg/s；

　　　C_i —— 污染物 i 的浓度（质量分数）；

　　　A —— 排放口的横截面积，m^2；

　　　P_V —— 容器中气体的压力，Pa；

　　　k —— 等压热容与等体积热容的比值；

　　　MW —— 排放气体的分子量，kg/kmol；

　　　R —— 理想气体常数，8.314×10^3 J/（kmol·K）；

T_V——容器中气体的温度，K；

M——排放气体的马赫数。

由公式（9-6）计算火炬的排放量：

$$E_{火炬i} = E_{超压i} \times H \times (1 - Feff) \tag{9-6}$$

式中：$E_{火炬i}$——火炬排放污染物 i 的排放量，kg/事件；

H——排放持续时间，s/事件；

Feff——火炬燃烧效率，%。

（2）所需基础数据

工程估算法所需基础数据包括与火炬相连的设施的操作参数（温度、压力）、排放气体的组成、安全阀的直径和背压、排放持续的时间等。

9.4.4 火炬非正常操作或故障时的排放估算

（1）非正常操作

火炬在正常的设计和操作条件下稳定运行时,其燃烧效率可以达到98%以上,但当出现以下情形时，应对火炬燃烧效率进行调整：

A. 当喷入的蒸汽过多（蒸汽/气体＞4），火炬的燃烧效率取 80%。

B. 当火炬的净热值不满足以下要求时，火炬的燃烧效率取 93%：

    a. 对于无助燃火炬，燃烧气体的净热值≥7 450 kJ/m³；

    b. 对于蒸汽助燃或空气助燃火炬，燃烧气体的净热值≥11 200 kJ/m³。

C. 当火炬的出口流速不满足以下要求时，火炬的燃烧效率取 93%：

    a. 对于无助燃火炬，当直径≥DN80 mm、氢含量≥8%（体积分数）时,出口流速＜37.2 m/s 且＜V_{max}；

    b. 对于蒸汽助燃和无助燃火炬，出口流速＜18.3 m/s，但当燃烧气体的净热值＞37.3 MJ/m³ 时，允许排放流速≥18.3 m/s，但应＜V_{max} 且＜122 m/s；

    c. 对于空气助燃火炬，出口流速＜V_{max}。

（2）故障

火炬在故障停用或没有投用时，应考虑通过非控制状态排放系数，即 $\dfrac{1}{(1-控制效率)}$ 进行 VOCs 排放量的修正。如果控制状态的排放量数据已知，则火炬故障状态下的排放量可用公式（9-7）计算。即火炬发生故障、不能正常运行时

VOCs 排放量较正常运行时明显增大。

$$E_{火炬故障i} = E_{火炬正常i} \times \left(\frac{1}{1-\text{Feff}}\right) \times t \qquad (9\text{-}7)$$

式中：$E_{火炬故障i}$——火炬故障或停用状态下污染物 i 的排放量，kg/排放事件；

$\quad\quad E_{火炬正常i}$——火炬正常运行时污染物 i 的排放流率，kg/h；

$\quad\quad$ Feff——火炬的默认燃烧效率，%；

$\quad\quad t$——故障持续时间，h/排放事件。

9.5 报告格式

火炬 VOCs 污染源排查工作结束后应编制排查报告，排查报告的格式及内容见表 9-5。

表 9-5 火炬废气 VOCs 污染源排查报告

排查项目	企业火炬废气 VOCs 污染源排查
排查单位	××公司
监测实施单位	××公司
报告编制单位	××公司
排查时间	××××年××月××日
监测时间	××××年××月××日
火炬系统污染源基本情况（填写模板）	企业火炬设置数量、类型、规模、服务范围、油气回收设施设置、监测设施设置、达标排放情况
火炬系统污染源VOCs 排放估算结果及评估（填写模板）	企业××年度火炬废气 VOCs 排放量约为××t
火炬系统污染源VOCs 排放削减潜力分析（填写思路）	从火炬气回收、火炬的运行管理、减少非正常工况排放等方面分析 VOCs 减排的潜力及可实施性
备注	其他需要说明的事项

9.6　管理要求

火炬系统 VOCs（烃）的排放量与进入火炬系统燃烧的工艺废气量及火炬的燃烧效率有关，因此，减少进入火炬的废气量以及保证火炬在较高的燃烧效率下运行，可以达到减少 VOCs 排放的目的。

9.6.1　设置气体回收设施

火炬系统应设置火炬气回收设施，回收利用火炬气，减少进入火炬燃烧的废气量。

9.6.2　火炬燃烧控制

（1）合理设计火炬的操作弹性，避免由于不同的工况下排入火炬的工艺废气量波动很大，造成火炬超负荷运行。

（2）对于蒸汽助燃火炬，合理设计蒸汽的喷入量，避免由于火炬燃烧温度降低造成不完全燃烧，降低火炬燃烧效率。

（3）限制火炬的出口流速，避免流速过高使烃类来不及燃烧就排入大气，增加烃的排放量。

（4）设计可靠的点火系统，确保火炬气在任何时候均能够被点燃，防止工艺废气不经燃烧排入大气。

（5）当火炬气的热值小于 7 800 kJ/m^3 时，应补充燃料气或天然气，使火炬能够达到稳定的燃烧条件。

（6）对火炬进气的流量、组成、热值、长明灯及火炬燃烧火焰的温度、助燃气流量、出口流速等参数进行监测，当有气体回收系统时，还要对水封液位及压力进行监测，以监控火炬在符合设计条件下进行稳定的燃烧。

9.7　建议

（1）目前，美国和我国台湾地区对不同燃烧形式（无助燃、蒸汽助燃和空气助燃）的火炬的进气热值以及与之相对应的出口流速均做了限制，建议国内标准也增加这方面的指标。

（2）国内还没有将火炬气的组成及热值纳入日常性的监控，也很少关注气体组成的变化对热值的影响，因此，建议有关标准中增加对火炬气组分及热值检测分析的要求。

（3）建议国内开展火炬燃烧效率方面的研究，开发适合于具有行业特点和代表性的火炬燃烧效率的影响因素及其保证值。

9.8 估算方法案例

9.8.1 物料衡算法

案例一：在连续检测流量和组成的条件下计算火炬 VOCs 排放量

某装置泄压气体排入火炬系统燃烧排放，持续 1 h，进入火炬气体的平均流量是 3 000 m³/h（标态、干基），气体中 C_4 及以下的烃类占 95%（体积百分数，干基），平均分子量为 58，火炬去除效率 98%，估算该事件中烃的排放量。

解： 计算该事件中烃排放量：

$$E_{火炬i} = \sum_{n=1}^{N} \left\{ (Q)_n \times \left[1 - (f_{H_2O})_n \right] \times \left(\frac{T_o}{T_n} \right) \times \left(\frac{P_n}{P_o} \right) \times (1 - \text{Feff}) \times (C_i)_n \times \frac{MW_i}{MVC} \times 10^{-3} \right\}$$

$$= 3\,000 \times 1 \times 1 \times 1 \times (1 - 98\%) \times 95\% \times \frac{58}{22.4} \times 10^{-3}$$

$$= 0.148 \text{ t/次}$$

9.8.2 热值系数法

案例二：在连续检测流量和热值的条件下计算火炬 VOCs 排放量

某火炬处理炼厂中某一装置的工艺废气，该装置为间歇排放，每月排放 1 次，每次持续 30 min，废气组成不变。火炬的平均流量为 10 m³/min（标态，干基），进入火炬的气体的低热值为 45 MJ/m³（标态，干基），估算火炬年 VOCs 排放量。

解： 计算火炬年 VOCs 排放量：

$$E_i = \sum_{n=1}^{N}\left(Q_{\mathrm{std},n} \times \mathrm{LHV}_n \times \mathrm{EF}_i \times 10^{-3}\right)$$

$$=10 \times 30 \times 45 \times 6.02 \times 10^{-5} \times 10^{-3} \times 12$$

$$=0.01\ \mathrm{t/a}$$

9.8.3　工程估算法

案例三：容器超压气体排至火炬时计算火炬 VOCs 排放量

某装置反应器发生超压事故，气体向火炬排放。安全阀直径为 100 mm，压力为 13.186 MPa，气体组成为 50%（体积百分数）氢气和 50%（体积百分数）$C_2 \sim C_4$ 的轻烃。如果安全阀泄压时间为 30 min，此事件发生期间火炬的排放量是多少？假定容器以 0.068 9 MPa（表）向火炬排放且火炬正常、稳定燃烧。在该事件中容器内的平均温度和压力分别为 400℃和 14.131 MPa（表）。

解：排放出口压力 P_0=0.068 9+0.101 3=0.170 2 MPa

从质量角度说，气体中绝大部分为轻烃。因此，可以取丙烷的 k 值 1.14 作为气体的代表。为了确定气体流速是否为节流，容器的临界压力为：

$$P = P_0\left(\frac{k+1}{2}\right)^{\frac{k}{k-1}}$$

$$=0.170\,2 \times \left(\frac{1.14+1}{2}\right)^{\frac{1.14}{1.14-1}}$$

$$=0.295\ \mathrm{MPa}$$

容器内的压力远大于这个值，因此排放气体是"节流"的，M=1；$C_2 \sim C_4$ 的轻烃使用丙烷的分子量 44 作为烃类组分的分子量，因此，排放气体的混合分子量为：$0.5 \times 2 + 0.5 \times 44 = 23$ kg/kmol。

C_i：使用丙烷作为 VOC 的替代物，VOC 的质量分数为 $0.5 \times 44/23 = 0.956\,5$

A：阀直径= 100/1 000 = 0.1 m；面积=（$\pi/4$）$\times 0.1^2 = 0.007\,85\ \mathrm{m}^2$

P_V：14.131+0.101 3 = 14.232 3 MPa

T_V：400 + 273.15 =673.15 K

计算超压事件中安全阀排放流率：

$$E_{超压i} = C_i \times A \times P_v \times \sqrt{\frac{k \times MW}{R \times T_v}} \times \frac{M}{\left[1 + \frac{M^2(k-1)}{2}\right]^{\frac{k+1}{2(k-1)}}}$$

$$= 0.956\,5 \times 0.007\,85 \times 14.232\,3 \times 10^6 \times \sqrt{\frac{1.14 \times 23}{8.314 \times 10^3 \times 673.15}} \times \frac{1}{\left[1 + \frac{(1.14-1)}{2}\right]^{\frac{1.14+1}{2\times(1.14-1)}}}$$

$$= 0.956\,5 \times 0.007\,85 \times 14.232\,3 \times 10^6 \times 2.164 \times 10^{-3} \times 0.596\,2$$

$$= 137.87 \text{ kg/s}$$

计算超压事件中火炬排放量：

$$E_{火炬i} = E_{超压i} \times H \times (1 - Feff)$$

$$= 137.87 \times 30 \times 60 \times (1 - 98\%)$$

$$= 4\,963.32 \text{ kg / 事件}$$

$$= 4.963 \text{ t / 事件}$$

10　燃烧烟气排放

10.1　概述

燃烧烟气污染源是指石油化工企业的工艺装置加热炉、动力站锅炉以及自备电站的内燃机和燃气轮机。燃烧烟气污染源利用燃料燃烧产生的热量加热工艺介质、产生蒸汽或利用高温烟气发电，最后燃烧烟气通过烟囱排入大气。石油化工企业使用的燃料种类包括煤炭、燃料油、馏分油、液化石油气、燃料气、天然气等，这些燃料在燃烧过程中，当燃烧条件不好时，可产生不完全燃烧，烟气中会排放一定量的 VOCs。大型的石油化工企业通常配置有数十套工艺装置及数个动力站，这些燃烧烟气污染源遍布于石油化工企业的生产区，属于固定的点源。

本章主要介绍了燃烧烟气 VOCs 污染源排查的范围、工作流程、源项解析、管控要求、VOCs 排放估算方法及案例。对燃烧烟气排放 VOCs 的估算方法通用的做法是实测法，监测分析方法包括国内的《固定污染源排气中非甲烷总烃的测定—气相色谱法》（HJ/T 38—1999）和基于美国的《气相色谱法测定总气态有机物》（EPA method18）、《总气态非甲烷有机物的测量—以碳计》（EPA method 25）、《使用火焰离子检测器测定总气态有机物浓度》（EPA method 25A），可以是连续在线监测方法，也可以是定期采样人工分析方法。当没有实测数据时，可采用排放系数法。由于国内在 VOCs 排放方面的研究起步较晚，缺少相关设施 VOCs 排放的测试数据，因此，本书中相关的排放系数引用了美国环保局（EPA）的污染物排放因子文件（AP-42）。

10.2 排查工作流程

燃烧烟气污染源排查的范围包括石化企业工厂内使用各种燃料的工艺装置、动力站和自备电站。排查工作流程包括资料收集、源项解析、合规性检查、统计核算、格式上报五部分，具体工作流程见图 10-1。

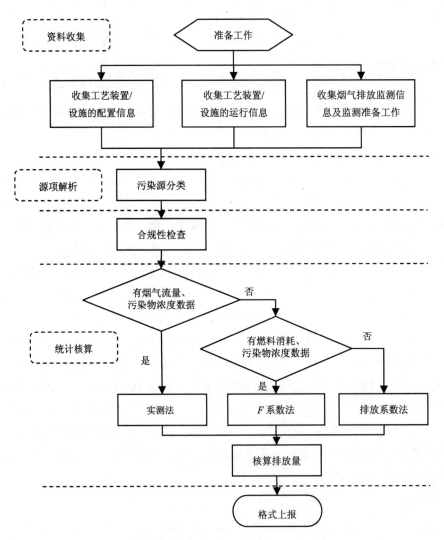

图 10-1　燃烧烟气 VOCs 污染源排查工作流程

根据收集到的石化企业装置及设施的配置信息、燃料使用情况、运行参数和排放监测数据等,全面梳理、筛查燃烧烟气污染源的种类、数量、排放强度、达标排放情况,最后完成统计核算和数据上报工作。

10.3 源项解析

10.3.1 燃烧烟气污染源种类

（1）加热炉

石油化工企业大多数工艺装置是在一定的温度下反应或操作,因此,通常使用加热炉为反应或工艺过程提供热量,根据加热目的可分为反应炉、转化炉、裂解炉、分馏炉、重沸炉等。加热炉使用的燃料主要为炼厂燃料气,部分使用天然气和燃料油,因其不同于内燃式结构的燃烧,所以称为外部燃烧源。

图 10-2 工艺装置加热炉烟囱

（2）锅炉

动力站锅炉承担着为工厂提供蒸汽的任务,蒸汽用于装置正常生产时各用汽点及停工吹扫用蒸汽。锅炉使用的燃料种类包括:煤炭和石油焦等固体燃料、燃料油和渣油等液体燃料、天然气和炼厂燃料气等气体燃料,锅炉也属于外部燃烧源。

（3）内燃机、燃气轮机

企业工厂所用电力通常由外部供给，但有些特殊的情况下会自建电站或作为应急电源为全厂正常生产用电设备或紧急备用电源提供电力。当使用内燃机发电时，燃料一般为天然气、汽油或柴油、燃气轮机用于余热发电，一般采用天然气或炼油厂燃料气做原料。内燃机和燃气轮机属于内部燃烧源。

图 10-3　动力站或电站烟囱

10.3.2　燃烧烟气 VOCs 排放

燃料在燃烧过程中会排放各类污染物，常规污染物包括 SO_2、NO_x 和 PM。通常，由于燃料的不完全燃烧还可能排放 CO 和 VOCs 的中间体。燃烧过程排放污染物的种类和数量受许多条件的影响，与燃烧使用的燃料类型、燃烧技术及燃烧条件有关。据有关资料表明，除了常规的污染物外，燃烧烟气排放的污染物多达几十种，而且，由于外部燃烧源相对于内部燃烧源来说具有更好的燃烧条件，因此，外部燃烧源比内部燃烧源排放的 VOCs 更少。

（1）煤炭

以煤炭为燃料的锅炉，当使用烟煤和亚烟煤时，烟气中主要的污染物是 SO_2、NO_x 和 PM，但一些未烧尽的可燃物（包括许多有机化合物 VOCs 和 CO），即使在锅炉良好的运转条件下，一般也会有排放。在锅炉排放的烟气中存在多种有机物，包括脂肪烃和芳香烃、酯、醚、醇、羧基化合物、羟酸和多环有机物。如果一个锅炉运行或维护不当，CO 和 VOCs 的浓度可增加几个数量级。

另外，使用无烟煤的锅炉，烃类的排放量会大大降低，因为无烟煤的挥发分明显小于烟煤。煤粉炉或旋风炉排放的 VOCs 通常比小型炉要低一些，因为前者的操作条件能够更好地控制。除了维持适当的燃烧条件外，不用特别的控制装置来控制 VOCs 排放。

（2）燃料油

以燃料油为燃料的燃烧源，在不完全燃烧时可排放 CO 和 VOCs，排放 VOCs 的量取决于燃烧效率，与燃料油的雾化效果有很大的关系。

（3）燃料气

以燃料气为燃料的燃烧源，由于气相均质流体的燃烧简单而且能较好地控制，因此 VOCs 排放相对较少。但在不适当的操作条件下，比如混合不好、空气不充足等都能产生大量的 CO 和烃类物质。在一些大型锅炉中，为了减少 NO_x 的排放会在较低的过量空气系数下运行，但这无形中会增加烃类的排放。

10.4 推荐估算方法

本节给出了实测法、F 系数法和排放系数法估算燃烧烟气中 VOCs 的排放量。

10.4.1 实测法

实测法是基于对固定燃烧源燃烧烟气的流量和烟气中污染物的浓度进行实测的估算方法，监测方法有连续的在线监测（CEMS）和定期的人工采样分析。

（1）估算方法

① 基于 CEMS 监测的方法

石化企业生产装置多数是连续加工过程，通常在排放量较大的污染源烟囱上安装 CEMS。CEMS 每个小时内可连续测量多个流量和污染物的浓度，利用 CEMS 进行污染物排放估算的方法见公式（10-1）。

$$E_{燃烧烟气i} = \sum_{n=1}^{N}\left\{(Q)_n \times \left[1-(f_{H_2O})_n\right] \times \left(\frac{T_o}{T_n}\right) \times \left(\frac{P_n}{P_o}\right) \times (C_i)_n \times \frac{MW_i}{MVC} \times H \times 10^{-3}\right\} \quad (10\text{-}1)$$

式中：$E_{燃烧烟气i}$ —— 燃烧烟气中污染物 i 的排放量，t/a；

N —— 每年测量次数（例如，如果 CEMS 每 15 min 记录 1 次测量值，那么 N=35 040）；

n —— 测量编号，第 n 次测量；

Q_n —— 第 n 次测量时烟气的流量（湿基），m^3/min；

$(f_{H_2O})_n$ —— 第 n 次测量时烟气的含水量，体积分数；

T_o —— 标准状态下的温度，273.15 K；

T_n —— 第 n 次测量时测流量时的温度，K；

P_n —— 第 n 次测量时测流量时的平均压力，kPa；

P_o —— 标准状态下的平均压力，101.325 kPa；

$(C_i)_n$ —— 第 n 次测量时烟气中污染物 i 的浓度（干基、标态），体积分数；

MW_i —— 污染物 i 的分子量，kg/kmol；

MVC —— 摩尔体积转换系数，22.4 m^3/kmol（标态）；

H —— 两次测量之间间隔的时长，min。

公式在使用中需要注意以下问题：

A. 污染物 i 的含义。污染物 i 既可代表单一物质，又可代表混合物，取决于采用的监测方法，比如监测烟气中非甲烷总烃的浓度或者监测单一物种 VOC 的浓度。当监测单一物种 VOC 的浓度时，VOCs 排放量应为每一种 VOC 排放量的加和。

B. 小时排放速率的计算。如果 CEMS 连续监测并在 1 h 内得到多个检测值时，烟气中污染物的小时速率可以通过两种方式进行计算：一种方法是用烟气的平均流量和污染物的平均浓度计算小时平均速率；另一种方法是用每次计算的速率相加得出小时流率。对于连续的、排放稳定的排放源，通常采用第一种方法计算小时平均排放速率；对于排放不稳定的排放源，比如在 1 h 内测量数据变化较大的，可采用第二种方法计算小时排放速率，这样更接近实际情况。

C. 流量与浓度的测量基准应统一。一般情况下，浓度的测量结果以干基、标态表示，而流量的测量结果以湿基表示。如果流量计能将湿基流量自动修正为干基流量时，转换系数 $\left[1-\left(f_{H_2O}\right)_n\right]$ 为 1，否则应进行转换。如果流量计能将测试温度和压力下的流量自动修正为标态下的流量时，转换系数 $\left(\dfrac{T_o}{T_n}\right) \times \left(\dfrac{P_n}{P_o}\right)$ 为 1，否则应进行转换。

② 基于定期人工采样分析的估算方法

定期人工采样分析是利用色谱法测量烟气中单一物种 VOC 或非甲烷总烃的质量浓度（以碳计），采用式（10-2）进行计算 VOCs 排放量：

$$E_{\text{燃烧烟气}i} = \sum_{n=1}^{N} \left\{ (Q)_n \times \left[1 - \left(f_{\text{H}_2\text{O}} \right)_n \right] \times \left(\frac{T_o}{T_n} \right) \times \left(\frac{P_n}{P_o} \right) \times (C_i)_n \times H \times 10^{-9} \right\} \quad (10\text{-}2)$$

式中：$E_{\text{燃烧烟气}i}$ —— 燃烧烟气中污染物 i 的排放量，t/a；

N —— 每年测量次数（例如，如果每月测量 1 次，那么 $N=12$）；

n —— 测量编号，第 n 次测量；

Q_n —— 第 n 次测量时烟气的流量（湿基），m^3/h；

$\left(f_{\text{H}_2\text{O}} \right)_n$ —— 第 n 次测量时烟气的含水量，体积分数；

T_o —— 标准状态下的温度，273.15K；

T_n —— 第 n 次测量时测流量时的温度，K；

P_n —— 第 n 次测量时测流量时的平均压力，kPa；

P_o —— 标准状态下的平均压力，101.325 kPa；

$(C_i)_n$ —— 第 n 次测量时烟气中污染物 i 的浓度（干基、标态），mg/m^3；

H —— 两次测量之间间隔的时长，h。

（2）所需基础数据

实测法所需要的基础数据包括烟气的流量、单一物种 VOC 或非甲烷总烃的浓度以及与检测系统有关的烟气的温度、压力和含水量。

10.4.2 F 系数法

F 系数法是在没有烟气流量监测数据的情况下，利用燃料气的组成和流量计算出烟气的流量，再根据测得的烟气中污染物的浓度计算 VOCs 排放量的估算方法。

（1）估算方法

① F 系数计算

F 系数是燃料理论燃烧情况下放出单位热值而产生的干烟气的体积，用 F_d 表示，由公式（10-3）计算：

$$F_d = 10^3 \times \left[\frac{\sum\limits_{i=1}^{n} \left(X_i \times \text{MEV}_i \right)}{\sum\limits_{i=1}^{n} \left(X_i \times \text{MHC}_i \right)} \right] \quad (10\text{-}3)$$

式中：F_d —— 燃料放出单位热值而产生的干烟气的体积，m^3/MJ；

n —— 燃料组分数量；

i —— 燃料组分的序数，第 i 种组分；

X_i —— 燃料气中 i 组分的摩尔或体积分数；

MEV_i —— i 组分的摩尔烟气体积，m^3/mol，标态；

MHC_i —— i 组分的摩尔热值，kJ/mol。

炼厂燃料气常用组分的摩尔热值和摩尔烟气体积见表 10-1。

表 10-1　炼油厂燃料气常用组分的摩尔热值和摩尔烟气体积

组分	MEV[a]/（m^3/mol）（标态）	MHC[b]/（kJ/mol）
甲烷（CH_4）	0.192	888.36
乙烷（C_2H_6）	0.341	1 556.21
氢（H_2）	0.042	283.81
乙烯（C_2H_4）	0.299	1 408.50
丙烷（C_3H_8）	0.491	2 215.62
丙烯（C_3H_6）	0.449	2 054.19
丁烷（C_4H_{10}）	0.641	2 866.59
丁烯（C_4H_8）	0.598	2 698.83
惰性气体	0.022	0

注：a MEV—烟气的标准摩尔体积，m^3/mol，标态。

　　b MHC—摩尔热值，kJ/mol，高位热值。

② VOCs 排放量估算

由计算得出的 F_d 系数可采用两种方法来计算 VOCs 的排放量。

第一种方法是利用 F_d 系数、燃料带入的热值计算烟气的体积流量[见公式（10-4）]，再根据污染物的监测浓度利用公式（10-1）和公式（10-2）计算 VOCs 的排放量。

$$Q_n = 10^{-3} \times F_d \times Q_f \times HHV \times \frac{20.9}{20.9 - O_2} \qquad (10\text{-}4)$$

式中：Q_n —— 第 n 次测量时烟气的体积流量，m^3/min，干基，标态；

　　　F_d —— 燃料放出单位热值而产生的干烟气的体积，m^3/MJ，标态；

　　　Q_f —— 燃料的体积流量，m^3/min，标态，干基；

　　　HHV —— 燃料的高位热值，kJ/m^3，标态；

O_2 —— 烟气中氧气浓度的百分数值，干基。

第二种方法是利用 F_d 系数、污染物的监测浓度计算基于燃料热值的 VOCs 排放系数，见公式（10-5），然后利用燃料带入的总热值估算污染物排放量，见公式（10-6）。

$$EF_i = C_d \times F_d \times \frac{20.9}{20.9 - O_2} \times 10^{-6} \qquad (10\text{-}5)$$

式中：EF_i —— 污染物 i 的排放系数，kg/MJ；

      C_d —— 污染物 i 的浓度，mg/m³，干基，标态；

      F_d —— 燃料放出单位热值而产生的干烟气的体积，m³/MJ，标态；

      O_2 —— 烟气中氧气浓度的百分数，干基。

$$E_{燃烧烟气i} = EF_i \times Q_f \times HHV \times H \qquad (10\text{-}6)$$

式中：$E_{燃烧烟气i}$ —— 污染物 i 的排放量，t/a；

      EF_i —— 污染物 i 基于燃料热值的排放系数，kg/MJ；

      Q_f —— 燃料的体积流量，m³/min，干基，标态；

      H —— 年运行时间，min；

      HHV —— 燃料的高位热值，kJ/m³，标态。

（2）所需基础数据

F 系数法所需基础数据包括燃料的组成、流量、高热值、烟气中污染物或非甲烷总烃的浓度。

10.4.3　排放系数法

排放系数法是基于单位质量或体积的燃料燃烧排放单位质量 VOCs 的排放系数的估算方法。这些系数适用于使用相关燃料的加热炉、锅炉的排放估算，不适用于内燃机、燃气轮的排放估算。

（1）估算方法

$$E_{燃烧烟气i} = Q_{fuel} \times EF_i \times H \times 10^{-3} \qquad (10\text{-}7)$$

式中：$E_{燃烧烟气i}$ —— 第 i 个设施排气筒的 VOCs 排放量，t/a；

      Q_{fuel} —— 燃料消耗量，煤（t/h）、天然气（m³/h）、液化石油气（m³/h，液态）；

EF_i—— 排放系数，kgVOCs/单位燃料消耗；

H—— 设施年运行时间，h。

（2）所需基础数据

排放系数法所需基础数据包括燃料的消耗量以及基于各种燃料消耗的排放系数等。排放系数见表 10-2 至表 10-7。

表 10-2　烟煤和亚烟煤燃烧 VOCs 排放系数

锅炉形式	TNMOC 排放系数/（kg/t 煤）
煤粉炉，固态排渣	0.030
煤粉炉，液态排渣	0.020
旋风炉	0.055
抛煤机链条炉排炉	0.025
上方给料炉排炉	0.025
下方给料炉排炉	0.650
手烧炉	5.000
流化床锅炉	0.025

注：表中 VOCs 排放系数是基于总的非甲烷有机物 TNMOC 的监测数据。

表 10-3　褐煤燃烧 VOCs 排放系数

锅炉形式	TNMOC 排放系数/（kg/t 煤）
煤粉炉，固态排渣，切圆燃烧	0.020
旋风炉	0.035
抛煤机链条炉排炉	0.015
上部给料链条炉排炉	0.015
常压流化床锅炉	0.015

注：表中 VOCs 排放系数是基于总的非甲烷有机物 TNMOC 的监测数据。

表 10-4　无烟煤燃烧 VOCs 排放系数

锅炉形式	TOC 排放系数/（kg/t 煤）
炉排炉	0.150

注：表中 VOCs 排放系数是基于总有机物 TOC 的监测数据。

表 10-5 燃料油燃烧 VOCs 排放系数

锅炉类别		TNMOC 排放系数/（kg/m³ 油）
电站锅炉		0.091
工业锅炉	燃油锅炉	0.034
	燃馏分油锅炉	0.024

注：表中 VOCs 排放系数是基于总的非甲烷有机物 TNMOC 的监测数据。

表 10-6 天然气燃烧 VOCs 排放系数

TOC 排放系数/（kg/m³ 天然气）
1.762×10^{-4}

注：表中 VOCs 排放系数是基于总有机物 TOC 的监测数据。

表 10-7 液化石油气燃烧 VOCs 排放系数

TOC 排放系数/（kg/m³ 液化石油气，液态）	
液化丁烷	0.132
液化丙烷	0.120

注：表中 VOCs 排放系数是基于总有机物 TOC 的监测数据。

10.5 报告格式

燃烧烟气污染源 VOCs 排查工作结束后应编制排查报告，排查报告的格式及内容见表 10-8。

表 10-8 燃烧烟气 VOCs 污染源排查报告

排查项目	企业燃烧烟气 VOCs 污染源排查
排查单位	××公司
监测实施单位	××公司
报告编制单位	××公司
排查时间	××××年××月××日
监测时间	××××年××月××日
燃烧烟气污染源基本情况（填写模板）	企业有工艺装置××套，加热炉××个，使用燃料的种类；动力站××个，锅炉××台，使用燃料的种类；自备电站××个，内燃机及燃汽轮机××台，使用燃料的种类

燃烧烟气污染源 VOCs 排放估算 结果及评估 （填写模板）	企业××年度燃烧烟气污染源 VOCs 排放量约为××t
燃烧烟气污染源 VOCs 排放削减 潜力分析 （填写思路）	基于企业燃料使用种类和消耗量，达标排放情况，分析本企业燃料结构优化的潜力
备注	其他需要说明的事项

10.6 管理要求

对于燃煤锅炉，使用低挥发分的煤比高挥发分的煤更少排放 VOCs，因此，选择合适的煤种可减少 VOCs 排放量。

天然气中大部分为甲烷，而且燃烧能够很好地控制，因此，工厂中改变燃料的结构，更多地使用天然气可减少 VOCs 排放量。

燃油锅炉或加热炉，使用高效的雾化喷嘴，可提高燃烧效率，降低 VOCs 排放。

在点炉、操作不正常或其他完全燃烧受阻的条件下，未燃烧的可燃物排放量会急剧增大，可以达到正常排放的几个数量级。因此，保证加热炉、锅炉的正常操作至关重要，包括适当的过量空气系数、燃烧温度以及定期对燃烧器系统进行保养和维护等。

10.7 建议

目前，国内燃烧烟气中 VOCs 的监测方法采用的是《固定污染源排气中非甲烷总烃的测定—气相色谱法》（HJ/T 38—1999），无法实现在线连续监测。国外相关国家和地区已逐步开展和完善了 VOCs 在线连续监测的方法和监测仪器的研发，建议我国补充相关监测标准。

用排放系数法估算燃烧烟气中 VOCs 排放量时用到了排放系数，排放系数表明了某行业有关污染源的平均排放水平，美国在这方面做了大量的研究和测试工作，建立了丰富的数据库。建议我国逐步开展这方面的研究工作，建立一套适合我国国情、能够反映国内石化行业 VOCs 污染源整体排放水平的数据库。但尽管这样，我们还是首先推荐用实测法估算燃烧烟气污染源 VOCs 的排放量。

10.8 估算方法案例

10.8.1 实测法

案例一：使用 CEMS 计算燃烧烟气 VOCs 的排放量

某厂动力站锅炉使用炼厂燃料油，烟气 CEMS 采集烟气流量和 NMHC 浓度，由 CEMS 计算出 NMHC 平均浓度是 60 μmol/mol（标态、干基、以甲烷计），平均流量是 3 500 m³/min（标态、干基），锅炉在 1 h 内连续稳定运行，计算该锅炉燃烧炼厂燃料气的 NMHC 年排放量。

解：先计算 NMHC 小时排放速率：

$$E_{\text{燃烧烟气}i} = \sum_{n=1}^{N} \left\{ (Q)_n \times \left[1 - \left(f_{\text{H}_2\text{O}} \right)_n \right] \times \left(\frac{T_o}{T_n} \right) \times \left(\frac{P_n}{P_o} \right) \times (C_i)_n \times \frac{\text{MW}_i}{\text{MVC}} \times H \times 10^{-3} \right\}$$

$$= 3\,500 \times 1 \times 1 \times 1 \times 60 \times 10^{-6} \times 16 \div 22.4 \times 60 \times 10^{-3}$$

$$= 0.009\,0 \text{ t/h}$$

如果锅炉 1 h 内只运行了 30 min，则小时的排放量是：

0.009 0 t/h×0.5=0.004 5 t/h

如果锅炉在全年内连续、稳定运行，并且排放速率保持稳定，则年排放量为：

0.009 0 t/h×8 760 h/a＝78.84 t/a

案例二：使用定期采样分析计算燃烧烟气 VOCs 的排放量

某装置加热炉燃烧烟气每月监测 1 次，计算年度内测量值的平均值，得到 NMHC 的平均浓度为 30 mg/m³（标态、干基），烟气平均流量为 120 000 m³/h（标态、干基），该加热炉全年为连续、稳定运行，核算该加热炉燃烧烟气中 VOCs 年度排放量。

解：计算加热炉年度 VOCs 排放量：

$$E_{\text{燃烧烟气}i} = \sum_{n=1}^{N}\left\{(Q)_n \times \left[1-\left(f_{H_2O}\right)_n\right] \times \left(\frac{T_0}{T_n}\right) \times \left(\frac{P_n}{P_0}\right) \times (C_i)_n \times H \times 10^{-9}\right\}$$

$$= 120\,000 \times 1 \times 1 \times 1 \times 30 \times 8\,760 \times 10^{-9}$$

$$= 31.54 \ \text{t/a}$$

10.8.2　F 系数法

案例三：使用 F 系数计算年度 VOCs 排放量（方法一）

某装置加热炉使用燃料气加热工艺液体，燃料气流量是 800 m³/h，高位热值是 48 000 kJ/m³。测量烟气中的 NMHC 浓度是 20 μmol/mol（标态、干基、以甲烷计），O_2 浓度是 6%（干基），该加热炉全年为连续、稳定运行，计算该加热炉年度 VOCs 排放量，燃料气组成分析如下（%体积分数）：

甲烷	0.44	丙烯	0.03
乙烷	0.04	丁烷	0.17
氢	0.06	丁烯	0.01
乙烯	0.01	惰性组分	0.04
丙烷	0.2		

解： 查阅炼厂燃料气常用组分的摩尔热值和摩尔烟气体积，计算 F_d 系数：

$$F_d = 10^3 \times \Big[\left(X_{CH_4} \times MEV_{CH_4}\right) + \left(X_{C_2H_6} \times MEV_{C_2H_6}\right) + \left(X_{H_2} \times MEV_{H_2}\right)$$

$$+ \left(X_{C_2H_4} \times MEV_{C_2H_4}\right) + \left(X_{C_3H_8} \times MEV_{C_3H_8}\right) + \left(X_{C_3H_6} \times MEV_{C_3H_6}\right)$$

$$+ \left(X_{C_4H_{10}} \times MEV_{C_4H_{10}}\right) + \left(X_{C_4H_8} \times MEV_{C_4H_8}\right) + \left(X_{\text{惰性组分}} \times MEV_{\text{惰性组分}}\right)\Big]$$

$$\div \Big[\left(X_{CH_4} \times MEC_{CH_4}\right) + \left(X_{C_2H_6} \times MEC_{C_2H_6}\right) + \left(X_{H_2} \times MEC_{H_2}\right)$$

$$+ \left(X_{C_2H_4} \times MEC_{C_2H_4}\right) + \left(X_{C_3H_8} \times MEC_{C_3H_8}\right) + \left(X_{C_3H_6} \times MEC_{C_3H_6}\right)$$

$$+ \left(X_{C_4H_{10}} \times MEC_{C_4H_{10}}\right) + \left(X_{C_4H_8} \times MEC_{C_4H_8}\right) + \left(X_{\text{惰性组分}} \times MEC_{\text{惰性组分}}\right)\Big]$$

$$= 10^3 \times \left[(0.44 \times 0.19) + (0.044 \times 0.34) + (0.06 \times 0.042) \right.$$
$$+ (0.01 \times 0.30) + (0.2 \times 0.49) + (0.03 \times 0.45)$$
$$\left. + (0.17 \times 0.64) + (0.01 \times 0.60) + (0.04 \times 0.022) \right]$$
$$\div \left[(0.44 \times 888.36) + (0.04 \times 1\,556.21) + (0.06 \times 283.81) \right.$$
$$+ (0.01 \times 1\,408.50) + (0.20 \times 2\,215.62) + (0.03 \times 2\,054.19)$$
$$\left. + (0.17 \times 2\,866.59) + (0.01 \times 2\,698.83) + (0.04 \times 0) \right]$$
$$= 10^3 \times (0.33 \div 1\,503.30)$$
$$= 0.22 \ \text{m}^3/\text{MJ}$$

用 F_d 系数计算烟气流量：

$$Q_n = 10^{-3} \times F_d \times Q_f \times \text{HHV} \times \frac{20.9}{20.9 - \text{O}_2}$$
$$= 10^{-3} \times 0.22 \times 800 \times 48\,000 \times \frac{20.9}{20.9 - 6}$$
$$= 11\,849.879 \ \text{m}^3/\text{h}$$

用测得的烟气中的 NMHC 浓度，计算年度 VOCs 排放量：

$$E_{燃烧烟气i} = \sum_{n=1}^{N} \left\{ (Q)_n \times \left[1 - (f_{\text{H}_2\text{O}})_n \right] \times \left(\frac{T_o}{T_n} \right) \times \left(\frac{P_n}{P_o} \right) \times (C_i)_n \times \frac{\text{MW}_i}{\text{MVC}} \times H \times 10^{-3} \right\}$$
$$= 11\,849.879 \times 1 \times 1 \times 1 \times 20 \times 10^{-6} \times 16 \div 22.4 \times 8\,760 \times 10^{-3}$$
$$= 1.483 \ \text{t/a}$$

案例四：使用 *F* 系数计算年度 VOCs 排放量（方法二）

假设与案例三的条件相同，计算得 F_d 系数为 0.22 m³/MJ，使用方法二计算加热炉年度 VOCs 排放量。

解：将测得的 NMHC 浓度 20 μmol/mol（标态、干基、以甲烷计）换算为质量浓度 C_d：

$$C_d = 20 \times \frac{16}{22.4} = 14.286 \ \text{mg/m}^3$$

计算基于热值的排放系数：

$$EF_i = C_d \times F_d \times \frac{20.9}{20.9 - O_2} \times 10^{-6}$$

$$= 14.286 \times 0.22 \times \frac{20.9}{20.9 - 6} \times 10^{-6}$$

$$= 4.408 \times 10^{-6} \text{ kg/MJ}$$

计算年 VOCs 排放量：

$$E_{燃烧烟气i} = EF_i \times Q_f \times HHV \times H$$

$$= 4.408 \times 10^{-6} \times 800 \times 48\,000 \times 8\,760$$

$$= 1.483 \text{ t/a}$$

10.8.3 排放系数法

案例五：排放系数法计算燃烧烟气 VOCs 排放量

某燃煤锅炉为 130 t 循环流化床锅炉，消耗烟煤 17.85 t/h，锅炉年运行时间 8 760 h，核算该锅炉燃烧烟气中 VOCs 年度排放量。

解：查阅排放系数得到流化床锅炉吨煤排放 VOCs 为 0.025 kg，计算年度锅炉燃烧烟气中 VOCs 排放量为：

$$E_{燃烧烟气i} = Q_{fuel} \times EF_i \times H \times 10^{-3}$$

$$= 17.85 \times 0.025 \times 8\,760 \times 10^{-3}$$

$$= 3.91 \text{ t/a}$$

11　工艺无组织排放

11.1　概述

工艺无组织污染源即指石油化工企业的工艺生产装置在运行和操作过程中产生的污染物（VOCs）不通过工艺排放口或排放口高度低于 15 m 的工艺过程和设备，属于面源的一种。石油化工生产装置的工艺过程大部分为密闭的生产工艺，但在延迟焦化装置的切焦过程，聚酯、橡胶装置的产品后处理过程、自动化生产水平不高的操作过程以及设备清洗过程等存在着间歇式生产、人工加料、敞开式操作的方式，其污染特征是挥发性有机物在生产过程中的逸散。企业的实验化验区在分析化验过程中，也会有样品、反应废气等逸散，也可以纳入工艺无组织排放这一源项管理。

本章主要介绍了工艺无组织污染源排查的范围、工作流程、源项解析、管控要求、VOCs 排放估算方法及案例。工艺无组织污染源 VOCs 排放很难通过实测的方法进行计算，可采用物料衡算法、公式法、排放系数法进行估算。由于石油化工工艺装置产品生产方法种类繁多，无法逐一列举说明，在实际工作中还要根据具体的工艺装置和生产方法进行有针对性的分析和排查工作。

11.2　排查工作流程

工艺无组织污染源排查的范围包括石化企业工厂内在役的炼油装置及化工装置。工作流程包括资料收集、源项解析、合规性检查、统计核算、格式上报五部分，具体工作流程见图 11-1。

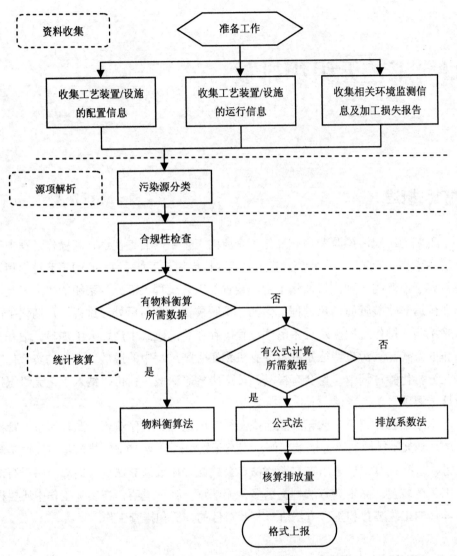

图 11-1　工艺无组织 VOCs 污染源排查工作流程

　　根据收集到的石化企业工艺装置的配置信息、加工规模、加工过程或生产方法、开停工或运行状态、运行参数、环保措施和环境监测数据等，全面梳理、筛查工艺无组织污染源的点位及排放强度，最后完成统计核算和数据上报工作。

11.3 源项解析

石油化学工业工艺过程复杂多变，因使用和生产的化学品以及选择的工艺路线不同而涉及的单元操作不同。然而，多数化工生产过程包括生产准备、工艺反应、产品分离和净化等单元操作。由于溶剂回收可以回用基本原材料、降低生产成本、减小环境影响，因此，使用溶剂的生产过程通常会有溶剂回收单元。另外，为了生产不同牌号的化工产品，还要在上一个牌号的产品卸料后清洗设备。所以，在下列生产或操作过程中均可产生 VOCs 的无组织排放。

11.3.1 物料充装过程

在设备充装物料过程中由于有机物蒸气的置换作用可能产生挥发性有机物（VOCs）的排放。物料充装过程的 VOC 排放可以是点源，也可以是面源，这取决于是否有排放收集系统。

11.3.2 工艺加热过程

生产中把反应釜加热至所需的温度，当反应釜温度增加时，反应釜中挥发性物料的蒸汽压增加、体积增大，气相空间的 VOCs 通过工艺排放口排出反应釜。

11.3.3 真空操作过程

真空操作是反应釜回收溶剂的一种方法。真空操作产生排放是由于用真空泵或喷射器脱除系统空气造成的。对于固体干燥，在干燥器中通入氮气可以加速干燥过程，必须用真空泵或喷射器把由于较低压力漏入系统的空气和加入的氮气一起脱除。

11.3.4 气体吹扫过程

为了安全或防止水蒸气进入反应系统以避免发生不希望的化学反应，经常在反应釜中充氮气保护。当氮气通过工艺排放口排出反应釜时，溶剂蒸气也会与其一起排出。

11.3.5　蒸发

如果反应釜中物料暴露在大气中，在加料、混合操作过程中会发生表面蒸发，挥发 VOCs。

11.3.6　溶剂回收

溶剂回收也称为污染物净化或废溶剂分馏，在溶剂充装和分馏设备操作过程会产生 VOCs 排放。

11.3.7　反应气体产生过程

一些反应过程在反应釜中产生不凝气，通过反应釜排气口排出。这些不凝气排出时也携带 VOCs 溶剂蒸气同时排出。

11.3.8　设备管道清洗

设备管道清洗是化学品制造过程的重要辅助部分。经常在一批产品生产后用溶剂清洗工艺设备。如同充装、加热、气体吹扫等所有工艺操作一样该过程也产生 VOCs 排放。

11.3.9　过滤过程

过滤操作包括浆态进料、过滤、滤液回收等 VOCs 排放过程。进料方式有加压进料、用泵输送。过滤器类型包括袋式过滤器、叶片式过滤器、离心过滤器或其他类型。间歇过滤过程至少包括浆料输送到过滤器、过滤、过滤后母液被导入接收器三个独立单元操作。

11.3.10　离心分离过程

离心操作设备包括浆料进料容器、离心机、过滤液回收容器。进料过程即为从进料容器把工艺浆料送入离心机和过滤液从离心机导入过滤液回收器的过程。洗涤过程即为新鲜溶剂通过离心机滤饼到过滤液回收器的过程。因此，该过程存在 VOCs 排放环节。

11.3.11 真空干燥过程

真空干燥过程是在真空干燥器中干燥产品固体。真空干燥过程至少包括四个独立的单元操作：工艺物料装入干燥器、降低系统压力至设计水平、加热蒸发、收集回收器中的溶剂馏出物。从前期过滤或离心步骤来的带有溶剂的湿产品固体放入真空干燥器蒸发。因此，该过程存在 VOCs 排放环节。

11.4 推荐估算方法

本节给出了物料衡算法、公式法、排放系数法估算工艺无组织 VOCs 排放量。

11.4.1 物料衡算法

（1）估算方法

物料衡算法是基于某物质在一个操作过程中质量守恒定律来估算 VOCs 排放量。在使用 VOCs 溶剂进行某一作业前对初始溶剂量进行计量，完成工艺操作后，收集所有剩余废溶剂并进行计量和组成分析。

$$E_{废气i} = \sum_{j=1}^{J} \left(W_{输入i}\right)_j - \sum_{k=1}^{K} \left(W_{输出i}\right)_k \tag{11-1}$$

式中：$E_{废气i}$ —— 废气中污染物 i 的排放量，t/a；

J —— 污染物 i 输入的环节个数，如原料输入、各类助剂带入等；

j —— 污染物 i 输入的第 j 个环节；

$W_{输入i}$ —— 系统中污染物 i 输入的量，t/a；

K —— 污染物 i 输出的环节个数，如产品、副产品、废水、固废带出等；

k —— 污染物 i 输出的第 k 个环节；

$W_{输出i}$ —— 系统中污染物 i 输出的量，t/a。

（2）所需基础数据

物料衡算法所需基础数据包括原料组成及消耗、产品及副产品的转化率及组成、污染物控制指标及组成等基本参数。

11.4.2 公式法

间歇工艺操作包括反应釜加料、加热、反应过程气体产生、真空操作、气体吹扫、蒸发、溶剂回收、过滤、离心分离、真空干燥、设备清洗等不同的操作单元或排放过程，其中反应釜加料、加热、反应过程气体产生、真空操作、气体吹扫、蒸发可以利用基本排放公式来计算，其他过程为这几类基本排放方式的组合。在已知特定工艺条件下，也可以根据实际情况，对公式中的部分因子进行适当简化，以降低计算的复杂性。

（1）反应釜加料

当溶剂或挥发性混合物充装进反应釜时，置换操作中排放的溶剂蒸气量是向反应釜注入液体体积、注入物流和前期注入反应釜物流所含每一个组分的平衡蒸汽压、相关挥发性有机物蒸气饱和度的函数。若采集气相空间代表性样品并分析，这个数据可以替换用于计算蒸汽压值。若无实测数据，则假设饱和度为100%。

使用理想气体定律计算充装操作过程中的排放量。公式（11-2）中假设释放气中物质 i 的分压是饱和分压。

$$E_i = \frac{p_i V}{RT} M_i \tag{11-2}$$

式中：E_i —— 由于蒸汽置换物质 i 的排放量，kg；

M_i —— 物质 i 的摩尔质量，kg/kmol；

p_i —— 物质 i 的饱和蒸汽压，kPa，若未知可由安托因方程计算，饱和度取100%；

V —— 充装操作产生的置换体积，m^3；

R —— 理想气体常数，8.314Pa·m^3/（mol·K）；

T —— 充装液体的温度，K。

① 向空反应釜装料

当向空反应釜充装溶剂混合物时，可以基于装料物流组成计算置换的蒸气组成。

$$p_i = x_i r_i P_i \tag{11-3}$$

式中：p_i —— 单物质 i 的有效蒸汽压，kPa；

x_i —— 单物质 i 的摩尔分数；

r_i —— 单物质 i 的活度系数，理想状态下取值为1；

P_i —— 纯物质 i 的分压，kPa。

② 用与反应釜内物料混溶组分充装已有物料的反应釜

用反应釜初始和加入的物料量可以计算任意充装操作点时反应釜内物料的组成。

$$\varphi_A = \frac{N_A}{N_A + N_B} \qquad (11\text{-}4)$$

式中：φ_A —— 充装过程中任一点进料物料混合物在反应釜内的稀释度；

N_A —— 充装到反应釜的进料物料混合物的摩尔数，mol；

N_B —— 釜内原始已有混合物的摩尔数，mol。

反应釜内组分混合后进料物料 A 的平均稀释度 $\overline{\varphi_A}$：

$$\overline{\varphi_A} = 1 + \frac{N_B}{N_A} \ln\left(\frac{N_B}{N_A + N_B}\right) \qquad (11\text{-}5)$$

可以使用相似的计算方法计算充装过程中已有混合物 B 的平均稀释系数 $\overline{\varphi_B}$：

$$\overline{\varphi_B} = -\frac{N_B}{N_A} \ln\left(\frac{N_B}{N_A + N_B}\right) \qquad (11\text{-}6)$$

$\overline{\varphi_A}$ 和 $\overline{\varphi_B}$ 确定后，用每一个混合物组成与它的平均稀释系数的乘积可以计算充装操作过程中反应釜各组分的平均组成，进而计算单物质 i 的有效蒸汽压。

（2）加热过程

用理想气体定律和气-液平衡原理核算反应器、蒸馏设备、相似类型工艺设备加热过程的 VOCs 排放量，需设定以下假设条件：操作过程中加热设备是封闭的，蒸气仅通过工艺排放口排放；加热过程中不向设备中添加物料；假设置换气体与工艺原料中的 VOCs 蒸气平衡，并达到饱和状态。核算应基于用加热初始和终点气相空间组成确定从反应釜置换出的不凝气组分量，若加热过程中用氮气吹扫，从反应釜中置换的不凝气量增加，通过工艺排放口排放。此计算模型假设反应釜中气相空间的摩尔组成变化，但平均摩尔空间体积保持不变。

$$N_i = \left[N_{avg} \ln\left(\frac{P_{nc,1}}{P_{nc,2}}\right) - (n_{i,1} - n_{i,2})_{\text{反应釜}} \right] M_i \qquad (11\text{-}7)$$

$$N_{avg} = \frac{1}{2}(n_1 + n_2) \qquad (11\text{-}8)$$

式中：N_i —— 离开反应釜排放口的物质 i 的质量，kg；

N_{avg} —— 加热过程中气相空间中气体的平均摩尔数，kmol；

$P_{nc,1}$ —— 温度 T_1 时反应釜气相空间中不凝气的分压，kPa；

$P_{nc,2}$ —— 温度 T_2 时反应釜气相空间中不凝气的分压，kPa；

$n_{i,1}$ —— 温度 T_1 时反应釜气相空间中挥发性物质 i 的摩尔数，kmol；

$n_{i,2}$ —— 温度 T_2 时反应釜气相空间中挥发性物质 i 的摩尔数，kmol；

n_1 —— 温度 T_1 时反应釜气相空间中气体的总摩尔数，kmol；

n_2 —— 温度 T_2 时反应釜气相空间中气体的总摩尔数，kmol；

M_i —— 物质 i 的摩尔质量，kg/kmol。

（3）真空操作

用于真空蒸馏、真空干燥过程排放废气中污染物排放量的估算。是基于流出物回收器中冷凝物体积、组成和温度计算排放量。另外，必须计量不凝气流率（空气泄漏率和氮气加入速率）和操作真空度。假设从真空回收器的排出气体被液体冷凝物蒸气饱和。

真空操作使用下列关系式计算释放气中每一个挥发性单物质的摩尔数。

$$E_i = N_i M_i \qquad (11\text{-}9)$$

$$N_i = N_{nc} \frac{P_i}{P_{nc}} \qquad (11\text{-}10)$$

式中：E_i —— 挥发性物质 i 的排放量，kg；

M_i —— 物质 i 的摩尔质量，kg/kmol；

N_i —— 从过程中排出的挥发性有机物 i 的摩尔数，kmol；

N_{nc} —— 从过程中排出的不凝气的总摩尔数，kmol；

P_i —— 挥发性有机物 i 的分压，kPa；

P_{nc} —— 在饱和溶剂分压条件下不凝气的分压，kPa。

真空泵从系统中脱除的不凝气组分的总摩尔数 N_{nc}，可由公式（11-11）计算。

$$N_{nc} = N_{nc\text{-泄漏}} + N_{nc\text{-置换}} + N_{nc\text{-加入}} \qquad (11\text{-}11)$$

式中：N_{nc} —— 用真空泵从系统中脱除的不凝气组分的总摩尔数，kmol；

$N_{nc\text{-泄漏}}$ —— 泄漏到系统中空气的摩尔数，kmol；

$N_{nc\text{-置换}}$ —— 由冷凝物置换的空气摩尔数，kmol；

$N_{nc\text{-加入}}$ —— 作为吹扫气加入的空气或氮气的摩尔数，kmol。

泄漏到系统中空气的摩尔数可根据真空泵抽取的实际速率、时间、不凝气与挥发性有机物 i 的体积分数估算得出。

（4）气体吹扫

① 气体吹扫空反应釜

可以确定用气体吹扫净化前次使用后含有残留物的反应釜化合物的排放量。

$$E_i = \frac{P_{i,1}V}{RT}\left(1 - e^{-Ft/V}\right)M_i \qquad (11\text{-}12)$$

式中：E_i —— 蒸气置换挥发性物质 i 的排放量，kg；

　　　M_i —— 挥发性物质 i 的摩尔质量，kg/kmol；

　　　$P_{i,1}$ —— i 物质在初始条件下的饱和蒸汽压，kPa；

　　　V —— 空置时反应釜的气相空间体积，m^3；

　　　R —— 理想气体常数，8.314 Pa·m^3/（mol·K）；

　　　T —— 前期充装液体的温度，K；

　　　F —— 净化吹扫气的流率，m^3/h；

　　　t —— 净化吹扫持续的时间，h。

② 有物料反应釜的净化和吹扫

$$E_i = N_{\text{nc}}\frac{S_i P_i^{\text{sat}}}{P_{\text{nc}}^{\text{sat}}}M_i \qquad (11\text{-}13)$$

式中：E_i —— 蒸气置换挥发性物质 i 的排放量，kg；

　　　M_i —— 挥发性物质 i 的摩尔质量，kg/kmol；

　　　S_i —— 排放气中挥发性有机物的饱和度，其值一般在 0～1.0。1.0 表示排
　　　　　　 放气与容器内挥发性组分达到平衡；

　　　N_{nc} —— 单位时间排放不凝气的摩尔数，kmol/h；

　　　P_i^{sat} —— 组分 i 在饱和条件下的分压，kPa；

　　　$P_{\text{nc}}^{\text{sat}}$ —— 在饱和溶剂压力条件下的不凝气分压，kPa。

当设定反应釜出气的排放速率等于反应釜内蒸发速率时，饱和度系数 S_i 可由
公式（11-14）得出。

$$S_i = \frac{P_i}{P_i^{\text{sat}}} = \frac{K_i A}{K_i A + F} = \frac{K_i A}{K_i A + F_{\text{nc}} + S_i F_i^{\text{sat}}} \qquad (11\text{-}14)$$

其中：

$$K_i = K_0\left(\frac{M}{M_i}\right)^{\frac{1}{3}} \qquad (11\text{-}15)$$

用每个组分的饱和蒸汽压、输入吹扫气体流率和在饱和条件下不凝气的分压可估算每个组分的饱和分体积流率。

$$F_i^{\text{sat}} = F_{\text{nc}} \frac{P_i^{\text{sat}}}{P_{\text{nc}}^{\text{sat}}} = F_{\text{nc}} \frac{P_i^{\text{sat}}}{\left(P_{\text{sys}} - P_i^{\text{sat}}\right)} \qquad (11\text{-}16)$$

式中：P_i —— 挥发性有机物 i 的分压，kPa；

$\quad K_i$ —— 挥发性有机物 i 的传质系数，cm/s；

$\quad K_0$ —— 参考组分（一般为水）的传质系数，cm/s；

$\quad M_i$ —— 挥发性有机物 i 的摩尔质量，kg/kmol；

$\quad M_0$ —— 参考组分的摩尔质量，kg/kmol；

$\quad A$ —— 液体表面积，m^2；

$\quad F$ —— 净化吹扫气的流率，m^3/h；

$\quad F_{\text{nc}}$ —— 不凝气的体积流率，m^3/h；

$\quad F_i^{\text{sat}}$ —— 在饱和蒸汽压下挥发性有机物 i 的体积流率，m^3/h；

$\quad P_i^{\text{sat}}$ —— 挥发性有机物 i 的饱和蒸汽压，kPa；

$\quad P_{\text{nc}}^{\text{sat}}$ —— 在饱和溶剂分压条件下不凝气的分压，kPa；

$\quad P_{\text{sys}}$ —— 系统压力，kPa。

使用标准二次方程的解可以计算 S_i。尽管标准二次方程含有两个根，由于 S_i 必须是 0～1.0 之间的正数，公式（11-17）的唯一解是实数值。

二次方程的解：

$$S_i = \frac{-(K_i A + F_{\text{nc}}) + \sqrt{(K_i A + F_{\text{nc}})^2 + 4F_i^{\text{sat}} K_i A}}{2F_i^{\text{sat}}} \qquad (11\text{-}17)$$

使用公式（11-17）计算挥发性单物质 i 的排放速率，公式（11-18）可以使用 S_i，且 $P_i = S_i P_i^{\text{sat}}$。

$$E_i = \frac{M_i S_i F_i^{\text{sat}} P_{\text{sys}}}{RT} \qquad (11\text{-}18)$$

对于多组分液体混合物，可以扩展公式（11-14），用于计算液体中每一个挥发组分的分体积流量。

$$S_{i+1} = \frac{K_i A}{K_i A + F_{\text{nc}} + S_i F_i^{\text{sat}} + S_j F_j^{\text{sat}} + \cdots + S_n F_n^{\text{sat}}} \qquad (11\text{-}19)$$

式中，i 是要计算饱和度的物质，j 到 n 表示液体中其他组分。用迭代法解公式（11-19），给每一个组分的原始 S 值赋错误的值 1.0。每一个组分计算的 S 值用于下一次迭代的起点。最终，当计算的每一个组分的饱和度 S 与上次迭代计算值相同，计算过程终止。

（5）泄压/降压

估算用于含挥发性有机液体混合物和不凝气组分反应釜的泄压溶剂排放，需设定以下的假设条件：系统的降压过程是线性的、忽略操作过程中漏入反应釜的空气、操作过程中液体和气体的温度保持不变、泄压过程中反应釜气相空间中挥发性有机物所占组分保持平衡。

两种方法任选其一：

① 泄压过程可利用公式（11-20）可计算得出泄压过程中 VOCs 的排放量。

$$E_i = \frac{P_i(V_2 - V_i)}{RT} M_i \qquad (11\text{-}20)$$

式中：E_i —— 反应釜中挥发性有机物 i（单物质）的排放量，kg；

$\quad\quad M_i$ —— 挥发性有机物 i（单物质）的摩尔质量，kg/kmol；

$\quad\quad V_1$ —— 泄压前气相空间体积，m^3；

$\quad\quad V_2$ —— 泄压后气相空间体积，m^3；

$\quad\quad P_i$ —— 挥发性有机物单物质的分压，kPa；

$\quad\quad R$ —— 理想气体常数，8.314 Pa·m^3/（mol·K）；

$\quad\quad T$ —— 系统温度，K，假设恒定不变。

② 泄压过程也可利用公式（11-21）可计算得出泄压过程中 VOCs 的排放量。

$$E_i = \frac{VP_i}{RT} \ln\left(\frac{P_{nc,1}}{P_{nc,2}}\right) M_i \qquad (11\text{-}21)$$

式中：E_i —— 反应釜中挥发性有机物 i 的排放量，kg；

$\quad\quad M_i$ —— 挥发性有机物 i 的摩尔质量，kg/kmol；

$\quad\quad V$ —— 反应釜气相空间体积，m^3；

$\quad\quad P_i$ —— 挥发性有机物单物质的分压，kPa；

$\quad\quad R$ —— 理想气体常数，8.314 Pa·m^3/（mol·K）；

$\quad\quad T$ —— 系统温度，K，假设恒定不变；

$\quad\quad P_{nc,1}$ —— 初始条件下不凝气组分的分压，kPa；

$P_{\text{nc},2}$ —— 终点条件下不凝气组分的分压，kPa。

（6）蒸发模型

泼洒或敞口容器的蒸发

$$E_i = \frac{M_i K_i A P_i^{\text{sat}}}{RT} t \tag{11-22}$$

式中：E_i —— 蒸发过程中挥发性有机物 i 的排放量，kg；

M_i —— 挥发性有机物 i 的摩尔质量，kg/kmol；

K_i —— 质量传递系数，m/h；

A —— 蒸发表面积，m^2；

P_i^{sat} —— 溶剂中挥发性有机物 i（单物质）的饱和分压，kPa；

R —— 理想气体常数，8.314 $\text{Pa}\cdot\text{m}^3/（\text{mol}\cdot\text{K}）$；

T —— 液体的绝对温度，K；

t —— 蒸发时间，h。

根据公式（11-23）及公式（11-24），可估算给定挥发性化合物的质量传递系数，见公式（11-25）。

$$\frac{K_i}{K_0} = \left(\frac{D_i}{D_0}\right)^{\frac{2}{3}} \tag{11-23}$$

$$\frac{D_i}{D_0} = \left(\frac{M_0}{M_i}\right)^{\frac{1}{2}} \tag{11-24}$$

式中：D_i —— 挥发性有机物 i 的气相扩散系数，m/h；

D_0 —— 参考组分（一般为水）的气相扩散系数，m/h。

连解公式（11-23）和公式（11-24）：

$$K_i = K_0 \left(\frac{M_0}{M_i}\right)^{\frac{1}{3}} \tag{11-25}$$

（7）工艺过程生成气体

假设排出的释放气完全被反应釜中挥发性组分的蒸汽饱和，基于纯组分蒸汽压、混合物组成计算每一个组分的蒸汽压，最终得出此类型操作的总排放量。

使用公式（11-26）核算排放气中各挥发性组分的摩尔数。

$$E_i = N_{\text{rxn}} \frac{P_i}{P_{\text{rxn}}} M_i \tag{11-26}$$

式中：E_i——反应过程中挥发性有机物 i（单物质）的排放量，kg；

   M_i——挥发性有机物 i（单物质）的摩尔质量，kg/kmol；

   N_{rxn}——工艺过程中排出的非挥发性有机物的总摩尔数，kmol；

   P_i——挥发性有机物 i（单物质）的分压，kPa；

   P_{rxn}——在饱和溶剂压力条件下非挥发性有机物的分压，kPa。

由化学反应确定反应释放气的量。当估算实际离开系统的反应释放气量时，也应考虑其他因素。如若反应释放气部分溶解在工艺溶剂中，只有未溶解的反应释放气通过排放口排出反应釜，需获得监测数据。若反应释放气的溶解度未知，则以反应释放气全部通过排放口排出计算。

（8）溶剂回收系统

根据进入溶剂回收系统的溶剂量、实际回收溶剂量、进入废水处理系统的溶剂量、进入固体废物中的溶剂量，核算溶剂回收系统的挥发性有机物 i 单物质的排放量。

$$E_{i,溶剂回收系统}=E_{i,加入量} - E_{i,废水} - E_{i,固废} \tag{11-27}$$

（9）过滤操作

过滤操作包括浆态进料、过滤、滤液回收，使用充装模型基于送入工艺过程浆料的总体积，核算过滤操作中每个过程的挥发性有机物 i 的排放量。通常把空气或氮气通入过滤器，置换残留在固体滤饼上的液体，液体进入滤液回收器。使用充装模型核算此操作过程产生的挥发性有机物 i 排放量，滤液回收器排放量的计算应包括吹扫气，并基于过滤液组成核算，其中排放气饱和度设为 100%。

（10）离心分离操作

离心分离操作包括进料、过滤液排出、洗涤、洗涤液排出、脱饼。

进料过程可使用带气体吹扫的充装模型计算 VOCs 排放量。若离心机与其他附属设备（如封闭的底部出料器）紧密连接，则可以忽略气体吹扫速率。洗涤过程的排放计算应集中于过滤液回收器，基于进入过滤液回收器的洗涤溶剂体积及吹扫气体积，核算排放量。

（11）真空干燥模型

真空干燥过程至少包括四个独立的单元操作：工艺物料装入干燥器、降低系统压力至设计水平、加热蒸发、收集回收器中的溶剂馏出物。可采用蒸发模型中公式（11-22）保守估算湿产品固体滤饼的蒸发损失。

另一种方法是用代表性的湿滤饼样品实测干燥过程产生的重量流失进行物料

平衡计算及分析，然后根据气体损失分析结果进行估算。

（12）蒸馏

使用反应釜充装核算此过程中挥发性有机物 i 的排放量。收集的蒸馏液与含初始在湿滤饼中的溶剂相同，充装体积等于收集溶剂的总体积，将蒸馏液回收器的温度和压力用于计算。

11.4.3　排放系数法

（1）估算方法

延迟焦化装置在切焦的过程中会有无组织的工艺废气排放，用公式（11-28）估算 VOCs 排放量。

$$E_{切焦} = EF \times Flow_{进料} \times H \qquad\qquad (11\text{-}28)$$

式中：$E_{切焦}$ —— 延迟焦化装置切焦过程 VOCs 排放量，t/a；

$\quad\quad$ $Flow_{进料}$ —— 延迟焦化装置进料量，t/h；

$\quad\quad$ EF —— VOCs 排放系数，tVOCs/t 装置进料；

$\quad\quad$ H —— 装置年运行时间，h。

（2）所需基础数据

排放系数法所需基础数据包括延迟焦化装置的进料负荷、VOCs 排放系数、年运行时间等。VOCs 排放系数取值见表 11-1。

表 11-1　延迟焦化装置切焦过程 VOCs 排放系数

工艺装置	工艺过程	排放系数（t/t 装置进料）
延迟焦化	切焦	1.63×10^{-4}

注：表中排放系数来自某石化企业加工损失报告。

11.5　报告格式

工艺无组织污染源 VOCs 排查工作结束后应编制排查报告，排查报告的格式及内容见表 11-2。

表 11-2　工艺无组织污染源 VOCs 排查报告

排查项目	企业工艺无组织污染源 VOCs 排查
排查单位	××公司
监测实施单位	××公司
报告编制单位	××公司
排查时间	××××年××月××日
监测时间	××××年××月××日
工艺无组织污染源基本情况（填写模板）	企业在役工艺装置数量，装置规模，采用的工艺技术或生产方法；工艺无组织污染源排放位置，采取的措施
工艺无组织污染源 VOCs 排放估算结果及评估（填写模板）	企业××年度工艺无组织污染源 VOCs 排放量约为××t
工艺无组织污染源 VOCs 排放削减潜力分析（填写思路）	基于装置加工的工艺过程及操作方式，从改进落后生产工艺、采用清洁化及密闭化的生产方法、提高自动化及密闭化操作水平、设备选型、达标排放等方面分析企业优化的潜力和可实施性
备注	其他需要说明的排查结果

11.6　管理要求

（1）优先选择密闭的生产工艺，减少生产过程中 VOCs 的无组织排放。

（2）含挥发性有机物的物料，其采样口选用密闭采样器。

（3）对于目前工艺技术无法达到密闭生产工艺的，对存在 VOCs 逸散的环节，建议设置局部或整体的气体收集系统和净化处理设施，变无组织排放为有组织排放，并保证尽可能高地收集效率和处理效率。

（4）无组织排放变为有组织排放时，应对废气的处理进行综合分析，首先应选择回收利用，不能回收利用时再采取焚烧等处理措施。典型的 VOCs 控制系统由收集设施和去除设施构成。捕集设施（罩或盖）捕捉排放区域释放到空气中的 VOCs 送到处理设施处理。处理设施的目的是去除废气中的 VOCs。处理系统的总效率是系统中每一个设施去除效率的函数。常用的 VOCs 治理设施包括：

冷凝：冷凝器是工业上最常用的回收设施。其工作原理是把污染气体的温度降低到足够低，以通过冷凝回收有机蒸气。

吸附：活性炭为常用的吸附剂，在末端用于吸附脱除污染气体中的 VOC 蒸气到很低的浓度。大型吸附回收系统一般有两个或多个活性炭吸附罐。一个活性炭罐被用于脱除污染气体中 VOCs 时，另一个吸附饱和的活性炭罐被再生。在再生过程，系统中的 VOCs 应被回收。向饱和碳床中通入水蒸气使 VOCs 从碳上解吸并在冷凝器中冷凝，回收的 VOCs 液体进一步净化后回用到生产过程。

吸收：利用废气中各种组分在吸收剂中的溶解度不同从而脱除废气中的 VOCs，然后将吸收富液进行解吸后循环使用。对一些水溶性较高的 VOCs，也可以使用水作为主要吸收剂，吸收富液精制后可回收有机溶剂。

焚烧：包括催化焚烧和热焚烧方式。催化焚烧常常用于消除各种各样工艺释放气中的 VOCs。催化焚烧是用于最大降低工艺释放气 VOCs、烃、味道和黑度的技术。催化反应器操作在 315～400℃，把 VOCs 转化为 CO_2 和 H_2O。良好的催化焚烧系统 VOCs 去除效率达 95%以上。热焚烧是把含 VOCs 的气体通入焚烧炉，在温度 700～1 300℃条件下焚烧 VOCs。在焚烧炉燃烧燃料供给分解 VOCs 需要的热量。

火炬：火炬用直接燃烧的方式把 VOCs 转化为 CO_2 和 H_2O。一般火炬用于含有足够丰富的有机组分并能够满足自助燃烧的废气处理。如果工艺废气中可燃 VOCs 的热值较低，必须添加额外的燃料以保证良好的燃烧条件。关于火炬的内容在第 9 章中介绍。

11.7　建议

由于工艺无组织污染源呈现逸散排放的特征，很难用常规的检测方法测得废气的量和污染物的浓度，建议借鉴国外的测试方法，将无组织排放源变为有组织源进行测试，得到不同加工过程无组织排放的实测资料，建立我国 VOCs 排放的数据库。

11.8 估算方法案例

11.8.1 物料衡算法

案例一：用物料衡算法计算清洗过程 VOCs 的排放量

用新鲜甲苯做溶剂清洗某反应釜。初始充入的甲苯量为 158.76 kg，操作完成后收集到 157.63 kg 废甲苯，对废甲苯样品进行分析，结果废甲苯中甲苯重量百分比为 98.8%。计算本次操作过程中排放的甲苯量。

解： 本次操作过程中排放的甲苯量：

$$E_{甲苯} = \sum_{j=1}^{J}(W_{输入甲苯})_j - \sum_{k=1}^{K}(W_{输出甲苯})_k$$

$$= 158.76 - (157.63 \times 98.8\%)$$

$$= 3.02\ kg$$

11.8.2 公式法

（1）反应釜装料

案例二：向空反应釜充装物料过程 VOCs 排放估算

在环境条件下（25℃，1 个大气压），用 1 h，向 18.93 m³ 的反应器中充装 13.63 m³ 己烷。事前用氮气充满空反应釜，反应釜的置换气排向大气。计算这个过程的蒸气排放量。

解： 步骤 1：用下列条件定义置换气

T=25℃= 298.15 K（系统温度）

$P_{系统}$=1.0 大气压= 101.325 kPa（系统总压）

$V_{置换}$=13.63 m³（置换体积）

时间 T=1 h

常数和关系式：

气体常数：$R = 8.314 (Pa \cdot m^3)/(mol \cdot K)$

安托因方程：$P_i = \exp\left(a - \dfrac{b}{T-c}\right)$

气体定律：$n = \dfrac{PV}{RT}$ 或气相空间中 i 组分 $n_i = \dfrac{P_iV}{RT}$

气相空间的分压和：$P_T = \displaystyle\sum_{i=1}^{N} P_i$

气相空间组分摩尔数和：$N_T = \displaystyle\sum_{i=1}^{N} n_i$

步骤 2：置换气中每一组分量的计算

液体中己烷是唯一组分，己烷的蒸汽压是系统温度（25℃）的唯一函数。用系统总压 101.325 kPa 与己烷的分压的差确定氮气分压。己烷的蒸汽压可以用下列安托因方程计算：

$$P_{己烷} = \exp\left(15.836\,6 - \frac{2\,697.55}{293.15 - 48.78}\right) = \exp(5.019) = 151.28\ \text{mmHg} = 20.17\ \text{kPa}$$

$$p_{N_2} = P_T - p = 760\ \text{mmHg} - 151.28\ \text{mmHg} = 608.719\ \text{mmHg} = 81.16\ \text{kPa}$$

理想气体定律：

$$N_{己烷} = \frac{P_{己烷}V}{RT} = \frac{20.17 \times 13.63}{8.314 \times 298.15} = 0.111\ \text{kmol}$$

$$N_{N_2} = \frac{P_{N_2}V}{RT} = \frac{81.16 \times 13.63}{8.314 \times 298.15} = 0.446\ \text{kmol}$$

排放量：

$$E_{己烷} = 0.111 \times 86.17 = 9.56\ \text{kg}$$

$$E_{N_2} = 0.446 \times 86.17 = 12.50\ \text{kg}$$

（2）加热过程

案例三：内含单一挥发组分反应釜的加热过程 VOCs 排放估算

把一台容积 4.73 m³，内装有 2.84 m³ 甲苯溶液的反应器从 20℃ 加热到 70℃，加热过程中反应器通向大气，计算排放多少甲苯。

解： 步骤 1：计算反应釜气相空间的平均摩尔体积

T_i=20℃= 293.15 K（初始温度）

T_f=70℃= 343.15 K（终端温度）

P_T=1.0 大气压= 101.325 kPa（系统总压）

V_{gas}=1.89 m³（气相空间体积）

R=8.314$(Pa \cdot m^3)/(mol \cdot K)$

气体定律：$n=\dfrac{PV}{RT}$

$$N_{avg}=\frac{1}{2}(n_1-n_2)$$

$$N_{avg}=\frac{1}{2}\left(\frac{PV}{RT_1}-\frac{PV}{RT_2}\right)=\frac{101.325\times1.89}{2\times8.314}\left(\frac{1}{293.15}-\frac{1}{343.15}\right)=0.073 \text{ kmol}$$

步骤 2：计算氮气的初始和终端分压

使用安托因方程计算甲苯的分压：

$$P_{甲苯,20℃}=\exp\left(16.013\,7-\frac{3\,096.52}{293.15-53.67}\right)=\exp(3.0835)=21.835 \text{ mmHg}=2.91 \text{ kPa}$$

氮气分压是系统总压与甲苯的分压的差：

$P_{nc,1}$= 101.325−2.91=98.415 kPa

$P_{nc,2}$= 101.325−27.16=74.165 kPa

步骤 3：计算加热初始和加热终端反应釜气相空间中甲苯的摩尔数

$$n_{甲苯,1}=\frac{P_{甲苯,1}V}{RT_1}=\frac{2.91\times1.89}{8.314\times293.15}=0.002\,26 \text{ kmol}$$

$$n_{甲苯,2}=\frac{P_{甲苯,2}V}{RT_2}=\frac{27.16\times1.89}{8.314\times343.15}=0.018 \text{ kmol}$$

步骤 4：计算甲苯排放量

用前面计算的值代入方程计算从反应釜置换出的甲苯摩尔数。

$$N_{甲苯}=N_{avg}\ln\left(\frac{P_{nc,1}}{P_{nc,2}}\right)-(n_{i,2}-n_{i,1})_{反应釜}$$

$$=0.073\ln\left(\frac{98.415}{74.165}\right)-(0.018-0.002\,26)$$

$$=0.005\,55 \text{ kmol}$$

$$E_{甲苯} = 0.005\,55\,\text{kmol} \times 92.13\,\text{kg/kmol} = 0.511\,\text{kg}$$

（3）真空操作

案例四：反应釜的真空操作过程 VOCs 排放估算

在真空条件下，用 2.5 h 从工艺混合物中分馏 1.52 m³ 甲苯。设备组成有 3.78 m³ 蒸馏釜、冷凝器和 3.78 m³ 回收器。使用液环式真空泵降低设备系统的操作压力到 13.33 kPa。已知在这个条件下真空泵流速是 0.50 m³/min。用 5℃的冷冻乙二醇冷却冷凝器，甲苯冷凝物是 10℃。计算设备系统的排放量。

解：回收器中收集的甲苯是 10℃，已经确定了空气泄漏率。

真空泵流速：0.50 m³/min

回收器置换体积：1.52 m³

操作压力：13.33 kPa

在 10℃甲苯的蒸汽压：1.66 kPa

工作时间：2.5 h

不凝气分压：P_{nc}=13.33 kPa−1.66 kPa =11.67 kPa

置换体积 V=1.52 m³

$$N_{置换} = \frac{P_{nc}V}{RT} = \frac{11.67 \times 1.52}{8.314 \times 293.15} = 0.007\,28\,\text{kmol}$$

$V_{泄漏}$=(0.50 m³/min)×(2.5 h)×(60 min/h)=75 m³

$$N_{泄漏} = \frac{P_{nc}V}{RT} = \frac{13.33 \times 75}{8.314 \times 293.15} = 0.41\,\text{kmol}$$

$$N_{nc\text{-}泄漏} = \frac{P_{nc}}{n}N_{泄漏} = \frac{11.67}{13.33} \times 0.41 = 0.359\,\text{kmol}$$

因而，

$$N_{nc} = N_{nc\text{-}泄漏} + N_{nc\text{-}置换} + N_{nc\text{-}加入}$$

N_{nc}=0.359+0.007 28+0=0.366 kmol

最后，

$$N_{甲苯} = \frac{P_i}{P_{nc}}N_{nc} = \frac{1.66}{11.67} \times 0.366 = 0.052\,\text{kmol}$$

$$E_{甲苯} = N_{甲苯} \times M_{甲苯} = 0.052\,\text{kmol} \times 92.13\,\text{kg/kmol} = 4.79\,\text{kg}$$

（4）吹扫过程

案例五：气体吹扫空反应釜过程 VOCs 排放估算

7.57 m³ 的反应釜被冷却到 20℃，反应釜内溶剂丙酮被泵抽出，反应釜内只有蒸气。若用 30.4 m³、20℃的氮气净化吹扫反应釜，计算多少丙酮随氮气排出。

解： 步骤 1：确定反应釜气相空间丙酮的初始分压

$$P_{丙酮,20℃} = \exp\left(16.6513 - \frac{2\,940.46}{193.15 - 35.93}\right)$$

$$= \exp(5.219\,6)$$

$$= 184.86 \text{ mmHg}$$

$$= 24.61 \text{ kPa}$$

$$V = 7.57 \text{ m}^3$$

$$n = \frac{Ft}{v} = 4.02$$

步骤 2：用反应釜的物料平衡计算从反应釜排出的丙酮量

设 N 丙酮是从反应釜置换的丙酮量：

$$N_i = \frac{P_i V}{RT}\left(1 - e^{-Ft/v}\right)$$

$$N_{丙酮} = \frac{24.61 \times 7.57}{8.314 \times 293.15}\left(1 - e^{-4.02}\right) = 0.075 \text{ kmol}$$

$E_{丙酮} = 0.075$ kmol × 58.08 kg/kmol = 4.36 kg

步骤 3：计算从反应釜的氮气排放量

开始净化吹扫空反应釜前，反应釜的气相空间被丙酮蒸气（分压 24.61 kPa）饱和。在完成净化吹扫过程时，反应釜内气相空间丙酮分压降低到 0.44 kPa。通过排放口排出反应釜氮气量等于冲装量减去累积量。

$$E_{氮气(出)} = N_{氮气(进)} - N_{氮气(累积)}$$

$$N_{氮气（出）} = \frac{PV_{净化}}{RT} - \frac{(p_{i,1} - p_{i,2})V_{反应釜}}{RT}$$

$$= \frac{101.325 \times 30.4}{8.314 \times 293.15} - \frac{(24.61 - 0.44) \times 7.56}{8.314 \times 293.15}$$

$$= 1.189 \text{ kmol}$$

$E_{\text{氮气}}$=1.189 kmol×28 kg/kmol=33.29 kg

（5）泄压过程

案例六：涉及一种溶剂混合物的反应釜泄压

已经准备好真空蒸馏的一台 4.54 m³ 工艺反应釜内装 2.65 m³ 溶剂混合物。溶剂混合物温度 20℃，摩尔组成为 20%丙酮，50%甲苯，30%甲醇。如果压力从 101.325 kPa 降低到 13.33 kPa，计算泄压操作过程的排放量。

已知：

T=20℃= 293.15K

P_1= 101.325 kPa（初始压力）

V=1.89 m³（气相空间体积）

气体常数：R=8.314(Pa·m³)/(mol·K)

气体定律：$n = \dfrac{PV}{RT}$

解：步骤 1：确定工艺物料在 25℃时的饱和蒸汽压和组成

可以基于液相每一个组分的摩尔分数和纯物质的蒸汽压计算工艺混合物的平衡蒸汽压和组成。计算得到的混合物的总饱和蒸汽压是 10.27 kPa，列于下表。

化合物	纯物质蒸汽压 P_i/kPa	液相摩尔分数 X_i	$P_i{=}X_i{\times}p_i$（kPa）
丙酮	24.65	0.2	4.93
甲醇	12.97	0.3	3.89
甲苯	2.91	0.5	1.45
合计			10.27

因而，

$P_{\text{nc,1}}$=（101.325−10.27）=91.05 kPa

$P_{\text{nc,2}}$=（13.33−10.27）=3.06 kPa

$$N_{\text{丙酮}} = \frac{VP_i}{RT}\ln\left(\frac{P_{\text{nc,1}}}{P_{\text{nc,2}}}\right) = \frac{1.89 \times 4.93}{8.314 \times 293.15}\ln\left(\frac{91.05}{3.06}\right) = 0.013 \text{ kmol}$$

$$N_{甲醇} = \frac{VP_i}{RT}\ln\left(\frac{P_{nc,1}}{P_{nc,2}}\right) = \frac{1.89 \times 3.89}{8.314 \times 293.15}\ln\left(\frac{91.05}{3.06}\right) = 0.010 \text{ kmol}$$

$$N_{甲苯} = \frac{VP_i}{RT}\ln\left(\frac{P_{nc,1}}{P_{nc,2}}\right) = \frac{1.89 \times 1.45}{8.314 \times 293.15}\ln\left(\frac{91.05}{3.06}\right) = 0.003\,8 \text{ kmol}$$

（6）敞口容器的蒸发

案例七：敞口容器蒸发 VOCs 排放估算

一台 1.83 m 直径、装有庚烷的大型敞口立式储罐。估算在 25℃和 1 个大气压下的挥发速率。庚烷的摩尔质量是 100.2 kg/kmol。已知水的质量传递系数是 0.83 cm/s，估算质量传递系数。

解： $K_i = K_0\left(\frac{M_0}{M_i}\right)^{\frac{1}{3}} = 0.83 \text{ cm/s}\left(\frac{18.02}{100.2}\right)^{\frac{1}{3}} = 0.468\,5 \text{ cm/s} = 16.866 \text{ m/h}$

$$P_{庚烷}^{sat} = 6.11 \text{ kPa}$$

$$A = \frac{\pi d^2}{4} = \frac{3.14 \times 1.83^2}{4} = 2.63 \text{ m}^2$$

$$e_i = \frac{M_i K_i A P_i^{sat}}{RT}$$
$$= \frac{(100.2 \text{ kg/kmol}) \times (16.866 \text{ m/h}) \times (2.63 \text{ m}^2) \times (6.11 \text{ kPa})}{8.314 \times 298.15}$$
$$= 10.96 \text{ kg/h}$$

（7）工艺过程生成气体

案例八：涉及多组分气体生成的反应和氮气吹扫过程

在以甲苯为主要溶剂的 50℃的反应釜中发生化学反应 1 h。生成 3.63 kg 氯化氢和等摩尔量的二氧化硫，从反应釜中排出用时 1 h。系统压力 101.325 kPa，氮气吹扫气流速 0.85 m³/h（标态），计算反应过程化合物的排放量。

假设反应釜中物料组成 95%（摩尔比）是甲苯，其余 5% 是非挥发性物质。

解：步骤 1：确定反应釜 1 h 内排放的氯化氢、二氧化硫和氮气。从排放的 HCl 的质量和摩尔质量计算 HCl 的摩尔量。SO_2 的摩尔量等于计算得到的 HCl 的摩尔量。

$$N_{HCl} = \frac{m_{HCl}}{M_{HCl}} = \frac{3.63}{36.461} = 0.099\,6\ kmol$$

$$N_{SO_2} = N_{HCl} = 0.099\,6\ kmol$$

基于 0.85 m^3/h（标况）氮气流率和 1 h 反应时间的氮气吹扫计算氮气的物质的量。

$$N_{N_2} = \frac{0.85\ m^3/h \times 1\ h}{0.022\,4\ m^3/mol} = 0.038\ kmol$$

$$E_{N_2} = 0.038\ kmol \times 28.013\ g/mol = 1.06\ kg$$

把 HCl、SO_2、N_2 的摩尔数相加计算不凝组分的总摩尔数。

$$N_{HCl} + N_{SO_2} + N_{N_2} = 0.099\,6 + 0.099\,6 + 0.038 = 0.237\ kmol$$

步骤 2：使用安托因方程计算 50℃甲苯的蒸汽压

$$P_{甲苯,50℃} = \exp\left(16.013\,7 - \frac{3\,096.52}{323.15 - 53.67}\right) = \exp(4.52) = 12.28\ kPa$$

$$P_{甲基,50℃} = 0.95 \times 12.28\ kPa = 11.67\ kPa$$

步骤 3：用蒸汽压的比计算甲苯的排放速率

$$N_{甲苯} = \left(\frac{P_{甲苯}}{\sum P_{nc}}\right) \times (E_{nc})$$

$$= \left(\frac{P_{甲苯}}{P_{sys} + P_{甲苯}}\right) \times (E_{nc})$$

$$= \left(\frac{11.67}{101.325 - 11.67}\right) \times 0.237$$

$$= 0.030\,8\ kmol$$

$$E_{甲苯} = 0.030\,8 \times 92.12 = 2.84\ kg$$

$$E_{HCl} = 3.63\ kg$$

$E_{SO_2} = 6.36 \, \text{kg}$

$E_{N_2} = 1.06 \, \text{kg}$

11.8.3 排放系数法

案例九：用排放系数法计算延迟焦化切焦过程 VOCs 的排放量

某延迟焦化装置加工规模 160×10^4 t/a，实际加工量 180 t/h，装置年运行时间 8 760 h，估算 VOCs 每年的排放量。

解：估算 VOCs 每年的排放量：

$$E_{\text{延迟焦化}} = \text{EF} \times \text{Folw}_{\text{进料}} \times H$$
$$= 0.000163 \times 180 \times 8\,760$$
$$= 257 \, \text{t/a}$$

12 采样过程排放

12.1 概述

在石化生产过程中，为保证生产出合格产品，需要对各工艺阶段的物料、中间产品以及成品进行取样分析，这是生产工艺和产品质量控制的重要手段。采样的目的是从物料中取得有代表性的样品，样品通过一个采样管线/井上的阀门开启并收集一定体积的液体或气体，将样品采入特定的取样容器中。通过对样品的检测，得到在允许误差内的数据。在大型的炼油厂和化工厂，装置上设有数以百计的采样点。

12.2 采样过程分类

由于采样阀门使用频繁，石化企业生产装置的采样口一般都会设置在接近地面高度的位置以方便采样人员操作，因此，经常需要使用很长的采样管线。按照采样的方式可将采样过程分为开放式采样和密闭式采样。

12.2.1 开放式采样

取样端为开口式的采样方式为开放式采样，主要有开口管线和常压取样口两种型式。

（1）开口管线

开口管线式的采样方式在石化企业较为常见，主要型式是一端开放式阀，采样管线为单线式。在开口管线采样过程中为得到有代表性的物料产品数据，采样人员须在采样前把采样管线中的滞留物料置换干净。另外，产品取样分析过程中为确保样品不受取样容器的污染影响样品分析的准确性，也需在最终取样前对取样容器进行多次置换。

图 12-1　开口管线

（2）常压取样口

常压采样口的采样对象主要是常温下为流动态的液体。主要依据《石油液体手工取样方法》（GB/T 4756—1998）进行采样，分为槽车采样（火车和汽车槽车）、船舱采样和油罐采样等。

图 12-2　常压取样口

（3）开放式采样容器类型

采样器具主要包括导管、取样容器、预处理装置、调节压力或流量的装置、吸气器或抽气泵等。

取样容器主要有玻璃容器、橡塑容器、金属容器等三种材质。金属取样容器和玻璃取样容器主要用于采集各类石化液体产品。相比金属容器，玻璃容器容易破碎，搬运时须采用框架固定并特别注意安全。

橡塑取样容器主要用于采集气体样品，为防止样品交叉污染，需要进行冲洗。常用的有橡胶球胆、聚四氟乙烯采样袋、聚丙烯采样袋等。

橡胶球胆价廉易得，使用方便，是石化企业常用的采样器具。用球胆取样时，必须先用样品气吹洗干净（至少吹洗 3 次以上），采样后样品不宜长时间存放，须立即分析且最好是固定某个球胆专取某种样品。塑料容器主要是由聚乙烯、聚丙烯、聚四氟乙烯或全氟乙丙烯制成。含氟塑料容器保存样品的时间比球胆长。

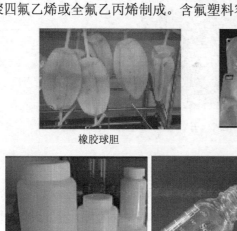

橡胶球胆　　　　　　　　　　　　气体采样袋

塑料取样瓶　　　　　　玻璃取样瓶　　　　　　金属取样容器

图 12-3　常用的采样器具

采样器具所有跟样品接触部分的材质应具有对样品不渗透、不吸收，在采样温度下无化学活性，不起催化作用，力学性能好，容易加工等性能特点，并且采样容器应便于使用、清洗、保养和检维修。

12.2.2　密闭式采样

密闭式采样是一种收集石油化工生产装置内液体或气体用于分析化验的、采样过程为封闭式的采样方式。

密闭采样器适用于石油、化工装置中对管道内的工艺状况下各种介质，尤其是有毒、易燃、易爆等危险性的中低压气、液介质的无泄漏采样。密闭采样器取得的样品真实度高，无残液、残气排放，能有效防止有毒、有害介质对操作者的伤害，同时不会污染环境，避免了易燃、易爆介质在采样时可能造成的危险事故。

（1）密闭式采样容器类型

密闭式采样箱，主要由箱体、采样容器、缓冲罐、快换手轮、压力表、阀门及法兰等部件组成。密闭采样容器多为金属材质，主要有不锈钢瓶、碳钢瓶和铝合金瓶等，也有玻璃材质的采样容器。密闭采样器已在国内石油化工工艺装置中得到了广泛的应用。

玻璃采样容器取样时样品从工艺中取出，装入附有瓶盖和橡胶垫片的玻璃瓶里。取样时将玻璃瓶伸进护罩内，瓶盖的垫片会被取样针刺破，使样品流入瓶内，瓶内的空气和气体会经由排气针排出。采样结束后将玻璃瓶从护罩内取出，瓶盖的橡胶垫片具有一定的自封作用，达到密闭取样的效果。玻璃采样容器主要采集常压下为液体的介质。

图 12-4　密闭采样容器，玻璃材质

金属采样容器取样时，采样容器连接在采样管线上，通过开启阀门使采样管线中的介质与工艺中的介质形成循环，关闭采样容器的阀门，使介质留在采样容器中，完成取样。

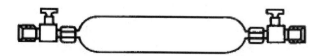

图 12-5　两端带针形阀取样器

　　密闭采样容器是较为理想的采样工具。石化企业采用的密闭采样器多为 1 L 以下的两头带有针形阀的小钢瓶。这类钢瓶一般为不锈钢材质，内壁抛光，以减少吸附作用及增加耐腐蚀性能其使用压力一般不超过 4 MPa。密闭采样器一般禁止用于采集 C_2 以下的烃类物质的液体样，因为其临界温度低于室温，其临界压力可能超过钢瓶所能承受的压力。

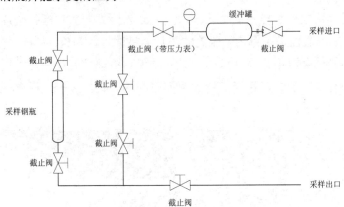

图 12-6　密闭采样工艺图

图 12-7　密闭采样箱

（2）密闭采样器使用要求

密闭采样器钢瓶必须做压强试验及气密性试验，压强试验应达到使用压力 1.5 倍以上，气密性试验必须严格检查，并标明检查日期。在条件许可情况下，应尽可能做到专瓶专用，以避免介质置换困难，交叉污染。同时，应该注意针形阀所使用的填料不能用普通的油石棉绳，因为这一类填料能溶解大量烃类气体，干扰纯物质的杂质分析，可选用聚四氟乙烯、硅橡胶等抗溶性强的密封填料。另外，密闭采样器用来保留含有微量硫化氢或水样的气体样品时不能超过 48 h，特别是微量硫化氢，在放置时间过长后几乎无法测出。而微量水则因其钢瓶器壁的吸附及脱附作用，其含水量的分析结果随着钢瓶压力的减小而增大。为保证现场采样人员、实验分析人员的安全以及降低采样过程的大气污染，采样介质为《职业性接触毒物危害程度分级》（GBZ 230—2010）中所规定的极度危害（Ⅰ级）、高度危害（Ⅱ级）以及中度危害（Ⅲ级）的职业性接触毒物，正常生产时日均采样次数大于等于 1 次的，应该采用密闭采样器；正常生产时日均采样次数小于 1 次，周均采样次数大于等于 1 次的，建议采用密闭采样器。

采样介质为《化学品分类、警示标签和警示性说明安全规范　急性毒性》（GB 20592—2006）中所规定的 1 类、2 类、3 类毒性物质的，应该采用密闭采样。属于其中所规定的 4 类、5 类毒性物质的，建议采用密闭采样。

采样介质为《石油化工企业设计防火规范》（GB 50160—2008）中所规定的可燃气体或甲$_A$类可燃液体，应该采用密闭采样。属于其中所规定的甲$_B$、乙$_A$类、乙$_B$类以及丙类可燃液体的，建议采用密闭采样。

采样介质为《化学品分类、警示标签和警示性说明安全规范 易燃液体》（GB 20581—2006）中所规定的 1 类、2 类液体的，应该采用密闭采样。属于其中所规定的 3 类、4 类液体的，建议采用密闭采样。

采样介质暴露于空气中易发生危险化学反应的，应该采用密闭采样。

12.3　排查工作流程

污染源排查过程中需要了解和收集企业有关采样操作规程和安全管理规定、采样方案、物料处置程序等方面的内容。

一般来说，采样方案的基本内容：a）了解样品的分析方法；b）确定采样单元；c）确定采样的操作方法和采样工具，并检查采样容器是否受损、腐蚀或渗漏并核对编号；d）确定样品数、样品量和采样部位；e）确定采样的时间和频次；f）熟悉采样的安全措施。

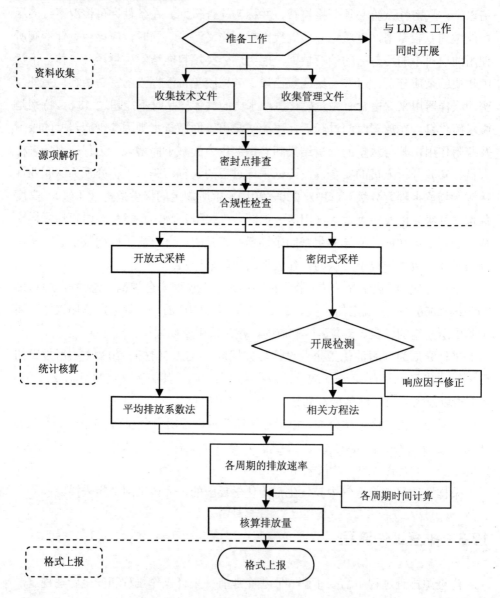

图 12-8 采样过程 VOCs 污染源排查工作流程

12.4 源项解析

开口管线采样过程中最大的排放源是管线的冲洗和置换。有将容器置换后的液体直接倾倒在现场的情况，而气体产品采样时不得不直接排放至大气环境中。开口管线采样不能将液体、气体物料回收，这样不仅污染了环境，还造成产品浪费，更重要的是产品若具有易燃易爆特性，倾倒在现场极易发生燃烧和爆炸，造成难以估量的损失。

常压取样口采样主要的污染源是打开取样口封盖导致的 VOCs 挥发，采样过程中的排放量与采样时间长短有关。

密闭采样过程基本无介质泄漏和向大气环境中排放 VOCs 的问题，只在拆取采样容器时产生少量 VOCs 逸散。

12.5 推荐估算方法

采样过程的排放量核算主要参照设备密封点的核算方法。

对于密闭式的采样点，采用相关方程法计算排放量。如果采样瓶连在采样口，则使用"连接件"的排放系数，这是因为有的样品检测频率较低（如每月一次），有的企业多数时间是将采样瓶连接在采样口上。如采样瓶未与采样口连接，则使用"开口管线"的排放系数。

对于开放式的采样点，采用平均排放系数法计算排放量。如果采样过程中排出的置换残液或气未经处理直接排入环境的，估算排放量是按照"采样连接系统"和"开口管线"排放系数分别计算并加和。因为如果企业有收集处理设施收集管线冲洗的残液或气体，并且运行效果良好，可按"开口管线"排放系数进行计算。

12.6 管理要求

石化企业生产中涉及的各种介质的物理化学性质可能对人体产生毒害作用，也可能易燃易爆。当没有确切资料说明它无害时，所有新的待采介质都应该被认为是有危险的。有些化工产品的危险性不止一种，例如，苯有毒又易燃，其蒸汽在空气中的体积浓度达到 1.2%～7.8%时有爆炸危险性。

采样前要完全了解采集样品的危险性及预防措施，采样人员应接受使用安全装备（包括防毒面具、防护眼镜、防护服、灭火器等）以及采样操作的培训，熟知事故应急处置程序。采样过程应遵循《工业用化学品采样安全通则》（GB/T 3723—1999）的要求。

（1）应按照使用或后续处理期间可能承受的压力，采购符合使用要求的采样设备。投入使用前，至少应按 1.5 倍的工作压力进行试压。

（2）采样时应确保采样容器不超过其设计的使用温度、压力，为防止采样过程中超压，必要时可以安装减压阀作为防护。

（3）采样系统应有效接地，以在排放挥发性有机气体的过程中消除可能产生的静电。

12.7　建议

石化企业应根据实际情况对开口管线采样系统进行改造，加装或更换为闭式冲洗、闭式循环、闭式排气、在线采样系统或无须置换残液的密闭式采样系统。密闭式采样是目前石化企业最佳的采样方式。当开口管线采样系统不能采用密闭式采样方式进行改造的，可采用以下做法减少 VOCs 的排放：

（1）收集并及时、有效处理冲洗管线的有机液体或气体。

（2）附近有火炬线时，可考虑接一辅助冲洗线进入火炬线。

（3）将开放式或密闭式采样点纳入 LDAR 的管控范围内，发现泄漏及时予以维修，减少采样点的无组织 VOCs 排放。

12.8　估算方法案例

某加氢裂化装置加工规模 500×10^4 t/a，装置运行时间 8 760 h，共有采样分析点 30 个，其中有开放式采样点 20 个（B-1～B-20），单头式密闭式采样点 10 个（A-1～A-10）。密闭式采样有 5 个（A-1～A-5）采样瓶与采样管线连接，另外 5 个（A-6～A-10）采样瓶未与采样管线连接。检测数据见表 12-1 和表 12-2，核算采样过程 VOCs 年排放量。

表 12-1 密闭式采样点检测值

编号	检测值/（μmol/mol）	编号	检测值/（μmol/mol）
A-1	10	A-6	50
A-2	5	A-7	18
A-3	12	A-8	8
A-4	7	A-9	12
A-5	4	A-10	10

表 12-2 开放式采样点检测值

编号	检测值/（μmol/mol）	编号	检测值/（μmol/mol）
B-1	10	B-11	10
B-2	5	B-12	8
B-3	12	B-13	15
B-4	7	B-14	37
B-5	4	B-15	20
B-6	50	B-16	18
B-7	18	B-17	7
B-8	8	B-18	25
B-9	12	B-19	5
B-10	10	B-20	9

解：（1）密闭式采样点

$$E_{密闭} = E_{连接件} + E_{开口管线}$$

$$E_{连接件} = \left[\sum_{i=1}^{5} 1.53 \times 10^{-6} \times (SV_i)^{0.735} \right] \times t_i = 0.293 \text{ kg/a}$$

$$E_{开口管线} = \left[\sum_{j=1}^{5} 2.20 \times 10^{-6} \times (SV_j)^{0.704} \right] \times t_j = 0.742 \text{ kg/a}$$

密闭式采样点的年排放量为 $E_{密闭}$=1.035 kg/a。

（2）开口管线采样点

$$E_{开口} = E_{开口管线} + E_{采样连接系统}$$

$$E_{开口管线} = 0.002\,3 \times 20 \times 8\,760 = 403 \text{ kg/a}$$

$$E_{采样连接系统} = 0.015 \times 20 \times 8\,760 = 2\,628 \text{ kg/a}$$

开口管线采样点的年排放量为 $E_{开口}$=3 031 kg/a。

13　事故排放

13.1　概述

本书中大部分的排放量估算方法都是针对正常工况下的排放。而工艺装置或污染控制装置可能会发生事故或意外事故。在发生事故/意外事故（以下称为事故）时，排放量较正常工况会有明显升高。因此，在核算一家石化化工企业 VOCs 排放量时还应考虑事故状况下的排放。事故状况下的排放量应分别考虑每一次事故事件的具体情况。

石化化工企业可能发生事故的情景特别多，不可能对每种事故情景都提供具体描述。另外，由于事故对年排放量和短期排放量而言都非常重要，因事故的持续时间和排放量均应记录在册，将事故排放量计入年排放量中。

本章主要考虑了三种类型的事故事件：部分工艺装置事故、工艺容器超压和喷溅。

13.2　源项解析

在发生某些事故时，如由于系统过压导致泄压阀打开气体排入火炬，该事故中的排放量可使用火炬排放的计算方法进行计算（如对进入火炬的气体进行连续检测时），但是在其他情况下可使用排放系数法等进行计算。因此，为防止重复计算，需要对事故进行评估，以确定是否需要进行事故排放量的特殊计算。以下事故事件应进行排放量估算：

（1）控制装置未使用或未达到使用要求的情况。

（2）当发生设备或系统超压，需向火炬排放的情况。

（3）泄漏被认为是 LDAR 工作的一部分（对设备泄漏或冷却塔而言），并不属于事故情形，这种情况下的废气排放可以使用本书设备泄漏和冷却塔章节中的方法进行计算。需注意的是，本章中介绍的喷溅过程排放估算方法也可用于估算发生在液池中的设备泄漏排放。

13.3　推荐估算方法

13.3.1　控制装置事故

在控制装置处于正常运行状态下使用特定排放系数或本书提供的其他方法进行排放量计算时，均应考虑控制装置的去除效率。当控制装置不能正常运行或停运时废气排放量较正常时会明显增大。如果控制效率为 99% 的控制装置停运 3 天，那么这 3 天的排放量约等于控制装置运行良好时 1 年的排放量。

当控制装置发生事故时，污染源的排放量可以通过使用非控制状态排放系数或根据控制状态下的去除率进行调整。需要重点指出的是，控制装置的控制效率因污染物不同会发生变化。例如，火炬蒸汽过多会导致燃烧效率降低，进而增加 VOCs 和还原性硫的排放量。表 13-1 提供了催化裂化装置和焦化装置默认去除效率和事故状态下的修正系数。如果控制状态的排放量数据已知，则事故状态或停机状态下的非控制排放量可使用公式（13-1）进行计算。

$$E_{\text{VOCs},i} = e_{\text{VOCs},i} \times \text{EM}_{\text{VOCs},i} \times t \qquad (13\text{-}1)$$

式中：$E_{\text{VOCs},i}$ —— 事故状态或停机状态下污染物 i 的排放量，kg/事件；

　　　$e_{\text{VOCs},i}$ —— 根据测量数据或现场的排放测试数据得出的控制状态下的污染物 i 的排放速率，kg/h；

　　　$\text{EM}_{\text{VOCs},i}$ —— 基于表 13-1 控制装置中污染物 i 的受控排放乘数；

　　　t —— 事故持续时间，h/事件。

表 13-1 控制装置的效率及控制装置事故乘数

污染源/控制装置描述	污染物种类 [a]	控制装置效率 [b]/%	受控排放的乘数 [c]
催化裂化或焦化/静电除尘	PM、金属 HAP	92	12.5
	SO$_2$、NO$_x$、VOCs、有机 HAP、CO	0	1
催化裂化或焦化/锅炉	CO、VOCs、多数有机 HAP	98%	50
	NO$_x$、PAH、甲醛	~100%	0.5

注：a 污染物种类。仅列出受控制装置影响的污染物。对其他污染物，假定控制装置的去除效率为 0% 且排放倍数为 1。

b 控制装置效率。负值表示控制装置会造成某种污染物的增加。

c 受控排放的乘数。提高控制状态排放系数使之能反应事故状态的排放，该乘数=1/（1-控制装置效率）。

13.3.2 容器超压

工艺事故通常导致温度或压力过高，为避免装置出现进一步的异常，必须将容器内的物料释放。通常，这些紧急事故下的释放被送入火炬。如企业对进入火炬气体进行监测，并选择合适的方法进行排放量估算，则可不单独计算容器超压，否则需单独计算容器超压排放的 VOCs，见第 9 章排放估算方法中的工程估算法。

13.3.3 喷溅

通常，我们假定喷溅出的化合物全部直接排入大气环境。喷溅出的液体蒸发分为闪蒸蒸发、热量蒸发和质量蒸发三种，其蒸发总量为这三种蒸发之和，可用以下公式进行排放量计算。

（1）闪蒸量的估算

过热液体闪蒸量可按下式估算：

$$Q_1 = \frac{F \times W_T}{t_1} \tag{13-2}$$

式中：Q_1 —— 闪蒸量，kg/s；

W_T —— 液体泄漏总量，kg；

t_1 —— 闪蒸蒸发时间，s；

F —— 蒸发的液体占液体总量的比例；按下式计算：

$$F = C_P \frac{T_\mathrm{L} - T_\mathrm{b}}{H} \tag{13-3}$$

式中：C_P—— 液体的定压比热，J/（kg·K）；

T_L—— 泄漏前液体的温度，K；

T_b—— 液体在常压下的沸点，K；

H—— 液体的汽化热，J/kg。

（2）热量蒸发估算

当液体闪蒸不完全，有一部分液体在地面形成液池，并吸收地面热量而气化称为热量蒸发。热量蒸发的蒸发速度 Q_2 按下式计算：

$$Q_2 = \frac{\lambda S \times (T_0 - T_\mathrm{b})}{H \sqrt{\pi \alpha t}} \tag{13-4}$$

式中：Q_2—— 热量蒸发速度，kg/s；

T_0—— 环境温度，K；

T_b—— 沸点温度，K；

S—— 液池面积，m²；

H—— 液体汽化热，J/kg；

α—— 表面热扩散系数（表 13-2），m²/s；

T—— 蒸发时间，s。

表 13-2　某些地面的热传递性质

地面情况	$\lambda/[\mathrm{W/(m \cdot K)}]$	$\alpha/(\mathrm{m^2/s})$
水泥	1.1	1.29×10^{-7}
土地（含水 8%）	0.9	4.3×10^{-7}
干阔土地	0.3	2.3×10^{-7}
湿地	0.6	3.3×10^{-7}
砂砾地	2.5	11.0×10^{-7}

（3）质量蒸发估算

当热量蒸发结束，转由液池表面气流运动使液体蒸发，称为质量蒸发。

质量蒸发速度 Q_3 按下式计算：

$$Q_3 = \alpha \times P \times M / (R \times T_0) \times u^{(2-n)/(2+n)} \times r^{(4+n)/(2+n)} \tag{13-5}$$

式中：Q_3 —— 质量蒸发速度，kg/s；

α，n —— 大气稳定度系数，见表 13-3；

P —— 液体表面蒸汽压，Pa；

R —— 气体常数，J/（mol·K）；

T_0 —— 环境温度，K；

u —— 风速，m/s；

r —— 液池半径，m。

表 13-3　液池蒸发模式参数

稳定度条件	n	α
不稳定（A，B）	0.2	3.846×10^{-3}
中性（D）	0.25	4.685×10^{-3}
稳定（E，F）	0.3	5.285×10^{-3}

液池最大直径取决于泄漏点附近的地域构型、泄漏的连续性或瞬时性。有围堰时，以围堰最大等效半径为液池半径；无围堰时，设定液体瞬间扩散到最小厚度时，推算液池等效半径。

（4）液体蒸发总量的计算

$$W_P = Q_1 t_1 + Q_2 t_2 + Q_3 t_3 \qquad (13\text{-}6)$$

式中：W_P —— 液体蒸发总量，kg；

Q_1 —— 闪蒸蒸发液体量，kg；

Q_2 —— 热量蒸发速率，kg/s；

t_1 —— 闪蒸蒸发时间，s；

t_2 —— 热量蒸发时间，s；

Q_3 —— 质量蒸发速率，kg/s；

t_3 —— 从液体泄漏到液体全部处理完毕的时间，s。

13.4 估算方法案例

案例一：控制装置事故排放量计算

某催化裂化装置的锅炉发生异常，在此工况下监测 VOCs 排放速率约为
12.5 kg/h。事故持续时间为 2 h。试算事故过程当中 VOCs 的排放量。

解：通过查阅表 13-1 可知，催化裂化锅炉的 VOCs 受控排放乘数为 50，将其
代入公式计算可得：

$$E_{VOCs,i} = e_{VOCs,i} \times EM_{VOCs,i} \times t = 12.5 \times 50 \times 2 = 1\,250 \text{ kg / 事件}$$

案例二：喷溅排放量计算

某 3 万 m^3 的原油罐发生泄漏，罐体高度为 19.35 m，原油存储温度为 30℃，
真实蒸汽压为 32 270 Pa，泄漏的液池面积达到 1 538 m^2，泄漏总量约为 1 330 t。
该原油的定压比热为 2.4 J/（kg·K），原油的密度为 0.86 t/m^3，在常压下的沸点约
为 420℃，原油的汽化热约为 350 kJ/kg。试算该喷溅事故过程中的蒸发总量。

解：原油的沸点约 420℃，远高于其存储温度，因此，本次泄漏事故无闪蒸
损失和热量蒸发损失，只需计算质量蒸发损失。泄漏的液池面积达到 1 538 m^2，
可得液池半径为 11.06 m，代入公式为：

$$Q_3 = a \times p \times M / (R \times T_0) \times u^{(2-n)/(2+n)} \times r^{(4+n)/(2+n)}$$

$$= \frac{4.685 \times 10^{-3} \times 32\,270 \times 50 \times 5^{\frac{(2-0.25)}{(2+0.25)}} \times 11.06^{\frac{(4+0.25)}{(2+0.25)}}}{8.314 \times (273.15 + 30)}$$

$$= 985.7 \text{ kg/s}$$

14 附件和附录

14.1 设备密封点排查表

设备密封点排查内容见表 14-1 至表 14-3。

表 14-1 密封点检测台账

作业部厂	装置	区域	平台（层）	PID图号	设备位号/管线号	附加描述（位置/工艺描述）	密封群组编码	扩展号	密封点类型	公称直径/mm	主要介质	介质状态	TOC含量/%	甲烷含量/%	VOCs含量/%	是否豁免	豁免原因	是否可达	是否保温	设备管线材质	密封材质	投用日期	操作温度	操作压力	年运行时间/h	未检测原因	净检测值（扣背景）/×10⁻⁶	检测日期	检测人	复测值	复测时间

2 企业 LDAR 合规性检查表**

企业全称			
加工能力	10^4 t/a	年产能	10^4 t/a
涉 VOCs 装置套数		豁免装置套数	
检查项目	检查结果	依据	备注
LDAR 进度	□全部开展	□所有涉 VOCs 装置已完成第一轮 LDAR，完成排放量核算； □所有涉 VOCs 装置已完成多轮 LDAR，完成排放量核算	
	□部分开展	□部分 VOCs 装置已建立密封台账 □部分 VOCs 装置完成检测 □部分 VOCs 装置完成修复 □部分 VOCs 装置完成排放量核算	可以多选
	□未开展	□尚无计划 □有计划，尚未开展	

表 14-3 装置 LDAR 合规性检查表

装置名称			
装置加工能力	10^4 t/a	装置年产能	10^4 t/a
涉 VOCs 密封点数			
检查项目	检查结果	依据	备注
LDAR 进度	□全部完成	□所有涉 VOCs 密封点 LDAR 项目； □已完成排放量计算	
	□部分开展	□已完成密封点检测台账建立 □已完成现场检测，未完成修复	
	□未开展	□尚无计划 □计划 2015 年 6 月 30 日前开展 □计划 2015 年 12 月 31 日前开展	
LDAR 制度建设	□有	□已建立 LDAR 相关质量管理手册 □已建立 LDAR 相关程序文件 □已建立 LDAR 相关作业文件	
	□无	□正在建立 LDAR 相关文件 □尚无计划建立 LDAR 相关文件	

LDAR 的 QA/QC	□实施	□仪器经过检定且在有效期内 □仪器经过校准和漂移核查 □有校准气体且在有效期内	
	□未实施	□仪器未经检定 □仪器未经校准和漂移核查 □无校准气体	
排放量核算	□已完成	□相关方程法 □筛选范围法 □平均排放系数法 □上述方法组合	
	□未完成	□数据不全 □尚未开展排放量核算	

14.2　设备维修常见方法

14.2.1　泵轴封泄漏维修

泵轴封常见泄漏与处理方式见表 14-4。

表 14-4　泵轴封常见泄漏维修方法

故障现象	故障原因	处理方法
进料或静压时泄漏	密封端面损坏	修理或更换动静环
	密封圈损坏	更换损坏的密封圈
	动静环端面有异物	清理密封腔体，去除异物；检查密封面是否损伤，若损伤则更换
	动、静环 "V" 形圈方向装反	按正确方向重新装配
	动、静环密封面未完全贴合	重新安装
	弹簧力不均	更换弹簧
	密封端面与轴的垂直度不符合要求	调整
运转时经常性泄漏	端面比压过大引起的密封端面变形	减小压缩量
	摩擦热引起动、静环变形	保证封液充足，密封辅助系统畅通
	摩擦副磨损	修理或更换动、静环
	弹簧比压过小或封液压力不足	增加端面比压
	密封圈老化、溶胀	更换密封圈
	有方向性要求的弹簧其旋向不对	更换弹簧
	动、静环与轴或轴套间结垢或结晶，影响补偿密封面磨损	清理
	安装密封圈处的轴或轴套配合面有划伤	清理或更换划伤设备

故障现象	故障原因	处理方法
运转时周期性泄漏	转子组件轴向窜动量过大	调整，使轴向窜量符合要求，重新找正
	联轴节找正不好，造成周期性振动	检查清洗叶轮
	转子不平衡	叶轮及转子进行静、动平衡
运转时突发性泄漏	弹簧断裂	更换弹簧
	防转销脱落	重新装配
	封液不足，密封件损坏	检查封液系统，更换密封件
	因结晶导致密封面损坏	更换密封件，调整工艺
停用一段时间再开动时发生泄漏	端面比压过大，石墨环损坏	减小比压，更换石墨环
	弹簧锈蚀	更换弹簧
	弹簧卡死	清洗或更换弹簧
	介质在摩擦副附近凝固或结晶	检修

14.2.2 阀门泄漏维修

阀门阀杆与填料压盖或压板之间泄漏的修复，通常可以通过适当扭紧压盖或压板螺栓上的螺母消除泄漏。采用压盖直接压紧填料的阀门，需要注意两侧螺母应平衡扭紧。在上紧螺母的同时，应监测泄漏点，直到净检测值低于泄漏定义浓度。对于通过扭紧螺母无法消除泄漏的阀门，则需要退出阀门上下游物料，打开阀门填料压盖或压板（取出压套），检查并更换阀门填料或阀杆。

14.2.3 法兰、连接件泄漏维修

法兰泄漏维修，首先应对称逐步扭紧螺栓螺母，同时检测泄漏点，直到净检测值低于泄漏定义浓度。通过扭紧螺栓螺母，无法消除泄漏，则需要退出法兰上下游物料，更换垫片。连接件泄漏维修，首先应适当扭紧螺帽。通过扭紧螺母，无法消除泄漏，则需要退出连接件上下游物料，在确保螺纹无损的前提下，重新缠绕密封生料带或涂抹密封胶，将螺母上紧。在扭转螺母过程中，软管不应联动而使螺母受到反向扭矩。

14.2.4 开口管线泄漏维修

开口管线泄漏，首先应检查末端阀门是否关紧。在阀门关紧的情况下，泄漏依然存在，则可以通过加装一道阀门或根据阀门、管线的末端实际状况安装盲板

或丝堵。

14.2.5　泄压设备（安全阀）泄漏维修

泄压设备（安全阀）泄漏维修，应切换到备用泄压设备（安全阀），检查整定压力、实际工况压力是否符合相关设计规范要求。拆下有问题的泄压设备，应由具有相关资质的机构检查、维修并重新设定整定压力。

14.3　有机液体储存排查表

14.3.1　设施信息

有机液体储存设施排查内容见表 14-5 至表 14-7。

表 14-5　固定顶罐设施基本信息情况

项目	内容	备注
企业名称		填写某公司的全称
储罐位号		填写储罐的位号。例如：V601
所属罐区		填写该储罐所在的罐区。例如：柴油加氢原料罐区、汽油组分罐区
储存物料名称		填写该储罐储存液体的名称。例如：汽油、苯
实际储存温度/℃		填写该储罐在实际操作时的温度。例如：高温渣油罐实际操作温度在 100～150℃
容积/m³		填写该储罐的罐体体积
直径/m		填写该储罐的直径。即储罐外壳横截面的宽度
罐体颜色		填写该储罐的涂漆颜色，主要有白色、银色、铝色、灰色、绿色、黑色
罐体高度/m		填写该储罐的罐体高度
罐体长度/m		填写卧式罐的罐体长度
平均储存高度/m		填写储存物料在储罐内的年平均储存高度
进料速率/（t/h）		填写该储罐的每小时的进料量
年周转量/（t/h）		填写该储罐的每年收发料的总量
呼吸阀-压力阀设定/Pa		填写呼吸阀-压力阀的设计压力
呼吸阀-真空阀设定/Pa		填写呼吸阀-真空阀的设计压力

表 14-6 内浮顶罐设施基本信息情况表

项目	内容	备注
企业名称		填写某公司的全称
储罐位号		填写储罐的位号。例如：V601
所属罐区		填写该储罐所在的罐区。例如：柴油加氢原料罐区、汽油组分罐区
储存物料名称		填写该储罐储存液体的名称。例如：汽油、苯
实际储存温度/℃		填写该储罐在实际操作时的温度。例如：高温渣油罐实际操作温度在 100~150℃
容积/m³		填写该储罐的罐体体积
直径/m		填写该储罐的直径。即储罐外壳横截面的宽度
进料速率/（t/h）		填写该储罐的每小时的进料量
年周转量/（t/h）		填写该储罐的每年收发料的总量
一次密封类型		填写一次密封的构造型式。国内目前常见的一次密封类型有充液式、泡沫式、机械式
二次密封类型		填写二次密封的构造型式。常见类型有：挡雨板、橡胶刮板、舌型密封和靴型密封
浮盘类型		填写浮盘的构造型式。国内目前常见的内浮盘类型有浮筒式和双层板式（即接液式）
浮盘附件-人孔		浮盘顶的径向圆形开孔，提供足够大的面积允许操作人员和材料通过，以便进行建造或维修的设备
浮盘附件-计量井		用于指示罐中液体的液位。浮标位于液体表面，处在一个被盖子密封的测量井中
浮盘附件-采样井		由一个装备有自闭合密封盖的套管组成，操作人员可对所储液体进行测量和取样
浮盘附件-浮盘支腿		主要用于对浮盘和罐底进行一定距离的隔离，防止浮盘下部设施的损坏
浮盘附件-耳孔		主要用于为密封和边缘地带留有一部分气体空间的密封设计
浮盘附件-真空阀		主要用于补偿浮盘着陆或悬浮时内外气相压力差的变化
浮盘附件-罐顶支柱		通过罐体内部浮盘的立柱，用于支撑罐顶
浮盘附件-楼梯井		罐中设有从浮顶延伸至罐底的内梯，该设备通过浮盘的开孔
浮盘附件-浮盘排水管		用于将浮盘顶部的雨水排出

表 14-7　外浮顶罐设施基本信息情况表

项目	内容	备注
企业名称		填写某公司的全称
储罐位号		填写储罐的位号。例如：V601
所属罐区		填写该储罐所在的罐区。例如：柴油加氢原料罐区、汽油组分罐区
储存物料名称		填写该储罐储存液体的名称。例如：汽油、苯
实际储存温度/℃		填写该储罐在实际操作时的温度。例如：高温渣油罐实际操作温度在 100～150℃
容积/m³		填写该储罐的罐体体积
直径/m		填写该储罐的直径。即储罐外壳横截面的宽度
进料速率/（t/h）		填写该储罐的每小时的进料量
年周转量/（t/h）		填写该储罐的每年收发料的总量
一次密封类型		填写一次密封的构造型式。国内目前常见的一次密封类型有充液式、泡沫式、机械式
二次密封类型		填写二次密封的构造型式。常见类型有：挡雨板、橡胶刮板、舌型密封和靴型密封
浮盘附件-人孔		浮盘顶的径向圆形开孔，提供足够大的面积允许操作人员和材料通过，以便进行建造或维修的设备
浮盘附件-计量井		用于指示罐中液体的液位。浮标位于液体表面，处在一个被盖子密封的测量井中
浮盘附件-采样井		由一个装备有自闭合密封盖的套管组成，操作人员可对所储液体进行测量和取样
浮盘附件-浮顶支腿		主要用于对浮盘和罐底进行一定距离的隔离，防止浮盘下部设施的损坏
浮盘附件-真空阀		主要用于补偿浮盘着陆或悬浮时内外气相压力差的变化
浮盘附件-导向柱（有槽）		该附件穿过浮顶，固定在罐底和罐顶之间且不可旋转
浮盘附件-导向柱（无槽）		有槽导向柱与无槽导向柱的作用相似，但带有开槽或钻孔
浮盘附件-浮盘排水管		用于将浮盘顶部的雨水排出

14.3.2　有机液体物料信息

有机液体储存物料信息排查内容见表 14-8 至表 14-12。

表 14-8　原油理化参数信息情况表

项目	内容	备注
序号		序号：1，2，3……
企业名称		企业名称：填写某公司的全称
原油名称		填写公司所有加工原油的名称。例如：阿曼原油、大庆原油
密度		填写油品的液相密度，单位：t/m^3
蒸汽压测定方法		蒸汽压测定方法：填写测定油品蒸汽压的方法。例如：GB/T 8017 石油产品蒸汽压测定法-雷德法
测定温度		填写测定油品蒸汽压时的液体表面温度或环境温度
测定温度下的饱和蒸汽压		填写测定温度下的饱和蒸汽压数值
初馏点		填写从馏程测定仪的冷凝器上，流出的第一滴冷凝液时所测得的温度
180℃馏出量		填写温度达到180℃时，原油蒸馏出的量（体积）
300℃馏出量		填写温度达到400℃时，原油蒸馏出的量（体积）
350℃馏出量		填写温度达到450℃时，原油蒸馏出的量（体积）

表 14-9　中间产品-混合物理化参数信息情况表

项目	内容	备注
序号		序号：1，2，3……
企业名称		企业名称：填写某公司的全称
原油名称		填写公司所有加工原油的名称。例如：阿曼原油、大庆原油
密度		填写油品的液相密度，单位：t/m^3
蒸汽压测定方法		蒸汽压测定方法：填写测定油品蒸汽压的方法。例如：GB/T 8017 石油产品蒸汽压测定法-雷德法
测定温度		填写测定油品蒸汽压时的液体表面温度或环境温度
测定温度下的饱和蒸汽压		填写测定温度下的饱和蒸汽压数值
初馏点		填写从馏程测定仪的冷凝器上，流出的第一滴冷凝液时所测得的温度
10%馏出温度		填写从馏程测定仪上蒸馏出的容量达到试样的10%时的温度
90%馏出温度		填写从馏程测定仪上蒸馏出的容量达到试样的90%时的温度
终馏点		填写从馏程测定仪烧瓶底部蒸馏出的最后一滴液体时所测得的温度

表 14-10　中间产品-单体物质理化参数信息情况表

项目	内容	备注
序号		序号：1，2，3……
企业名称		企业名称：填写公司的全称
标准名称		填写公司工艺生产过程中产生的单体中间产品，例如：甲苯、乙苯
CAS 编号		填写该化学物质的登录号
密度		填写单体物质的液相密度，单位：t/m^3

表 14-11　成品-混合物理化参数信息情况表

项目	内容	备注
序号		序号：1，2，3……
企业名称		企业名称：填写公司的全称
原油名称		填写所有加工原油的名称。例如：阿曼原油、大庆原油
密度		填写油品的液相密度，单位：t/m^3
蒸汽压测定方法		蒸汽压测定方法：填写测定油品蒸汽压的方法。例如：GB/T 8017 石油产品蒸汽压测定法-雷德法
测定温度		填写测定油品蒸汽压时的液体表面温度或环境温度
测定温度下的饱和蒸汽压		填写测定温度下的饱和蒸汽压数值
初馏点		填写从馏程测定仪的冷凝器上，流出的第一滴冷凝液时所测得的温度
10%馏出温度		填写从馏程测定仪上蒸馏出的容量达到试样的10%时的温度
90%馏出温度		填写从馏程测定仪上蒸馏出的容量达到试样的90%时的温度
终馏点		填写从馏程测定仪烧瓶底部蒸馏出的最后一滴液体时所测得的温度

表 14-12　成品-单体物质理化参数信息情况表

项目	内容	备注
序号		序号：1，2，3……
企业名称		企业名称：填写公司的全称
标准名称		填写公司工艺生产过程中产生的单体中间产品。例如：甲苯、乙苯
CAS 编号		填写该化学物质的登录号
密度		填写单体物质的液相密度，单位：t/m^3

14.3.3　其他相关信息

有机液体储存其他相关排查内容见表 14-13、表 14-14。

表 14-13　储罐所在地的气象信息

项目	内容	备注
月份		填写每月月份
日最高环境温度		填写每月当中的最高环境温度值。单位：℃
日最低环境温度		填写每月当中的最低环境温度值。单位：℃
平均风速		填写每月风速的平均值。单位：m/s
太阳辐射强度		指在水平面上单位面积所接收的太阳能。填写太阳辐射强度因子。单位：W/m^2

表 14-14　油气回收设施信息

项目	内容	备注
技术名称		填写使用的技术名称，例如：柴油吸收法，柴油吸收+活性炭吸附
设计处理效率		设计处理效率：填写装置的设计处理效率
装置入口废气收集速率		填写上一稳定运行周期装置入口废气平均收集量，单位：m^3/h
装置出口废气排放速率		填写上一稳定运行周期装置出口废气平均排放量，单位：m^3/h
VOCs 治理装置入口浓度		上一稳定运行周期的入口平均浓度，注意单位统一成 mg/m^3
VOCs 治理装置出口浓度		上一稳定运行周期的出口平均浓度，注意单位统一成 mg/m^3
设施投用率		上一稳定运行周期装置的投用率

14.3.4　合规性检查表

有机液体储存合规性检查内容见表 14-15 至表 14-18。

表 14-15　常压储罐设施及附件选型检查表 1[a]

项　目		检查内容	达标判定	达标判定依据	其他
浮顶罐	内浮顶罐密封选型	液体镶嵌式□ 泡沫式□ 机械式□	达标□	采用内浮顶罐；内浮顶罐的浮盘与罐壁之间应采用液体镶嵌式、机械式鞋形、双封式等高效密封方式	
			不达标□		
	外浮顶罐初级密封选型	液体镶嵌式□ 泡沫式□ 机械式□ 双极密封□	达标□	采用外浮顶罐；外浮顶罐的浮盘与罐壁之间应采用双封式密封，且初级密封采用液体镶嵌式、机械式鞋形等高效密封方式	二次密封类型
			不达标□		
	内浮顶罐浮盘选型	浮筒式□　双层板式（接液式）□	—	—	
固定顶罐	VOCs 末端处理设施	已增设□	达标□	采用固定顶罐，应安装密闭排气系统至有机废气回收或处理装置	
		未增设□	不达标□		
	VOCs 末端处理设施控制效率	VOCs 末端处理设施控制效率	达标□	控制效率是否达到 95%（特别排放限值区域控制效率是否达到 97%）	
			不达标□		

注：a 5.2 kPa≤储存物料的真实蒸汽压≤27.6 kPa；储罐设计容积≥150 m³ 或 27.6 kPa≤储存物料的真实蒸汽压≤76.6 kPa；75 m³≤储罐设计容积≤150 m³。

表 14-16　常压储罐设施及附件选型检查表 2[a]

项　目	内容	其他
储罐选型	固定顶罐□　　　　内浮顶罐□ 外浮顶□	
如选用内浮顶罐，浮盘的选型	浮筒式□　双层板式（接液式）□	
如选用内浮顶罐，边缘密封选型	液体镶嵌式□　　　　泡沫式□ 机械式□　　　　双极密封□	
如选用外浮顶罐，是否采用双极密封	是□　　　　　　否□	
如选用固定顶罐，是否有 VOCs 末端处理设施	是□　　　　　　否□	
对于固定顶罐，如设有 VOCs 末端处理设施，采用何种技术	冷凝□　　吸附□　　吸收□　　膜分离□	组合技术：
VOCs 末端处理设施的控制效率是否达到 95%	是□　　　　　　否□	

注：a 27.6 kPa≤储存物料的真实蒸汽压≤76.6 kPa；75 m³≤储罐设计容积≤150 m³。

表 14-17　固定顶储罐设施检查表

项　目	内容	其他
罐体颜色	白色□　　铝色□　　浅灰色□　中灰色□　绿色□　黑色□	
呼吸阀选型	−295～350 Pa□　　−295～980 Pa□ 295～1 750 Pa□　　−295～1 920 Pa□	
顶/底部人孔法兰和螺栓是否有泄漏	是□　　　　否□	
透光孔法兰和螺栓是否有泄漏	是□　　　　否□	
量油孔法兰和螺栓是否有泄漏	是□　　　　否□	
呼吸阀法兰和螺栓是否有泄漏	是□　　　　否□	
液压阀法兰和螺栓是否有泄漏	是□　　　　否□	

表 14-18　浮顶罐储罐设施检查表

项目	内容	其他
边缘密封是否有泄漏	是□　　　　否□	
人孔法兰和螺栓是否有泄漏	是□　　　　否□	
采样口法兰和螺栓是否有泄漏	是□　　　　否□	
计量井法兰和螺栓是否有泄漏	是□　　　　否□	
导向柱法兰和螺栓是否有泄漏	是□　　　　否□	
设在罐顶部的耳孔法兰和螺栓是否有泄漏	是□　　　　否□	
罐顶通气孔法兰和螺栓是否有泄漏	是□　　　　否□	

14.4　装卸排查表

装卸过程排查内容见表 14-19 至表 14-25。

表 14-19　企业装卸设施基本信息情况表

项目	内容	备注
企业名称		
装车场/个		
装车站台/个		
装车鹤位/个		
装载物料		经汽车、火车或船舶装车运载的所有物料
装载量/（t/a）		经汽车、火车或船舶装车运载的所有物料量的年装载量
装载形式		主要装载形式包括：汽车装载、火车装载、船舶装载
油气回收设施		油气回收设施的基本信息：油气回收设施套数、规模、工艺、效率等
密封形式		包括：密封式快速接头、平衡式密封罩、橡胶密封帽及其他形式等

表 14-20　装卸油气回收设施 VOCs 排放量收集或实测数据表

序号	油气回收设施服务对象	装载物料	监测日期	装载物料温度/℃	油气回收设施入口 VOCs 浓度/（mg/m³）	油气回收设施出口 VOCs 浓度/（mg/m³）	油气回收设施入口气体流量/（m³/h）	油气回收设施出口气体流量/（m³/h）	油气回收设施投用率/%	罐车装载前罐内 VOCs 浓度/（mg/m³）	实际装载温度/℃	装载物料的真实蒸汽压/Pa	装载物料气相分子量/（g/mol）	装载物料密度/（kg/m³）
1														
2														
3														
...														

注：a 表中黑体字为选填内容，其余为必填内容；

　　b 装载物料密度、装载物料油气分子量进行实测时，核算采用实测值；若未进行实测时，在表 3-8 中进行选取；若表 3-8 中无相关数值时，则选取设计值或标准值的上限值；

　　c 载物料的真实蒸汽进行实测时，核算采用实测值；若未进行实测，可在表 3-8 进行选取或公式（3-25）进行计算；若表 3-8 中无相关或无法用公式（3-25）进行计算时，选取设计值或标准值的上限值；

　　d 实际装载温度进行实测时，核算采用实测值，若未进行实测，则可用装载物料温度进行计算。

表 14-21　公式法核算公路或铁路装载过程 VOCs 损耗相关参数

序号	装载物料	装载方式 a	罐车情况 b	鹤管形式 c	装载液体温度/℃	雷德蒸汽压/Pa d	蒸气摩尔质量/ (g/mol)	油品密度/ (kg/m³)	年周转量/ (t/a)	年回收油气量/ (t/a)	油气回收控制效率/%	油气回收设施投用率/%
1												
2												
3												
…												

注：a 装载方式包括液下装载、底部装载、喷溅式装载。

b 罐车情况包括新罐车或清洗后的罐车、正常工况（普通）的罐车。

c 鹤管形式包括大鹤管和小鹤管。

d 雷德蒸汽压为物料 37.8℃时的真实蒸汽压。

表 14-22　公式法核算船舶装载过程 VOCs 损耗相关参数

序号	装载物料	船型 a	舱体情况 b	装载方式 c	上次装载物质 d	装载液体温度/℃	装载液体真实蒸汽压/	雷德蒸汽压/kPa	油品密度/ (kg/m³)	蒸气摩尔质量/ (g/mol)	油气回收控制效率/%	油气回收设施投用率/%
1												
2												
3												
…												

注：a 船型包括油轮/远洋驳船、驳船，其中油轮/远洋驳船的船舱深度为 12.2 m，驳船的船舱深度在 3.0～3.7 m。

b 舱体情况包括未清洗、装有压舱物、清洗后/无油品蒸汽、无油品蒸汽（从未装载挥发性液体，舱体内部没有 VOCs 蒸汽）；典型总体状况（基于测试船只中 41% 的船舱未清洁、11% 船舱进行了压舱、24% 的船舱进行了清洁、24% 为无蒸汽；驳船中 76% 为未清洁）。

c 装载方式包括液下装载、非液下装载。

d 上次装载物质包括挥发性物质（指真实蒸汽压大于 10 kPa 的油品）、非挥发性物质。

表 14-23　系数法核算公路或铁路装载过程 VOCs 损耗相关参数

序号	装载物料	装载方式 a	罐车情况 b	鹤管形式 c	年周转量/（t/a）	油品密度/（kg/m³）	年回收油气量/（t/a）	油气回收控制效率/%	油气回收设施投用率/%
1									
2									
3									
...									

注：a 装载方式包括液下装载、底部装载、喷溅式装载。
　　b 罐车情况包括新罐车或清洗后的罐车、正常工况（普通）的罐车。
　　c 鹤管形式包括大鹤管、小鹤管。

表 14-24　系数法核算船舶装载过程 VOCs 损耗相关参数

序号	装载物料	船型 a	年周转量/（t/a）	油品密度/（kg/m³）	年回收油气量/（t/a）	油气回收控制效率/%	油气回收设施投用率/%
1							
2							
3							
...							

注：a 船型分为远洋驳船和驳船。

表 14-25　企业装卸设施合规性检查表

装载油品	检查内容	达标判定	达标判定依据
装载油品为挥发性有机液体	是□	达标□	采用顶部浸没式或底部装载方式
		不达标□	采用喷溅式装载方式
	否□	达标□	采用顶部浸没、底部装载或喷溅式装载方式
装载油品为原油或高挥发性有机物或危险化学品	是□	达标□	采用全密闭装载方式并设置油气收集、回收处理装置
		不达标□	未采用全密闭装载方式或未设置油气收集、回收处理装置
	否□	达标□	对装载方式或是否设置油气收集、回收处理装置无具体要求
装载油品为有毒有害气体或者粉尘物质	是□	达标□	采取密闭措施或者其他防护措施
		不达标□	未采取密闭措施或者其他防护措施
	否□	达标□	未对环保措施提出具体要求

14.5　废水收集及处理系统排查表

废水收集及处理系统排查内容见表 14-26 至表 14-29。其中采用实测法核算的排查内容见表 14-26，采用物料衡算法核算的排查内容见表 14-27，采用模型计算法核算的排查内容见表 14-28，采用排放系数法核算的排查内容见表 14-29。

表 14-26　企业废水 VOCs 处理设施排放量核算表

序号	废气处理设施名称	废气收集范围	废气排放量/（m³/h）（标态）	处理前挥发性有机物浓度平均值/（mg/L）	排气筒出口挥发性有机物浓度平均值/（mg/L）	处理效率/%	VOCs排放量	备注
1								
2								
3								
...								
总计								

表 14-27　企业废水收集处理系统 VOCs 排放量核算表

收集处理系统				流量/ (m³/h)	EVOC/ (mg/L)	VOCs 排放量/（t/a)	备注
收集系统	集水区域 1	收集支线 1	收集井（始）				
		收集支线 2	收集井（始）				
		…					
		收集支线 n	收集井（始）				
		区域 2 集水井	集水井（出）				
	集水区域 2	收集支线 1	收集井（始）				
		收集支线 2	收集井（始）				
		…					
		收集支线 n	收集井（始）				
		区域 2 集水井	集水井（出）				
	…						
处理系统	隔油池	进口					
		出口					
	气浮池	进口					
		出口					
	澄清池	进口					
		出口					
	污泥池	进口					
		出口					
	…						
总计							

表 14-28　企业废水处理系统 VOCs 排放量 Water 9 软件估算参数调查表 [a]

处理系统构筑物	构筑物参数				废水处理系统进水污染物浓度							
	构筑物长×宽×有效水深/ m³	构筑物池数/ 个	设备机械功率与转数	曝气量/ (m³/s)	流量/ (m³/h)	水温/ ℃	TDS/ (mg/L)	TSS/ (mg/L)	总有机碳 (mg/L)	石油类/ (mg/L)	COD/ (mg/L)	
隔油池												
气浮池												
生化池												
澄清池												
污泥池												
…												

废水处理系统总进水 VOCs 种类及其浓度												
序号	1	2	3	4	5	6	7	8	9	10	11	…
物质名称												
浓度/ (mg/L)												

Water 9 估算结果										
构筑物名称	收集系统			处理系统						总计
	集水区域 1	集水区域 2	… 集水区域 n	隔油池	气浮池	生化池	澄清池	污泥池	…	
VOCs 排放量/ (t/a)										

注：a 废水收集系统及处理系统其他参数请参照 Water 9 软件具体要求。

表 14-29　企业废水收集和处理系统 VOCs 排放量核算表

序号	废水设施名称	流量/（m³/h）	排放系数/（kg/m³）	VOCs 排放/（t/a）	备注
1					
2					
3					
…					
总计					

表 14-30　废水处理过程合规性检查表

检查项目	检查内容	检查结果	达标判定依据
收集系统	密闭收集处理措施	达标□	在收集过程中，采取有效的密闭收集处理措施
		不达标□	在收集过程中，未采取有效的密闭收集处理措施
隔油、浮选		达标□	在隔油、浮选过程中，采取有效的密闭收集处理措施
		不达标□	在隔油、浮选过程中，未采取有效的密闭收集处理措施
生化系统		达标□	在生化过程中，采取有效的密闭收集处理措施
		不达标□	在生化过程中，未采取有效的密闭收集处理措施
废气收集处理	运行维护	达标□	采用废气处理措施，并有效、稳定运行
		不达标□	采用废气处理措施，运行效果差，排放不达标

14.6　工艺有组织排放排查表

工艺有组织排放排查内容见表 14-31 至表 14-33。

表 14-31　工艺有组织污染源 VOCs 排放数据表（实测法）

序号	装置名称	工艺废气污染源名称	处理设施名称	运行负荷/%	控制设施规模/（m³/h）	年运行时间/h	监测项目							
							废气流量/（m³/h）	温度/℃	压力/Pa	水含量（体积分数）/%	氧含量（体积分数）/%	VOCs 浓度/（mg/m³）	监测方法	监测日期

表 14-32 工艺有组织污染源 VOCs 排放数据表（物料衡算法）

序号	装置名称	装置规模/（万 t/a）	年运行时间/h	系统输入量/（t/h）			系统输出量/（t/h）			控制设施规模/（m³/h）	控制设施效率/%	填报日期
				原料带入量	各类助剂带入量/（t/a）	其他环节带入量	产品、副产品带出量	废水、固废带出量	其他环节带出量			

表 14-33 延迟焦化装置有组织污染源 VOCs 排放数据表（系数法）

序号	装置名称	装置规模/（万 t/a）	年运行时间/h	焦炭塔循环周期/（h/次）	每次循环焦炭塔个数	VOCs 排放系数/（t/单塔·每次）	填报日期

14.7 循环水冷却系统排查表

循环水冷却系统排查内容见表 14-34 至表 14-37。

表 14-34 基于汽提废气监测法估算 VOCs 排放量所需数据

项目	内容	项目	内容
循环水场名称		汽提空气流量/（m³/h）	
服务范围		水循环流量/（m³/h）	
冷却塔类型		冷却塔汽提空气出口 VOCs 浓度/（μl/L）	
规模/（m³/h）		冷却水密度/（kg/m³）	
操作温度/℃		监测方法	
操作压力/Pa		监测日期	
运行时间/h			

表 14-35　基于 VOCs 检测的物料衡算法估算物排放量需要的数据

项目	内容	项目	内容
循环水场名称		冷却塔入口水中 VOCs 浓度/（mg/kg）	
服务范围		冷却塔出口水中 VOCs 浓度/（mg/kg）	
冷却塔类型		冷却水密度/（kg/m³）	
规模/（m³/h）		监测方法	
运行时间/h		监测日期	

表 14-36　基于 EVOCs 检测的物料衡算法估算排放量需要的数据

项目	内容	项目	内容
循环水场名称		冷却塔入口水中 EVOCs/（mg/L）	
服务范围		冷却塔出口水中 EVOCs/（mg/L）	
冷却塔类型		监测方法	
规模/（m³/h）		监测日期	
运行时间/h			

表 14-37　基于排放系数法估算 VOC 排放量需要的数据

项目	内容	项目	内容
循环水场名称		规模/（m³/h）	
服务范围		运行时间/h	
冷却塔类型		监测日期	

14.8 火炬系统排查表

火炬系统排查内容见表 14-38 至表 14-40。

表 14-38 火炬燃烧废气 VOCs 排放数据表（物料衡算法）

序号	火炬名称	服务装置/单元	火炬监测序号	火炬气组成/%	火炬气体积/m³	温度/℃	压力/Pa	水含量（体积分数）/%	火炬燃烧效率/%	监测日期

表 14-39 火炬燃烧废气 VOCs 排放数据表（热值系数法）

序号	火炬名称	服务装置/单元	火炬监测序号	火炬气体积/m³	火炬气热值（标态）/（MJ/m³）	基于热值的VOCs排放系数/（kg/MJ）	监测日期

表 14-40 容器超压 VOCs 排放数据表（工程估算法）

序号	火炬名称	服务装置/单元	排放气体组成	容器内部温度/℃	容器内部压力/MPa	排放出口压力/MPa	安全阀直径/mm	事件持续时间/s	火炬燃烧效率/%

14.9 开停车和检维修排查表

开停车和检维修过程排查内容见表 14-41、表 14-42。

表 14-41 停工、检修 VOCs 排放数据表（气体加工容器）

序号	装置/单元名称	压力容器名称	设备容积/m³	体积空置分数	气体置换时长/h	泄压气体排入大气时容器的温度/℃	泄压气体排入大气时容器的压力/Pa	气体物料组成	停工、检修进行置换的次数/（次/a）	填报日期

表 14-42 停工、检修 VOCs 排放数据表（液体加工容器）

序号	装置/单元名称	压力容器名称	设备容积/m³	体积空置分数	容器泄压、清洗、吹扫顺序	挥发性清洗溶剂用量	挥发性清洗溶剂处置	清洗、吹扫时长/h	液体物料组成	年停工吹扫次数/（次/a）	填报日期

14.10 燃烧烟气排查表

燃烧烟气排查内容见表 14-43 至表 14-45。

表 14-43 燃烧烟气污染源 VOCs 排放数据表（实测法）

序号	装置/设施名称	燃烧烟气污染源名称	燃料种类	运行负荷/%	燃料消耗量 a	运行时间/h	烟气流量 b	温度/℃	压力/Pa	水含量（体积分数）/%	氧含量（体积分数）/%	VOCs浓度 c	监测方法	监测日期

注：a 燃料消耗量气体为 m³/h，液体及固体为 t/h；

　b 烟气流量采用在线监测时为 m³/min，采用定期人工测量时为 m³/h；

　c VOCs 浓度以 NMHC 表示，采用在线监测时为 ppmv，采用定期人工分析时为 mg/m³。

表 14-44 燃烧烟气污染源 VOCs 排放数据表（F 系数法）

序号	装置/设施名称	燃烧烟气污染源名称	运行负荷/%	燃料气组成（体积分数）/%	燃料消耗量 a	燃料热值 b/(kJ/m³)	运行时间/h	VOCs浓度 c	监测方法	监测日期

注：a 燃烧消耗量气体为 m³/h，液体及固体为 t/h；

　b 燃料热值为高热值；

　c VOCs 浓度以 NMHC 表示，采用在线监测时为 ppmv，采用定期人工分析时为 mg/m³。

表 14-45 燃烧烟气污染源 VOCs 排放数据表（排放系数法）

序号	装置/设施名称	燃烧烟气污染源名称	燃料种类	锅炉型式 a	运行负荷/%	燃料消耗量 b	VOCs排放系数	运行时间/h	填报日期

注：a 污染源为锅炉时填煤粉炉、流化床炉、链条炉等锅炉的型式；

　b 燃烧消耗量气体为 m³/h，液体及固体为 t/h。

14.11 工艺无组织排放排查表

工艺无组织排放排查内容见表 14-46、表 14-47。

表 14-46 装置或操作过程无组织废气 VOCs 数据表（物料衡算法）

序号	装置/ 单元名称	操作过程	装置投入 VOCs[a]/ （kg/h）	装置产出 VOCs/ （kg/h）	年运行时 间/（h/a）	填报日期

注：a 表中装置投入包括原料、助剂、化学品等投入的量，装置产出包括产品、副产品、废弃物、回收及处理设施等带出的量。

表 14-47 延迟焦化装置无组织污染源 VOCs 排放数据表（排放系数法）

序号	装置/ 单元名称	装置规模/（万 t/a）	装置进料量/ （t/h）	年运行时间/ （h/a）	VOCs 排放系数/（t/t 装置进料）	填报 日期

参考文献

[1] 周学双，童莉，韩建华，等. 工业 VOCs 精细化环境管理的对策建议[J]. 环境保护，2014，1：41-43.

[2] 黄维秋. 油气回收基础理论及其应用[M]. 北京：中国石化出版社，2011.

[3] EPA. Organic Liquid Storage Tanks [EB/OL]. http://www.epa.gov/ttn/chief/ap42/ch07/final/c07s01.pdf.

[4] 李洁. VOC 废气处理的技术进展[A]//中国环境保护优秀论文集（2005）（下册）[C]. 2005.

[5] GB 16297—1996　大气污染物综合排放标准.

[6] 张林，陈欢林，柴红. 挥发性有机物废气的膜法处理工艺研究进展[J]. 化工环保，2002，22（2）：75-80.

[7] Shen T T，Sewell G H. Control of VOCs Emission from WasteManagement Facilites[J]. J. Environ. Eng.，1988，114：1392.

[8] Huanlin Chen，Lin Zhang，Congjie Gao. Prospect ofMembrane Separation Technigues for Removal of VOCs in China[A]//The Membrane Industry Association of China. 21 Century International Symposium on Membrane Technology and Environmental Protection[C]. Beijing：2000：290-296.

[9] K Ohlorogge，J Brockmoller，J Wind，et al. Engineering Aspects of the Plant Design to Separate Volatile Hydrocarbons by Vapor Permeation[J]. Sep. Sci. and Technol，1993（28）：227-240.

[10] D Bhaumik，S Majumdar，K K Sirkar. Pilot-Plant and Laboratory Studies on Vapor Permeation Removal of VOCs from Waste Gas Using Silicone-coated Hollow Fibers[J]. J. ofMembr. Sci.，2000，167：107-122.

[11] A Fouda，J Bai，S G Zhang，et al. Membrane Separation of Low Volatile Organic Compounds by Pervaporation and Vapor Permeation［J］. Desalination，1993（90）：209-233.

[12] 童莉，郭森，崔积山，等. 美国炼油厂排放估算协议[M]. 北京：中国环境出版社，2015.

[13] 金熙，项成林，齐冬子. 工业水处理技术问答[M]. 4 版. 北京：化学工业出版社，2010.

[14] 张建华，刘丽娜，等. 炼油循环水水冷器泄漏的危害与排查方法[J]. 中国技术博览，2011（30）.

[15] 国家环境保护总局. 空气和废气监测分析方法[M]. 4 版. 北京：中国环境科学出版社，2003.

[16] 张洪山，张树华. 原油取样检验中的问题及处理措施[J]. 油气储运，2009，28（12）：75-79.